U0835300

典藏诵读版

孝经

全鉴

东篱子◎解译

扫一扫
免费赠送3种国学音频！

国家一级出版社 中国纺织出版社 全国百佳图书出版单位

内 容 提 要

《孝经》以孝为中心，比较集中地阐述了儒家的伦理思想，是中国古代儒家的伦理学著作，在唐代被尊为经书，南宋以后被列为“十三经”之一。该书在中国漫长的社会历史进程中，被看作是“孔子述作，垂范将来”的经典，对传播和维护社会伦理、社会秩序起了很大作用。

图书在版编目（CIP）数据

孝经全鉴：典藏诵读版 / 东篱子解译．—北京：中国纺织出版社，2019．4

ISBN 978－7－5180－6081－8

Ⅰ．①孝… Ⅱ．①东… Ⅲ．①家庭道德—中国—古代②《孝经》—注释 ③《孝经》—译文 Ⅳ．①B823．1

中国版本图书馆 CIP 数据核字（2019）第 063525 号

策划编辑：段子君　　责任校对：江思飞　　责任印制：储志伟

中国纺织出版社出版发行
地址：北京市朝阳区百子湾东里 A407 号楼　邮政编码：100124
销售电话：010—67004422　传真：010—87155801
http://www.c-textilep.com
E-mail：faxing@c-textilep.com
中国纺织出版社天猫旗舰店
官方微博 http://weibo.com/2119887771
佳兴达印刷（天津）有限公司印刷　各地新华书店经销
2019 年 4 月第 1 版第 1 次印刷
开本：710×1000　1/16　印张：20
字数：239 千字　定价：49.80 元

前言

《孝经》是我国古代一部重要的经典著作，儒家“十三经”之一，是一部关于“孝道”的专著，在中国古代社会流传极广，影响深远。《孝经》相传为孔子所作，一说是孔子“七十子之徒之遗言”（清纪昀语），又说为曾子或曾子门人所作。为方便理解起见，今暂从孔子之说。

《孝经》在中国古代影响很大，历代王朝无不标榜“以孝治天下”，唐玄宗更亲自为之作注。在中国漫长的社会历史进程中，《孝经》被看作是“孔子述作，垂范将来”的经典，对传播和维护社会伦理、社会秩序发挥了很大作用。

“孝”是儒家伦理思想的核心，是自然规律的体现，是人类行为的准则，是国家政治的根本。这是《孝经》一书的基本观点，也是全书的基石。全书共十八章，以孔子与其门人曾参谈话的形式，对“孝”的含义、作用等问题加以阐述。

书中认为，孝道是根据天地规律而产生的人伦法则，因而孝道是人最为宝贵的品德——“人之行，莫大于孝”。孝道又是人人都可以做到的，“自天子至于庶人，孝无终始，而患不及者，未之有也”，因而《孝经》中阐明了君王、诸侯、卿大夫、士人以及普通百姓应遵循的孝行。

在中国古代的伦理思想中，《孝经》首次将孝亲与忠君二者联系起来，认为“孝”是“忠”的前提，“忠”是“孝”的发展和扩大，并把“孝”的社会作用绝对化、神秘化，认为“孝悌之至”就能够“通于神明，光于四海，无所不通”。

《孝经》对“尽孝”的要求和方法作了系统以至烦琐的规定。主张“孝”要“始于事亲，中于事君，终于立身”，并按照父母的生老病死等生命过程，提出“行孝”的相应具体要求。

《孝经》不仅要求人要爱敬自己的双亲和兄长，还要在此基础上把它推广到社会，以便做到“老吾老，以及人之老”，使整个社会长幼有序，充满爱意，从而达到社会稳定的目的。

另外，《孝经》还把道德规范与法律联系起来，提出要借用国家法律的权威维护道德与宗法秩序。“五刑之属三千，而罪莫大于不孝”，把“不孝”列为大罪之首，违者必将受到严惩。

《孝经》一书，以“孝”为中心，比较集中地阐发了儒家的伦理思想，是千百年来中国社会维系家庭关系的道德准则，是中华民族的传统美德。其中一些内容，直到今天仍是社会伦理道德的重要组成部分。但在漫长的封建社会中，由于统治者的曲解和利用，书中许多有价值的内容被冲淡或掩盖了，因此有必要对其加以重新认识。弘扬并重新阐释《孝经》中有生命力的东西，引起人们情感上的共鸣，不仅会使家庭彼此关爱，也会增进社会的和谐，更可使孝道扩大到治国、平天下之至境。

《孝经全鉴》一书在总结前人研究成果的基础上，不仅收录了《孝经》原文，并辅有注释、译文、简析、跟进解读、典例等版块，以便读者更好地理解书中之义，使“孝”的真谛从经典走向生活，从理论走向应用。由于参校之文较多，不敢掠大家之美，在此一并致谢，并恳请不吝指正。

本书将纸质图书和配乐诵读音频完美结合，以二维码的方式在内文和封面等相应位置呈现，读者扫一扫即可欣赏、诵读经典片段。诵读音频由中国国际广播电台、中央人民广播电台专业播音员，以及中国传媒大学等知名高校播音系教师构成的实力精英团队录制完成，朗读中融进了对传统文化的理解，声音感染力极强。

解译者

2019 年 4 月

目录

开宗明义章第一

——挈领全书，揭示孝道总宗旨

儒家论“孝”/ 4

孝道文化的积极作用 / 5

唐玄宗重孝注《孝经》/ 6

秦族躬行孝道 / 8

王僧儒抄书养母 / 9

赵一德忠孝两全 / 11

天子章第二

——天子之孝，以身作则范万民

《诗经》和《尚书》中“孝”的观念 / 15

《养正图解》中的孝道 / 17

虞舜孝行感天帝 / 19

郯子与郯国 / 21

汉文帝亲尝汤药 / 22

康熙真心孝祖母 / 23

诸侯章第三

——诸侯之孝，守法度与民和乐

忠孝并非难两全 / 30

孔子论孝 / 34

颜真卿宁死不降 / 36

戚继光为国尽忠 / 38

文天祥视死如归 / 40

左光斗心忧天下 / 42

卿大夫章第四

——高官之孝，言行服饰合礼法

大公无私堪忠臣 / 47

心忧天下亦为孝 / 49

魏征家国皆尽孝 / 51

为官更应尽孝道 / 53

李密痛上《陈情表》/ 56

郑板桥弘扬孝道 / 59

◎ 士章第五

——士人之孝，忠君敬上爱父母
孟子论孝 / 63
社会教化、制度对孝道的强化 / 65
颍考叔讲孝道感召庄公 / 68
闵子骞感召后母 / 70
房景伯教孝 / 71
父母在，不远游 / 72
方观承万里探亲 / 73

◎ 庶人章第六

——百姓之孝，谨身节用奉双亲
珍惜父母赐予我们的生命 / 77
荀子论孝 / 79
曾参恪尽孝道 / 81
石建孝父涤衣厕 / 82
陈孝妇终养婆母 / 83
顾子通跪读父书 / 84
盛彦吐哺待慈母 / 85

◎ 三才章第七

——以孝为大，贯穿乾坤天地人
孝是一切美德的基础 / 90
《论语》中的孝与孝道 / 91
子路背米奉亲 / 94
乐正子春闭门思过 / 95
徐庶——失母心乱 / 96
沈季铨舍身救母 / 97
林大钦乞恩归养 / 98

◎ 孝治章第八

——以孝治国，远离灾祸享太平
以孝方能治天下 / 104
孝是明理之源 / 106
大禹十三年未入家门 / 110
刘邦治天下从孝道开始 / 111
汪廷美因赦减租 / 112
“孝子皇帝”朱元璋 / 113
许国佐忠国孝母 / 116

◎ 圣治章第九

——圣人治国，以孝化民政令通
尽孝八道 / 122
赵娥手刃杀父仇人 / 125
孙棘兄弟争相受罚 / 126
杨成章半钱寻母 / 128
鲁恭孝悌两全 / 129

◎纪孝行章第十
——行孝必为，五备三除毋差池
与孝行有关的词汇 / 133
孝心要体现在行动上 / 135
缇萦上书救父 / 137
孔奋奉母节衣食 / 138
鲍出追贼救母 / 139
花木兰代父从军 / 140

◎五刑章第十一
——五刑三千，不孝为大须尽心
《弟子规》中的孝论 / 145
中国古代对不孝的量刑处罚 / 147
颜光衷论不孝恶习的养成 / 150
江革背母逃难 / 151
班固孝继父业 / 153
忤逆不孝遭报应 / 154

◎广要道章第十二
——推广孝道，国家安定天下平
由孝及悌兄弟情 / 159
古代孝道教化的途径与方法 / 162
父慈子孝与兄友弟恭 / 163
廉范笃孝行仁义 / 167
庾衮不畏疠疫照顾兄长 / 168
王祥以孝感化继母 / 169

◎广至德章第十三
——至德为孝，上行下效堪表率
孝敬父母体现在每一个细节中 / 173
中国传统家训中的孝道教化 / 174
皇甫谧迷途知返 / 178
杨津扶持老兄 / 179
李晟教女孝公婆 / 179
贞孝女宗李氏的孝行 / 181

◎广扬名章第十四
——移孝作忠，声名显扬传后世
戴名世的《孝子诗》/ 185
兄弟和睦表孝心 / 188
拓跋宏为父吸痈 / 189
乞伏保真心事继母 / 191
吉翂击鼓救父 / 192

◎谏诤章第十五
——君父有过，直言劝谏莫盲从
顺而不愚亦为孝 / 195
万事皆顺并非真孝 / 197
王览谏母护兄 / 198

郑均为佣悟兄 / 199
孙元觉劝父尽孝 / 201
陈表劝母和嫡母 / 202

◎感应章第十六
——天人感应，孝通神明天下安
孝顺的三个层次 / 205
正确处理好亲情关系 / 207
孝感天地，德播人间 / 210
双鹤助哀吴隐之 / 212
天赐奇钱 / 212
因不孝而遭雷劈 / 214

◎事君章第十七
——忠心奉上，君臣相得互亲爱
廉洁自律为公孝 / 219
弘扬孝道文化 / 221
清廉俭朴的晏婴 / 223
苏武矢志不变节 / 224
诸葛亮鞠躬尽瘁 / 227
清代廉吏于成龙 / 228

◎丧亲章第十八
——葬祭父母，举哀服礼孝始终
古代丧葬文化与“孝”文化 / 234
孝的传承与延续——葬礼 / 237
如何培养孩子的“孝”心 / 239
孟升匿丧被赐死 / 242
贾黯拒提不孝官 / 242
乐文德赤足奔父丧 / 243

◎附录
附录一：《二十四孝》/ 246
附录二：《百孝图记》/ 254
附录三：《女孝经》/ 273
附录四：《女论语》/ 280
附录五：《百孝篇》与《百笑篇》/ 287
附录六：《孝父母三十二章》与《孝悌歌》/ 291
附录七：《妇女之孝二十首》/ 295
附录八：《劝孝歌》三首 / 297
附录九：《劝报亲恩篇》/ 302
附录十：论孝名言 50 句 / 309

开宗明义章第一

——挈领全书，揭示孝道总宗旨

【原文】

仲尼居①，曾子侍②。子曰："先王有至德要道③，以顺④天下，民用⑤和睦，上下无怨。汝知之乎?"

曾子避席⑥曰："参不敏，何足以知之?"

子曰："夫孝，德之本也，教之所由生⑦也。复坐，吾语汝。身体发肤，受之父母，不敢毁伤，孝之始也。立身行道，扬名于后世，以显⑧父母，孝之终⑨也。夫孝，始于事亲，中于事君，终于立身。《大雅》云:"无念尔祖，聿修厥德⑩。"

【注释】

①仲尼：孔子的字。居：闲居。

②侍：陪伴，侍奉。

③先王：古代圣王。至德：最高的德行。要道：最重要的道理。

④顺：顺服，依循。

⑤用：因此。

⑥避席：古人席地而坐，离开座位是为表示尊重。

⑦教：教化。所由生：由此而产生。

⑧显：显耀。

⑨终：最后，归宿。

⑩聿（yù）：发声助词，无实义。修：学习，发扬。厥：其，指文王。

【译文】

孔子在家里闲居，他的学生曾参在旁边侍坐。

孔子说："先代的帝王有其至高无上的品行和最切要的道理，他们用这种德行和道理教化民众，以其使天下人心归顺，民众和睦相处，无论是尊卑贵贱，上上下下都没有怨恨不满。你知道这个道理是什么吗？"

曾子立刻站起身来，离开自己的座位回答说："学生我不够聪敏，如何能知道呢？"

孔子说："孝道，是一切德行的根本，也是一切教化产生的根源。你回去坐下，让我来告诉你。人的身体四肢、毛发皮肤，都是从父母那儿继承来的，不敢予以损毁伤残，这是实行孝道的开始。修养自身，推行道义，显扬名声于后世，从而使父母显赫荣耀，这是实行孝道最终的目的。所谓孝，开始于侍奉双亲，推广于侍奉君王，最终目的是立身行道。《诗经·大雅·文王》中说过：'怎么能不追念你的先祖呢？要努力发扬先祖的美德啊！'"

【简析】

本章是全书的纲领，其内容就是揭示孝道的宗旨：以孝为政，则上下无怨；以孝立身，则显亲扬名。同时，也表明了五种孝道的义理，从而定下了历代的孝治法则，成为万世的政教规范。

孔子把孝道分成三个阶段：幼年时期，便是承欢膝下，事奉双亲；到了中年，便要充当公仆，替长官办事，为国家尽忠，为民众服务；到了老年，就要检查自己的身体和人格道德有无缺欠与遗憾，这便是立身，这才是孝道的完成。

据此，我们可以汲取孔子的智慧，为现代社会、家庭的道德教化提供一些借鉴。作者揭示了"孝道"是道德教化的根本问题——"夫孝，德之本也，教之所由生也"，历史的经验是"先王有至德要道，以顺天下；民用和睦，上下无怨"。现代社会提倡孝道，小则可以和谐一个家庭，中则由家庭而延伸至和谐一个小区或村庄，大则再衍变为整个社会的和谐。因此，"孝道"在现代，乃至将来，依然不失为社会的"至德要道"。

【解读】

儒家论"孝"

提到儒家，人们首先想到的便是孔子和《论语》，但儒家在历史上的影响主要体现在历代文人武将们秉承着"天下兴亡，匹夫有责"的理念积极入世、治国经邦的行动中。儒家能够成为中国思想的主流，原因固然很多，但它能够普遍被人们所接受、传承，最主要的还在于它对人情入世的认可、对生死鬼神等的现实态度等。

中国人喜欢将"家"和"国"并提。中国人看重家庭生活，依靠伦理组织社会，消除了个人与团体的对立。伦理就是从自身出发，然后推己及人，从自己推广到与他人的一层层关系。第一层是自己，其次是父母子女，然后是兄弟姐妹，再后是宗族邻里，最后才是国家天下。这些关系由近及远，由亲及疏，所谓"修身齐家治国平天下"，便是这个次序的反映。

伦理即是人情，其在行为规范上的表现就是"君君、臣臣、父父、子子"的秩序，也就是"礼"。孟子云："于此有人焉，入则孝，出则悌。"

可见伦理的根本便是孝悌，即孝顺与敬爱。只有懂得并且做到了孝悌，才能明白做人的道理。大家耳熟能详的《弟子规》，作为后世启蒙教育的重要读本，开篇即说明："弟子规，圣人训；首孝悌，次谨信；泛爱众，而亲仁；有余力，则学文。"便是将孝悌放在首位，践行好了孝悌之后，再讲究"信"、"爱"、"仁"，有了剩余的时间和精力再去"学文"。这种顺序成为千百年来中国人成长的指南，可以说儒门学子的第一课，就是孝悌。

孔子说："孝悌也者，其为人之本与！"《孝经》中说："孝子之有深爱者必有和气，有和气者必有愉色，有愉色者必有婉容。"可见，作为"人之本"的孝悌，便是先把自己化成一团和气，然后把家庭化成一团和气，最终把社会、国家、世界化成一团和气，整个世界便在这一团和气中共生共存。从孝悌出发，再一层层地推开去，纵向则贯穿人的一生。不管一个人能够走多远，他所建的功业有多大，归根结底都可以依循这条线索走回来。孔子认为武王、周公能够继承先人之志，继续他们未完成的事业，这正是孝的最高境界。

然而，儒家的生活原本极其活泼有趣，但是经过了几千年的演化，却形成了一个僵死的形式——礼教。在《二十四孝》的故事中，我们看到很多自残、自毁以养父母的故事，礼教中那种“三从四德”、“三纲五常”对孝子烈女的各种要求，已经与孔子时期提出的“人之本的初衷”相去甚远了。这些是如今之人需要予以摒弃的。

孝道文化的积极作用

谁也不能否认，作为中国传统文化的核心，孝道文化在中国历史发展过程中的作用是多方面的，它对古代个人、世俗家庭与社会秩序的稳定产生了积极的影响：

1. 促进修身养性

在儒家看来，孝道是个人修身养性的基础。通过践行孝道，个人的道德素养才能得以进一步完善。失去孝道，也就失去了做人的最起码的德行。即使在今天，倡导孝道，对个人道德修养的促进仍然具有重要的现实意义。

2. 融合家庭关系

从家庭来说，实行孝道，可以使得长幼有序，规范人伦秩序，从而促进家庭关系和睦。家庭是社会的细胞，家庭稳定则社会安定，家庭不稳定则社会动荡。故此，儒家非常重视家庭的作用，强调用孝道规范家庭关系。在今天，强调子女尊敬和赡养父母具有同样重要的作用。

3. 忠诚敬业报国

古代儒家孝道推崇忠君思想，倡导报国敬业。在封建时代，君与国有时候是同一个意思。据此，儒家认为，实行孝道，就必须在家敬父母，在外事官长，无限忠诚于至高无上的国君。虽然其中不乏对国君的愚忠，但蕴藏其中的报效国家和爱国敬业的思想则具有积极进步的意义。

4. 维持社会稳定

儒家思想产生于乱世，其目的便是安定社会，稳定秩序。孝道思想可以规范社会的行为，建立一些礼仪的制度，调节人际关系，从而统一社会思想，达到天下一统，由乱达治。客观地讲，孝道思想为封建社会维持其社会稳定提供了意识形态的支持，为中华民族的聚合统一起到了积极的作用。

5. 塑造民族文化

中华民族文化博大精深，历代都有损益变化，但孝道的思想和传统始终统领着几千年中华民族文化的发展方向。中华民族文化之所以能够同化无数外来文化，其根本原因在于孝道文化。中华民族文化之所以经久不衰，成为古代世界文明延续至今的唯一的古文明，其根本原因也在于孝道文化。

唐玄宗重孝注《孝经》

《石台孝经》碑位于西安碑林整个建筑的中心。它拥有一个独立的壮观的碑亭，成为西安碑林的标志性建筑之一，足以显示其国宝级石碑的地位和分量。

作为儒家经典之一，《孝经》一直受到历代封建统治阶级的重视。而唐玄宗，曾经历过一个多次政变的时代，从神龙元年（705 年）至开元元年（713 年），前后不过八年半时间，政变七次，皇帝换了四次。反思前朝的风风雨雨，李隆基格外重视《孝经》就不难理解了。他重估“以孝治天下”的理念与价值，不仅召开类似今天的高层学术研讨会，研讨《孝经》的有关问题，还两次亲自为《孝经》作注，并亲自隶书，立《石台孝经》碑于太学之上，对后世影响非常深远。

唐玄宗非常重视《孝经》，并亲自为之作注，其原因主要有两点：

第一，以孝治家。皇家的内部秩序要整顿好，也确实不容易。唐玄宗自己就亲身经历过许多事，比如和其父在皇位继承问题上的冲突，和儿子在皇位的继承问题上的矛盾，太平公主的作乱，和太子以及诸子的关系处理，等等。唐玄宗希望通过提倡孝道，把皇家的内部秩序整顿好。

唐玄宗一方面宣扬《孝经》，一方面自己也身体力行。史书记载说：“上素友爱，近世帝王莫能及之。”比如初即位的时候，唐玄宗特地做了长枕头、大被子，与兄弟宋王、申王、岐王、薛王、豳（bīn）王同寝。宫殿中还设立“五幄”，与诸王同处其中，称为“五王帐”。这件事成为一个教育皇家后代的著名典故，明代焦竑编辑的教育皇家后代的《养正图解》中就选择了唐玄宗的这一则故事。

第二，以孝治国。《孝经》中的一个重要智慧就是“孝治”，将“移孝为忠”、“以顺移忠”作为治国的重要方法。唐玄宗很重视这一点，因此召开了类似今天的高层学术研讨会，讨论《孝经》的有关问题，还亲自为之作注，并撰写《孝经》全文立于学宫。

下面录取唐玄宗的《孝经注·序》，与大家共飨：

“朕闻上古其风朴略，虽因心之孝已萌，而资敬之礼犹简，及乎仁义既有，亲誉益著。圣人知孝之可以教人也，故因严以教敬，因亲以教爱。于是以顺移忠之道昭矣，立身扬名之义彰矣。子曰：‘吾志在《春秋》，行在《孝经》。’是知孝者，德之本欤？

“《经》曰：‘昔者明王之以孝理天下也，不敢遗小国之臣，而况于公、侯、伯、子、男乎？’朕尝三复斯言，景行先哲，虽无德教加于百姓，庶几广爱刑于四海。嗟乎，夫子没而微言绝，异端起而大义乖。况泯绝于秦，得之者皆煨烬之末；滥觞于汉，传之者皆糟粕之余。故鲁史《春秋》，学开五传；《国风》、《雅》、《颂》，分为四诗。去圣逾远，源流益别。

"近观《孝经》旧注，踳驳尤甚。至于迹相祖述，殆且百家。业擅专门，犹将十室。希升堂者，必自开户牖。攀逸驾者，必骋殊轨辙。是以道隐小成，言隐浮伪。且传以通经为义，义以必当为主。至当归一，精义无二，安得不翦其繁芜，而撮其枢要也。

"韦昭、王肃，先儒之领袖。虞翻、刘邵，抑又次焉。刘炫明安国之本，陆澄讥康成之注。在理或当，何必求人？今故特举六家之异同，会五经之旨趣；约文敷畅，义则昭然；分注错经，理亦条贯。写之琬琰，庶有补于将来。

"且夫子谈经，志取垂训。虽五孝之用则别，而百行之源不殊。是以一章之中，凡有数句；一句之内，意有兼明；具载则文繁，略之又义阙。今存于疏，用广发挥。"

【典例】

秦族躬行孝道

秦族，西魏时期上郡洛川人（今陕西洛川县）。秦族的祖父秦白曾为颍州刺史，父亲秦雚曾任鄜城郡守，俩人都是很有名望的具有卓绝品性的人。在他们的一生中，孝顺父母，忠于职守，都曾因为恪守孝道而受到治下百姓的尊敬和拥戴。同时，他们也没有忘记教育自己的子女遵守孝行。

秦族在父亲的教诲和影响下，很小的时候就知道孝敬父母。父亲在做郡守的时候，秦族才七八岁。平时秦族由仆人看护侍候，读书写字有先生陪伴，很少见到父亲、母亲。而且父亲公事繁杂，偶尔回家也顾不上看看他们兄弟几个，父子之间并不十分亲密。可秦族常在先生面前叨念父亲和母亲，先生为情所动，替秦族转达了对父母的问候。母亲听了以后十分高兴，常把他叫到身边，嘱告他要好好读书，将来好为国为民建功立业。秦族十一岁的时候，父亲不幸病故。秦族同他的几个弟弟哀悼至极，常因想念父亲而痛哭。他们常到父亲的坟上拜祭，发誓一定尽心竭力奉养母亲，籍以告慰父亲的亡灵。过路的行人无不为他们的孝行所感动，称赞他们的孝心。

秦族十五岁的时候，母亲也病倒了。因为父亲为官清正，家里积蓄极少，这时早已用光了。为了养活全家，秦族让弟弟们上午读书、写字，下午随他一起干活养家。寒暑易节之时，秦族总是最后一个换上衣服，并且是最旧最破的。因为饭少菜也少，他生怕母亲吃不饱，吃饭的时候，总是让母亲先吃，然后他们兄弟几个才吃。尽管这样，秦族的母亲身体还是越来越弱，加上忧愁和病痛的煎熬，病情加重，终于撇下了尚未成年的儿子，撒手人寰。为了表达对母亲的追思，秦族保留了母亲的居室，每到祭日就进去表示思念之情。

乡里邻人敬服秦族，上书荐举，皇帝于是下令表彰他的孝行。

王僧儒抄书养母

王僧儒（465—522 年），是南朝时期的文学家。年幼时，因为家里十分贫穷，无钱供他念书，他只好在家自学。在王僧儒三岁那年的一天，一个很有学问的人见他勤奋好学，尊长敬老，就主动问他说："你想不想学《孝经》啊？如果想学，我可以教给你。"王僧儒睁大双眼好奇地发问道："《孝经》是讲什么的书啊？"那个有学问的人向他解释说："《孝经》是专门讲孝敬长辈的书，是教人讲礼貌、懂道德、尊老敬长的。"王僧儒高兴地点点头，说："那从现在开始，您就教我吧！"从此，王僧儒每天都用功学习《孝经》。他早起晚睡，虚心求教，百学不厌。王僧儒十分聪明，记忆力又很强，《孝经》中很多章节他都能流利地背诵下来。

一天，王僧儒正在门口背书，邻居中的一位老者见他背得十分认真，便问道："你背的这一段讲的是什么意思啊？"王僧儒其实也不太清楚书中讲的是什么意思，说不出个所以然来。那位老者告诉他说："光能背下来不算真正学会，要真正理解其中的道理，又能按理解了的道理自觉地去做，才称得上是真正学会了。"王僧儒很受启发，便向老人鞠躬致谢，说："我一定按您的

指点去做。”从此，他边学边问，边背边想，逐渐地理解了《孝经》的大意，知道怎样才算是孝敬长辈。

一天，父亲的友人送来了一筐李子，看见了王僧儒，就放下筐，把他叫到跟前说：“这李子是刚从树上摘下的，新鲜极了，你先拿几个去尝尝。”说着就抓了一把，递给他，谁知王僧儒说什么也不肯要。客人想是不是嫌少了？就又抓了一把。没等递过来，王僧儒就解释道：“我不要不是嫌少。《孝经》里说过，要孝敬长辈，好吃的东西应让父母先尝。”友人对王僧儒倍加赞扬。

王僧儒勤学苦练，六岁时便学会了写文章，七岁时一天能读几万字的经书，十几岁时已能写书著文，其文辞华丽，情感奔放。他还擅长书法，写得一手远近闻名的好字。因此，地方上很多人都请他去抄书、写字。他用挣来的钱给多病的母亲买药、买补品，买米、买菜贴补家用。

孝顺不是口号，也不是形式，而是一种实际的行动，是一种实实在在的内容。

赵一德忠孝两全

赵一德，宋末元初龙兴新建（今江西南昌建昌）人。至元十二年（1275年），赵一德被蒙古人俘获并送到了燕京，成了郑留守家里的奴仆。他在郑留守家里一待就是好多年，中间经历了世祖忽必烈、成宗铁穆耳和武宗海山三个皇帝。等到武宗即位做皇帝的时候，赵一德才突然想到时间过得真快，一晃竟然已经过去了三十四个年头了，掩埋心中多年的思乡之情，突然涌上心来。赵一德就向主人郑阿思兰请求回家省亲，说道："我自从离开父母，来到你家门下，已有三十多年了。故乡万里遥远，一直没有机会回家探望父母。虽日夜思念，一直没敢和您说。现在父母已经老了，一旦去世，我就永为天地间的罪人了。"主人郑阿思兰母子二人听了赵一德的话后，非常感动，就给了他一年的假期，让他在一年之内返回北京。

赵一德从北京出发，向南到南昌。等到赵一德到了在南昌附近的建昌家里时，得知父亲和兄长都已经去世，家里只有八十岁的老母亲还在世。于是，赵一德就为父亲和兄长挑选了一个风水较好的地方，将他们重新安葬。赵一德在家里待了些时日，本想多留些日子侍候母亲，但因为担心超过了一年的期限，只好急匆匆地如期返回了北京。郑阿思兰母子见赵一德按时回来了，又听说了他家里的情况后，深受感动，就废除了赵一德的奴隶身份，叫他回原籍侍候自己的母亲。

赵一德非常高兴。但就在他正准备回老家的时候，发生了一件意外的事。当时的尚书省内有人告发郑阿思兰和他的兄长等共十七个人企图谋反。当时朝廷内外虽然都觉得郑阿思兰是冤枉的，就是没有人敢于出来替他们申冤。郑阿思兰家里的财产全被没收，仆人也都各自逃走了，只有赵一德等少数人留了下来，替主人申冤。经过赵一德的努力，朝廷终于为郑阿思兰一家平反昭雪。等到郑家平反之后，太夫人对赵一德非常感激，对赵一德说："当我们家遭难时，就连亲戚都不敢出头，只有你冒死为我家申冤。路遥知马力，日久见人心，疾风知劲草，这些我在你身上都见到了。我之家业既丧而复存，都是靠你的努力，要我怎么报答你呢？”郑家准备送给赵一德一些田产和房屋，作为对他的报答，但是赵一德婉言谢绝了。等到这一切都结束之后，赵一德就悄悄地回原籍去侍候自己八十多岁的老母亲了。等到又一个新皇帝仁宗即位，即皇庆元年（1312 年）的时候，朝廷特下诏书，旌表赵一德的孝道与仁义。

天子章第二

——天子之孝，以身作则范万民

【原文】

子曰："爱亲者，不敢恶[①]于人；敬亲者，不敢慢[②]于人。爱敬尽于事亲，而德教加于百姓，刑于四海[③]。盖天子之孝也。《甫刑》[④]云：'一人有庆[⑤]，兆民赖[⑥]之。'"

【注释】

①恶（wù）：厌恶，憎恨。

②慢：轻慢，怠慢。

③刑于四海：作为天下的典型、百姓的典范。刑：通"型"，法则，模范。四海：即天下。

④《甫刑》：《尚书·吕刑篇》的别名。

⑤一人有庆：天子一人有善行。一人：指天子。庆：善事。此处专指爱敬父母的孝行。

⑥兆民：万民，指天下百姓。兆：十亿。一说万亿。赖：仰赖。

【译文】

孔子说："能够亲爱自己父母的人，就不会厌恶别人的父母；能够尊敬自己父母的人，也不会轻慢别人的父母。以亲爱恭敬之心尽心尽力地侍奉父母，并将这种德行教化推行到百姓的身上，作为天下百姓的典范，这就是天子的孝道。《尚书·甫刑》中说：'天子一人有了孝敬父母这种善行，天下万民都会仰赖他。'"

【简析】

本章讲述天子应当尽的孝道。天子虽然地位尊贵，但也是父母所生，如果能够以身作则，爱敬父母，那么人民一定会受其感化，竞相尽孝。天子为天下之主，受命于天，治理天下臣民，要博爱广敬，感化百姓。

孔子认为，孝道的最高层次的便是天子之孝，为五孝之首。孔子认为：一是天子应该行孝道，并由这种孝道推广出去，教化开来，形成一种博爱与广敬；二是由自己的博爱与广敬，教化感化他人，而变化为普遍的社会的博爱与广敬；三是着重揭示高层的孝行对下层的影响是巨大的，效果是不可低估的。

虽然今天人们早已经没有了古代那一套陈腐的天子、诸侯、卿大夫等级的分别了，但是孔子的智慧依然能启示我们：社会上层的道德倡导与修养对下层有着深刻的影响，一个地方是这样，一个单位也是这样。因此，道德倡导与修养，不仅有一个从我做起的问题，还有一个从高层做起、从上层做起的问题。

【解读】

《诗经》和《尚书》中“孝”的观念

众所周知，《诗经》和《尚书》都是经过孔子删定的儒家经典，其中包含着许多关于“孝”的较为原始的观念和内容。先秦史料中较早有关孝的记载是《尚书》，表明在尧舜和夏商时代就有了孝的含义。我国最早的诗歌总集《诗经》，作为一部诗歌形式的文学作品，其中“孝”字的出现大约有十八次之多，表现了西周时期和东周早期社会各阶层的人们对于孝道的极度重视。《诗经》和《尚书》中关于“孝”的观念，大体可以分为以下几点：

1. 尊敬父母

《诗经·小雅·小弁》中说：“维桑与梓，必恭敬止。靡瞻匪父，靡依匪母。”意思是说，父母栽种桑树和梓树，对它们应该恭恭敬敬。没有一个人不尊仰父亲，没有一个人不依恋母亲。对父母要尊敬和依恋，永远都不要忘记他们。

《诗经·齐风·南山》中说："艺蔴如之何？衡从其亩。取妻如之何？必告父母。"诗中借用种蔴必有田垄的道理，来比喻儿子娶妻必须首先告诉父母，体现了对父母的尊重。

2. 报答父母

《诗经·小雅·蓼莪》中说："哀哀父母，生我劬劳"，"哀哀父母，生我劳瘁"，"父兮生我，母兮鞠我。拊我畜我，长我育我。顾我复我，出入腹我。欲报之德，昊天罔极。"意思是说，父母在十分劳累和病困中生育了我。他们不但生育我，抚养我，还疼爱我，照顾我，庇护我。对于父母的养育之恩德应该予以报答。但是，由于生活困难，因而没有能够报答父母的养育之恩。不是我不报，而是皇天不让我报。这首诗抒发未能奉养父母、孝敬父母而使父母离开人世之后的悲痛不已的心情。

3. 奉养父母

《诗经·唐风·鸨羽》中说："王事靡盬（gǔ），不能艺稷黍。父母何怙？悠悠苍天！曷其有所？……王事靡盬，不能艺黍稷，父母何食？悠悠苍天！曷其有极？……王事靡盬，不能艺稻粱。父母何尝，悠悠苍天！曷其有常？"这首诗控诉了自己由于君王的索求太多，安排的事情没完没了，以至于自己没有时间去种稷、黍、稻、粱来奉养父母，使父母没吃没喝，忍饥挨饿。

《尚书·酒诰》中说："肇牵车牛，远服贾用，孝养厥父母，厥父母庆……"意思是说，在农闲的时候，要用牛车载着商品，去远处的地方进行贸易，以此赚钱用来孝敬赡养父母，让父母高兴。

4. 孝顺父母应该成为效法的榜样

《诗经·大雅》中说："永言孝思，孝思维则；永言孝思，昭哉嗣服"，"孝子不匮，永锡尔类。"意思是说，孝顺先人的思想是全体臣民的榜样；还应该管理好自己职务以内的事情；孝子的孝顺之心真诚而不枯竭，这样全家永远能得到福佑。

5. 不孝父母是最大的罪过

《尚书·康诰》中说："王曰：封，元恶大憝，矧惟不孝不友。子弗祗服厥父事，大伤厥考心；于父不能字厥子，乃疾厥子；于弟弗念天显，乃弗克恭厥兄；兄亦不念鞠子哀，大不友于弟。惟吊兹，不于我政人得罪，天惟与我民彝大泯乱。曰：乃其速由文王作罚，刑兹无赦。”这段话的意思是说，最大的罪恶，也就是无孝心不友爱。如果儿子不能成就父业，大伤他父亲的心；如果父亲不慈爱自己的儿子，反而厌恶他；如果为弟不尊敬兄长，为兄的不友爱弟弟，那就应该用文王制定的法律来惩办这样的人，不可赦免他们。这里是在提倡一种父慈、子孝、兄友、弟恭的伦常之道。

《养正图解》中的孝道

《养正图解》是明清皇帝的教子经典，其中也突出了孝的教育。

《养正图解》的作者焦竑（1541—1620年），字弱侯，号漪园、澹园，明代日照（今山东日照县）人，一作江宁（今南京江宁县）人。著名学者、状元，万历十七年（1589年）举进士第一，官翰林院修撰。曾主修《国史》，撰《经籍志》。

焦竑在翰林任职期间，又担任了皇长子的侍讲官。他认为孔孟之道博大精深，内容又多艰深，灌输给儿童很难奏效；而教育孩子要通俗易懂，并且要形象直观，因此他选用了历史上可供借鉴、取法、劝诫的故事六十则编成教本，又邀请明代宫廷的名画家丁云鹏（1547—1628年）配上精美插图，成为图与文并茂、理念与智慧共具、真谛和体味皆佳的启蒙经典。

《养正图解》的第一篇是《寝门视膳》，故事的原文如下：

文王之为世子，朝于王季日三。鸡初鸣而衣服，至于寝门外，问内竖之御者，曰：“今日安否？如何？”内竖曰：“安！”文王乃喜。及日中，又至，亦如之。及暮，又至，亦如之。其有不安节，则内竖以告文王，文王色忧，行不能正履。王季复膳，然后亦复初。食上，必在视寒暖之节。食下，问所膳。命膳宰，曰：“未有原？”立曰：“诺。”然后退。

文王，就是周文王，姓姬名昌，是王季的儿子，商朝末年周族的领袖。在他还在做世子时，对自己的父亲服侍得非常周到尽心，每天都要三次去给

父亲请安。在天刚蒙蒙亮的时候就开始穿衣梳洗，整装完毕之后，就早早地来到父亲卧室门前恭候。首先要询问服侍父亲的小臣：“我父亲今天是否安好？心情怎么样？”服侍的小臣如果回答：“很好。”那么文王就会非常高兴。到了中午还要同样去请安，晚上也是如此，没有一天不是这样的。如果听到父亲的身体不舒服，或者是心情不好，就会非常地担忧，难过得路都走不好，无时无刻不以父亲的健康和快乐忧心。什么时候看到父亲能吃饭了、心情好了，行动才能恢复正常。在父亲吃饭的时候，上菜之时必然先要看饭菜的冷热是否符合季节天气；父亲吃完饭之后，必然要问侍从父亲吃饭的情况，一切都问完办好之后，在确定父亲没有任何不适和不快的情况下，自己才会离开。

作为一国之君，文王的这片至诚的孝心和对父亲无微不至的关爱自然成为百姓效仿的楷模，他的治理也得到了百姓的一致认可，自己更成为受万世瞻仰的圣君。

开篇即明主旨，全篇的主题就是一个“孝”字，通过文王的孝行，表明文王是个孝子，劝勉皇子重孝行孝。这说明编者体现了《孝经》“百行孝为先”的理念，这也正是焦竑《养正图解》的深意所在。面对皇长子，首先要教诲其立德行孝，以孝为本。在这方面，焦竑选择了文王这个榜样，而文王在做太子时候的做法就是一个切近的例证。可见，《养正图解》第一篇是与《孝经》的“开宗明义章第一”相呼应的。

此书到了清代，光绪皇帝为了不至于湮没无存，还特地将内府旧存的写本发出，敕令武英殿刊刻，以广流传。

【典例】

虞舜孝行感天帝

舜，是颛顼的六世孙。虞舜二十岁以孝闻名天下。三十岁为尧所知并娶其两女。五十岁代尧行天子之政，在位三十九年。虞舜所处的时代，是历代政治家最为向往的社会。其时华夏族疆域扩大，政治清明，百姓安康。

对于有缺点的父母该不该爱，舜用他的行动为世人树立了一个榜样。舜的父亲叫瞽叟，就是“瞎老头”的意思。因为他不识贤愚，便得了这样一个诨号。舜生下不久，他的母亲就死了。幼小的舜从未得到过父亲的疼爱。后来，瞽叟又娶了一个年轻美丽的妻子，生下一个叫象的儿子和一个女儿，舜的日子就更不好过了。他虽得不到一点家庭的温暖，但是性格却非常忠厚善良。遭到父亲的毒打，总是默默地流泪，实在忍受不了时，就独自跑到荒野里大哭一场；尽管这样，舜仍然仁爱地对待他的父亲、后母和弟妹。经过无数个痛苦的日子，舜终于长大成人，他孝敬父母、友爱弟妹的贤名已传遍华夏各部。

但是，狠心的父母待他依然如故，舜只好离家出走，来到他早就向往的东方。舜先是在历山开荒种地，没过多久，历山的农民受他的感化，都争着让起田界来。舜又到雷泽去打鱼，过了不长时间，雷泽的渔夫也都争着让起渔场来。后来舜又去寿丘制造各种家具器物，人们听说后纷纷迁来居住，仅一年时间，这地方就成为村庄，再过一年就成了一个较大的集镇，又过一年竟成为很大的城市。舜的名声由此更加显扬。天子尧很赏识舜的为人与能力，决定让舜继承帝位，并把两个女儿娥皇、女英嫁给舜，让九个儿子伴随舜。结果在舜的感召下，尧的两个女儿都不敢以帝女自骄，而是像一般人家那样与邻里和睦相处。尧的九个儿子也都十分尊敬舜，性格也日益笃厚恭谨。尧非常高兴，于是赐给舜一把琴和一套细葛布衣，为他修建了几间谷仓，并且给了他一群牛羊。

虽然舜做了天子的贵婿，但他并没有忘记他的父母，于是带着两个妻子去见家人。瞽叟一家人见舜携妻载物归来，非但没有收敛恶心，反而处心积虑地想把他害死，好霸占他的财产和妻子。一天，象喊舜去修缮谷仓，舜回家告诉了妻子，两个妻子每人送他一个竹笠遮阳。当舜爬上谷仓后，象和瞽叟就从下边搬走梯子放起火来。舜将竹笠举起，从谷仓上跳下来，竹笠像鸟翼一样，增加了浮力，从高处落下后居然没有一点损伤。瞽叟和象一计未成，又想出另一阴谋。这一天，瞽叟又叫舜去淘井。舜又回家告诉了妻子，两个妻子每人送他一柄锋利的铲子。舜下井后迅速在井壁用两把铲子凿了一个洞穴，刚刚凿完，瞽叟和象就搬来土石，往井里填土。填了一阵，听听井里没有动静，以为舜已死去，非常高兴，于是立即跑回家去分赃。象抢功说："主意是我出的，两个嫂嫂和琴分给我，牛羊财物就给了爹妈吧！"说完就飞快地跑到舜家，拿着琴在那里摆弄，想得到两个嫂嫂的欢心。没想到，舜已用两把利铲把井凿通赶回家来。象见了大吃一惊，非常生气，过了好一阵才说："我正在想念你呢！"舜丝毫也没有生气的样子，很平静地回答说："如果这样，你一定很懂得兄弟情义了。"瞽叟和象还不死心，他们又借赔礼之名请舜饮酒，想把他灌醉后杀死。不想此事被舜的同父异母妹妹闻知，她同情哥哥的遭遇，连忙把这事告诉了嫂嫂。当象来请舜时，两个妻子分别送给舜一包解酒的东西，然后舜就去赴宴了。宴会上，陪酒的人都醉得不省人事，而舜却毫无醉意，这场阴谋又失败了。这些事情过后，舜待父母弟妹更加孝悌友爱。最终，瞽叟和象深受感动，回心转意，一家人从此和和睦睦地过起日子来。舜用自己的一颗爱心感化父兄，被人传为佳话。太史公司马迁赞誉舜说："天下明德皆自虞舜帝始。"

至于为什么一家人都想要舜死，虽已无从查询，但也可猜想得到，一定是继母偏爱自己的亲生儿子象，容不下舜。亲疏有别乃人之常情，后母虐待继子容易让人理解，至于兄弟间因为家产的继承而反目成仇也有动机可言。但就连亲生的父亲都要将他置之死地，则是很令人费解的。不过父亲与继母愈恶，却更反衬出舜愈孝。

话说舜在一家人的如此这般之后，却毫不嫉恨，仍对父母恭顺，不失孝道，对弟弟始终慈爱。传说他的孝行感动了天帝，当舜在历山耕种时，有大象替他耕地，有鸟儿代他锄草。

如果我们抛开传说里虚构的一面，来看这个故事里的“孝”，对现在的人们来说，不无现实意义。舜对家人的祸心的不嫉恨，体现的是一种宽恕的精神，一种隐忍的精神，具有了“忍人之所不能忍”的气度，最终取得了“成人之所不能成”的成就。这对于一个要掌管天下的帝王来说，就是一个很必要的条件。既然尧要禅让给一个能把天下管理好的人，舜的行为当然说明了他是一个不错的人选。而作为一国之君，舜的孝行更能够感染百姓，为社会营造一种良好的风气。

郯子与郯国

郯子（生卒年月不详），己姓，子爵，春秋时期郯国国君。据说，郯国的由来和郯子有着紧密的关系。

郯子的仁孝之德，历来为海内外所称道。在我国历史上传颂不衰的“二十四孝”中，郯子“鹿乳奉亲”的美德一直被视为楷模。

据古书记载，郯子出身于普通的农民家庭，没有兄弟姐妹，家里就他一个孩子。从古至今，人们总是对独生子女娇生惯养，十分溺爱。可是，郯子的父母却不是这样的。他们从小对郯子的穿衣吃饭、坐卧玩耍、读书写字、待人接物等，都进行了很严格的管教，时时刻刻都注意培养孩子美好的道德情操和良好的生活习惯。

后来，郯子的父母年纪大了，都患了眼疾，经诊治，要经常喝野鹿乳才能治好。但野鹿乳十分难得，因为要治愈失明已久的眼睛，必须取野鹿的鲜乳服用才能达到效果，而且还不能让母鹿受到惊吓，否则鹿乳的药用价值就会降低不少。可是，野鹿一般都是成群结队地出来饮水觅食，鹿群中都有好几只年轻力壮的公鹿负责警戒保卫，只要听到了一点异常的动静，整群野鹿顷刻间就会跑得无影无踪。在这种情况下，要接近鹿群是十分困难的事情，至于想挤取鹿乳，那几乎是不可能的事。但是，郯子想出了一个好办法：把

鹿皮披在身上，到深山里去，混进鹿群中，伺机挤取鹿乳，然后供奉双亲。有一天，他又上山挤取鹿乳，不巧遇到猎人捕猎，猎人把身披鹿皮的他当作野鹿了。正当猎人要猎杀他的危险时刻，郯子急忙掀起鹿皮露出头来，告诉猎人自己是为了挤取鹿乳给双亲治病才身披鹿皮的。猎人听后十分感动，不仅把鹿乳送给了他，还护送他出山。

从此，郯子的贤名不胫而走。有很多人纷纷慕名而来，拜郯子为师。有的人为了求学方便，干脆就在这里住了下来。孔子也曾经来此住过一段，接受郯子的教诲。后来人越聚越多，郯子的家乡由乡村变成了城镇，又由城镇变成了邦国，被人称作郯国。当地的人们都一致推举郯子做了郯国的第一任国君，郯子也成为了诸侯之一。

郯子的名声和地位来源于他的孝行，而他的孝行也必将影响到国家的治理，自然而然成为一种良性循环。郯子治郯讲道德、施仁义、恩威有加，百姓心悦诚服，使郯地文化发达，民风淳厚，一些典章制度都继续保持下来，对后世的影响十分深远。

汉文帝亲尝汤药

汉文帝刘恒（公元前 202—公元前 157 年），是汉高祖的第三子，为薄太后所生。西汉第五位皇帝，高后八年（公元前 180 年）即帝位。

文帝是个孝子，侍奉母亲从不懈怠。母亲卧病三年，他常常夜不闭目、衣不解带地精心照料；母亲所服的汤药，他亲口尝过后才放心让母亲服用。其仁孝之名，闻于天下。他在位二十四年，重德治，兴礼仪，注意发展农业，使西汉社会稳定，人口增加，经济得到恢复和发展，其后，景帝继位仍然推崇文帝的治国理念，使社会得到进一步发展，被后世史学家誉之为“文景之治”。

在《二十四孝》故事中，帝王有两个，其一为舜，其二为汉文帝刘恒。除去刘恒帝王的身份，他也是一个孝子的典范。古人说得很清楚：“孝”就是对父母养育之恩的一种回报：父母给你生命，所以你要善待父母之生命；父母宁愿自己挨饿受冻，也要让你吃饱穿暖，所以你要照顾父母之温饱；你在父母怀抱中有三年时间完全不能自立，完全依赖父母而生存，所以父母死后你要守孝三年。因为父母对子女的关爱在范围上是无限的，父母对子女的照顾在时间上也是无限的，所以，面对这广大而无限的“慈”，为人子者照顾父母，是理所应当的。

对待自己的母亲，汉文帝做到了“目不交睫，衣不解带”，而且一个皇帝能够在母亲生病时“亲尝汤药”，这种至孝的行为自然能够成为万民表率，在无形中起到教化的作用，这正应了孔老夫子所说的“一人有庆，兆民赖之”那句话。

康熙真心孝祖母

康熙（1654—1722 年），清圣祖仁皇帝爱新觉罗·玄烨，清朝第四位皇帝、清定都北京后第二位皇帝。他八岁登基，十四岁亲政。在位六十一年，是中国历史上在位时间最长的皇帝。他是中国统一的多民族国家的捍卫者，奠下了清朝兴盛的根基，开创出康乾盛世局面。

年幼时的康熙生活是十分不幸的。玄烨的生母佟佳氏只是皇宫中一名不受恩宠的庶妃，因地位卑微连带玄烨也不大受父皇待见。他八岁丧父，十岁时疼爱他的母亲又死了。康熙后来回忆到，那年母亲生病的时候，他日夜守候在床边，滴水不进。母亲去世时，他日夜啼哭，不思饮食。直到晚年，康熙回忆起这一幕幕还不无悲伤地说，他在父母的膝下没有得到一天的欢娱，“此朕六十年来抱憾之处”。

但玄烨又是幸运的。他有一位宽仁博大的祖母孝庄皇太后，祖母十分关心他的成长。这位富有政治头脑、品性贤良的祖母，对玄烨的培养倾注了大量心血，为他成为一代明君打下了坚实基础。

人的感情是双向的。孝庄为孙儿呕心沥血，玄烨对祖母的回报，则充分体现在他三十多年“期尽孝养，朝夕事奉”的行动中。亲眼目睹这一切的朝臣们，曾经做过如下评述：“我皇上至德纯孝，奉事太皇太后三十余年，极四海九洲之养，尽一日三朝之礼，无一时不尽敬，无一事不竭诚。居则视膳于寝门，出则亲扶于雕辇。万机稍暇，则修温清之仪；千里时巡，恒驰络绎之使。此皇上事太皇太后于平日，诚自古帝王之未有也。”这些话虽是颂扬之语，但却基本属实。

满族人一向注重礼节，尊老爱幼。晚辈每日向长辈请安，是清代一般八旗官宦人家的寻常礼，清宫内更是极为重视。不过对玄烨来讲，向祖母请安并非例行公事，而是发自其内心的愿望。他曾无数次“亲诣慈宁（孝庄居住慈宁宫）问起居”，“承欢祇领徽音训”，“晨昏敬睹慈颜豫”。每次他都是急切前往，欢快而归。

每当玄烨外出时，也总是事事处处想着祖母。一次，他驻跸南苑，遣使为祖母恭送鲜果：“日永离宫节候新，薰风早已献嘉珍。赤瑛盘内千鲜果，奉进瑶池第一人。”他在南巡途中捕得鲜鱼，立即“驰进两宫（太皇太后、皇太后），兼志思慕之情”。他行围时猎获野禽，也恭进祖母：“遣使呈鲜味，须令马迅飞。”

离京期间，每隔数日，玄烨必定奏书向祖母请安，告知自己的情况。归途中一想到即将见到久违的祖母，心情便格外愉悦。

康熙之孝顺祖母，不独自有帝皇以来从未有过，即使是平常百姓家也是非常罕见。

康熙二十四年（1685 年）八月二十八日夜四更时分，孝庄文皇后突然得了中风病，右侧身体瘫痪，右手伸展不直，说话已经不能说清楚。此时康熙帝正在外地巡视，留在宫中照顾太皇太后的福全迅速将太皇太后得病、医治情况飞报皇上。康熙得知祖母患病后，心急如焚，昼夜兼程赶回宫中。从九月初二到九月十七十六天中，看望祖母达三十次之多。

康熙二十六年（1687 年）十一月二十一日，孝庄文皇后再一次病倒，而且病情很重。玄烨昼夜守候在祖母的病榻旁，衣不解带，“隔幔静候，席地危坐。一闻太皇太后声息，即趋至榻前。凡有所需，手奉以进”。为了给祖母治病，玄烨“遍检方书，亲调药饵”。每次祖母吃药前，他必先“亲尝汤药”。他传谕内阁：“非紧要事勿得奏闻。”一连熬了三十五个昼夜，身体变得非常消瘦。十二月初一日，玄烨决定为了祖母的康复祈祷上天，地点选在了离皇宫近三里的天坛。为了表示自己的虔诚，玄烨不骑马，不乘轿，步行到天坛，跪在地上，面对上苍，虔诚地恭读自己亲自撰写的祝文：

“嗣天子臣玄烨敢昭告于皇天上帝曰：臣仰承天佑，奉事祖母太皇太后，高年荷庇，藉得安康。今者，疹患骤作，一旬以内，渐觉沉笃，旦夕可虑。臣夙夜靡宁，寝食捐废，虔治药饵，遍问方医，罔克奏效，五内忧灼，莫知所措。窃思天心仁爱，覆帱无方，矧臣眇躬，夙蒙慈养。忆自弱龄，早失怙恃，趋承祖母膝下二十余年，鞠养教诲，以至有成。设无祖母太皇太后，断不能致有今日成立，罔极之恩，毕生难报。值兹危殆，方寸愦迷。用敢洁蠲（juān）择日，谨率群臣，呼吁皇穹，伏恳悯念笃诚，立垂昭鉴。俾沉疴迅起，遐龄长延。若大数或穷，愿减臣玄烨龄，冀增太皇太后数年之寿。为此匍伏坛下，仰祈洪佑，不胜恳祷之至。”

玄烨读罢祝文，泪水满面。这篇祝文发自肺腑，出于至诚，同时也把在场的臣子们感动得无不落泪。

可是，玄烨的赤诚并没有感动上苍，这次不同寻常的天坛之行，未能取得他期望的效果。康熙二十六年十二月二十五日，孝庄与世长辞。

孝庄逝世后一连十余日，玄烨昼夜号痛不止，水浆不入口，以致吐血昏迷。他违反清朝后丧皇帝例不割辫的祖制，不遵祖母遗旨，不听皇太后劝告，毅然割辫；又拒绝臣子关于“我朝向日所行，年内丧事不令逾年”的奏告，

决定将孝庄梓宫安放在慈宁宫内，直到翌年正月十一日发引。

康熙二十七年（1688年）新春佳节，玄烨坚持于慈宁宫为祖母守丧。他“每念教育深思，哀痛实难自禁”，恸哭不止如前。正月十一日，孝庄的梓宫被迁往朝阳门外殡宫，发引时，玄烨“割断轿绳”，坚持步行；途中每次更换抬梓宫的扛夫时，也“必跪于道左痛哭，以至奉安处，刻不停声”。玄烨执意为祖母持服守丧二十七个月，后经百官士民再三劝奏，才勉强同意依照祖母的遗嘱，“以日易月，二十七日而除”。

康熙二十七年四月，玄烨亲自护送祖母的梓宫，前往遵化孝陵以南刚刚建成的暂安奉殿，恭视封掩。康熙谕令礼部并传谕诸王、大臣：“太皇太后祭物，俱照世祖皇帝往例。”表明祭祀孝庄的规格，等同于皇帝。

自孝庄死后，直到康熙六十一年（1722年）十一月十三日他自己也离开人世，整整三十五年，康熙时刻没有忘怀祖母，始终没有从追念的痛苦中真正解脱出来。三十五年间，康熙玄烨前往遵化祭谒暂安奉殿、孝陵多达26次。思念之情，可见一斑。

诸侯章第三

——诸侯之孝，守法度与民和乐

【原文】

在上不骄①，高②而不危。制节谨度③，满而不溢④。高而不危，所以长守贵也。满而不溢，所以长守富也。富贵不离其身，然后能保其社稷⑤，而和其民人⑥，盖诸侯之孝也。《诗》⑦云：战战兢兢⑧，如临深渊⑨，如履⑩薄冰。

【注释】

①骄：自满，自高自大。

②高：高高在上。诸侯为一国之君，地位仅次于天子，而在万民之上。

③制节：指所有开支费用节约俭省。谨度：指行为举止谦逊谨慎而合乎典章制度。

④满：充满，盈足。这里指国库充实，钱财很多。溢：漫出。这里指奢侈、浪费。

⑤社稷：国家的代称。社：祭祀土神的场所，亦代指土神。稷：为五谷之长，是谷神。土地与谷物是国家的根本，古代立国必先祭社稷之神，只有天子和诸侯有祭祀社稷的权力。因而，“社稷”便成为国家的代称。

⑥民人：即人民、百姓。

⑦《诗》：即《诗经》。

⑧战战：恐惧的样子。兢兢：谨慎的样子。

⑨临：靠近。渊：深水，深潭。

⑩履：踏，踩。

【译文】

身为诸侯，虽然身居高位，但如能毫无骄傲之心，那么位置再高也不会有倾覆的危险；如能生活节俭、慎守法度，府库钱财再充裕丰盈也不会损溢。高高在上而没有倾覆的危险，所以能够长久保持自己的尊贵地位；钱财充裕而不奢侈挥霍，所以能够长久地守住自己的财富。只有拥有富有和尊贵，然后才能保住国家，使自己的黎民百姓和睦相处。这就是诸侯的孝道。《诗经·小雅·小旻》中说：凡事必须戒慎恐惧，就像身临深水潭边生怕坠落，脚踩薄冰之上生怕陷下去那样。

【简析】

本章是说明诸侯的孝道。西周实行分封制度，周朝天子将天下分成许多小的列国，所分封的列国的国君称为诸侯。诸侯一般按照亲疏关系和功勋大小来分封，有不同的爵位。《礼记·王制》中说："王者之制：禄爵：公、侯、伯、子、男，凡五等。"诸侯的封土可以世袭，对王朝所尽的义务主要是服从王朝政令，定期朝贡天子，向天子述职，必要的时候出兵和为王朝服役。

诸侯为一国之君，地位仅次于天子，所以将诸侯之孝列在第二位，仅次于天子之孝。孔子认为，诸侯应以谦逊谨慎、不骄不奢的态度，遵守法律法规，节约吃穿用度，这样才能够长守富贵，保全自己的国家，使人民和乐相处。

所谓"战战兢兢，如临深渊，如履薄冰"的意义，不是把人至于某种圈子之内束缚手脚，而是在于当一个人自动地自觉地遵行戒律，处处警惕，步步小心，那么反而会获得一种更高的、更长久的自由和潇洒。这是一种智慧的、必不可少的、心灵的自我管理与行为的自我管理，可有效约束人心，克制贪欲，遵守禁条法度。

古代诸侯的职责，是上奉天子之命，以管辖民众；下受民众的拥戴，以服从天子。一国所有的军事、政治、经济、文化等各项要政，都得由他处理。这种地位极容易犯欺上瞒下的错误。犯了这种错误，不是天子猜忌，便是民众怨恨，那么他的荣华富贵也就到头了。如果用谨慎小心的态度，处理一切事物，那么，他对上可以替天子行道；对下，可以替人民造福，自然可以长时间地享受职位带来的利禄，而不至于危殆不安。财务处理得当，收支平衡，库存充裕，人民生活富足，那么，这种国富民康的社会现象，可以保持久远，个人的荣禄还有什么可说的呢？“不危不溢”，“长守富贵”，是诸位诸侯立身行远的长久之计；居上不骄和制节谨慎的作风，是诸侯当行的孝道；戒慎恐惧，才是诸侯尽孝的真正要道。

每个处在社会中的人，就像处在坐标系中的点，由其横竖坐标决定一样，由其社会关系决定着。其实，一个人的职位越高，他所承担的责任就越重大，对上、对下的责任是免不了的。这里以上奉天子之命，下受民众的拥戴诸侯为例，来说明只有不骄傲、处事谨慎，才能够长久的平安、富贵。在现代社会中，一方的行政长官，或者极有影响力的公众人物，都应该从这句话中得出启迪。

现代的许多高官、大企业家等所谓的成功人士，不少人因屡屡漠视“战战兢兢，如临深渊，如履薄冰”之训言，结果就是屡屡跌入深渊、陷于冰窟之中。这些人在家庭里也不失为是孝子，但是最终却因为腐败、投机等种种罪行，或纷纷落马，或锒铛入狱，或身败名裂，或家破人亡。如果按照孝道的传统理念来看，那已经不能算是孝了。因为在那个层次上的人，与一般普通百姓的孝已经有些不同了，除了共性孝亲悌友外，还应尽力维护自己的名声，并为国家、为社会、为人民作出贡献。只有做到“在上不骄”、“制节谨度”，才能够“高而不危”、“满而不溢”。

【解读】

忠孝并非难两全

古人云：忠孝难两全。可是忠孝自古为一体，孝子必忠，忠者必孝。所以说，大孝为忠，求忠臣必于孝子之门，忠孝并非难以两全兼顾。

岳飞（1103—1142年），字鹏举。相州汤阴县永和乡孝悌里（今河南省安阳市汤阴县菜园镇程岗村）人。南宋抗金名将，中国历史上著名战略家、军事家。

北宋末年，金人频频进犯宋朝边境，对宋朝发动了大规模的掠夺战争，深受压迫的人们纷纷自发组织起来反抗。岳飞虽然从小家境贫寒，但他受母亲的言传身教，勤奋好学，年少时就练就了枪术“一县无敌”的本领。他见宋朝当权者腐败无能，节节败退，国家处在生死存亡的关头，并亲眼目睹了北宋灭亡前后的惨痛现实，因此立志要抗击金朝，收复国土，统一祖国。

一天，岳飞的母亲把他叫到跟前，说：“现在国难当头，儿子，你有什么打算？”

“到前线杀敌，精忠报国！”岳飞回答。

母亲听了儿子的回答，十分满意，“精忠报国”正是母亲对儿子的希望，她便把这四个字刺在了儿子的背上。从此，“精忠报国”四个字就永不褪色地留在了岳飞的后背上。

岳飞参军后，一直坚持战斗在抗金的最前线，为挽救民族的危亡而英勇杀敌，屡屡阵斩敌军大将。他率领的岳家军不畏强敌，独当一面，先后六次与金兵交锋，均获全胜，岳家军声威大震。

正当岳飞准备收复被金人占领的失地时，主和派秦桧向宋高宗献计，连发十二道金牌召回岳飞。岳飞退兵前，长叹：“十年之功，毁于一旦！所得州郡，一朝全休！社稷江山，难以中兴！乾坤世界，无由再复！”后来，岳飞父子因“莫须有”的罪名，在杭州被赐死。

岳飞作为中国历史上的一员名将，其精忠报国的精神深受中国人民的敬仰。其在出师北伐、壮志未酬的悲愤心情下写下的千古绝唱《满江红》，至今仍是令精神气振奋的佳作。其率领的军队被称为“岳家军”，从敌人口中流传下“撼山易，撼岳家军难”的名句，是对“岳家军”的最高赞誉。

岳飞戎马一生，最终带着光复疆土的宏愿和无力回天的遗憾含冤而去。但他那忠孝的精神，为中华民族树立了优秀的典范，为后人留下了宝贵的精神财富。

这是忠孝两全的历史典范。然而，如果统治者一味强求臣下绝对地忠于自己，甚至不惜为此使出一些下三滥的招数来，则可能适得其反。

唐朝武则天即位后，总担心有人暗地里反对她。恰在此时，北门学士鱼保家出列献上一张图，图上画着开了四个口的一个匣子，名曰“铜匭”，也就是把告密信投入匣子中，至于谁告的密则无人知晓。武则天只看了一眼，就觉得这个主意不错，于是当即采纳了鱼保家的建议，在朝堂设置铜匭，号召文武百官互相告密，互相揭发。此风一开，人心惶惶，今天你告我，明天我告你，不知什么时候就会大祸临头。接着武则天又把这种做法推行全国，号召全国民众都可以告密，规定“有告密者，臣下不得问，皆给驿马，供五品食，使诣行在。虽农夫樵人，皆得召见，禀于客馆……”武则天重用了许多酷吏来负责这些事情，其中最有名的便是来俊臣和周兴。如此一来，人与人之间的信任降到了冰点，当时公卿入朝，必与其家人诀别曰：“不知重相见否？”

武则天的意图无非就是希望手底下的人明白：他们唯一应该效忠的人是她——皇帝！她利用人性自保的弱点让底下的人相互搏杀，自己坐观其成。一时朝堂上下人心思危，即便亲如父子也相互忌惮。但是一个连自己的亲人都不顾的人，能相信其对国家是忠心的吗？当时的诗人、谏官陈子昂看到了这种政策的危害，便在其著名的《感遇》组诗中向武则天直言进谏，如其四云：“乐羊为魏将，食子殉军功。骨肉且相薄，他人安得忠？”

乐羊是魏相国翟璜门客，中山国君姬窟发兵犯魏，翟璜举荐了乐羊。可是乐羊之子乐舒是中山王的将领，而且曾杀死了翟璜之子翟靖，所以他难以得到朝廷信任。但是翟璜深知乐羊为人，不计恩怨，力保乐羊为帅。乐羊出兵后，由于敌强我弱，施了缓兵之计。消息传来，朝中大哗，群臣诬告乐羊通敌。中山国君又杀了他的儿子，煮成肉羹送给他。乐羊为表忠心，就吃下了肉羹。随后大败中山国。魏王“赏其功而疑其心”。同在战国，还有一个人堪与乐羊比肩，那就是吴起。吴起的名气比乐羊要响亮得多，后世把他和孙子连称“孙吴”。在“杀妻事主”上他们当真难分伯仲。吴起一心想要功成名就，学习兵法奉事鲁君。鲁君想要起用他来抵挡齐国的进攻，但是因为他的妻子是齐国人而有所疑心，于是吴起杀妻求将。极有军事天才的吴起大

败敌兵，但是并没有得到鲁君的信任，不久就被辞退了。

舍家为国，并非害家为国。孔夫子有言：人人亲其亲，长其长而天下太平。如此二人，骨肉且相薄，又怎能依靠他们去治理天下呢？一个连自己亲人都可以牺牲的人，有一天难保不会夺取他的江山。一个身负骂名却依然无动于衷举步不止之人，他们的动力只会是利益，而且是更大的利益，这样的人才是最可怕的，这样的人就是因欲望而迷住了自己的心。

有人曾经问孔子为什么不从政，孔子回答说孝敬父母，友爱兄弟，用这种风气去影响当政者，这也是从政，并非非要做官。而吴起等人却把家庭与天下割裂开来，并把家庭作为手段去谋天下，这样的人哪有孝悌可言？

在面对外敌入侵，国将不国时，热血志士喊出的最响亮的口号就是：保家卫国！从这四个字中亦能看出卫国是从保家而衍生出来的，如果连自己的家庭都不去顾及，怎能相信可以将国家托付于他呢？一个人从家庭走向天下，不论其功业何等之高，根基始终在于家庭。若一蹴而就，越过家而直上青云，就把自己立于空中楼台之中，悬空无依，岂不危哉？

孔子论孝

孔子（公元前551—公元前479年），名丘，字仲尼，春秋末期鲁国陬邑（山东曲阜）人。是中国伟大的哲学家。孔子是中华文化思想的集大成者，儒家学说的创始人。他的哲学思想提倡“仁义”“礼乐”“德治教化”，以及“君以民为体”。其著作《论语》20篇，是孔子弟子及其再传弟子关于孔子言行的纪录。儒学思想渗入中国人的生活、文化领域中，同时也影响了世界上其他地区的一大部分人近两千年。孔子认为，孝，是做人的根本道德，所以中国的传统文化提倡：百善孝为先。孔子的《论语》里头，孝这个字出现了17次。

《论语·学而篇》中有子曰：“其为人也孝弟，而好犯上者，鲜矣；不好犯上，而好作乱者，未之有也。君子务本，本立而道生。孝弟也者，其为仁之本与！”

有子是孔子的学生，姓有，名若。有子说：“孝顺父母，顺从兄长，而喜好触犯上层统治者，这样的人是很少见的。不喜好触犯上层统治者，而喜好造反的人是没有的。君子专心致力于根本的事务，根本建立了，治国做人的原则也就有了。孝顺父母、顺从兄长，这就是仁的根本啊！”

有若的观点是对老师孔子孝悌思想的总结，认为人们如果能够在家中对父母尽孝，对兄长顺服，那么他在外就可以对国家尽忠，忠是以孝悌为前提，孝悌以忠为目的。儒家认为，在家中实行了孝悌，统治者内部就不会发生“犯上作乱”的事情；再把孝悌推广到劳动民众中去，民众也会绝对服从，而不会起来造反，这样就可以维护国家和社会的安定。

这里所提的孝悌是仁的根本，对于读者理解孔子以仁为核心的哲学、伦理思想非常重要。在春秋时代，周天子实行嫡长子继承制，其余庶子则分封为诸侯，诸侯以下也是如此。整个社会从天子、诸侯到大夫这样一种政治结构，其基础是封建的宗法血缘关系，而孝悌说正反映了当时宗法制社会的道德要求。

有一次，孟懿子问孝，孔子回答说：不违背礼的规定。孔子又将这个意思告诉樊迟，樊迟不明白是什么意思，孔子再向他解释说："生事之以礼，死葬之以礼，祭之以礼。"父母在世时要以"礼"来事奉他们，父母死后要以"礼"来安葬他们，安葬以后还要按照"礼"来祭祀他们。从这段记载中可以看出孔子认为孝首先就是要不违背最基础的礼节。孔子本人以承接周公的思想为人生使命，而西周以来逐渐形成的"周礼"，即周朝所遵循的礼法制度，就是发源于周公的思想。在周礼之中，忠孝之道的思想居于主要地位。孝也是一种礼节。通过各种各样的礼节来表现出孝。而且他不是一般性的礼节，他是每一个人一生中最基础的礼节。所以《左传》里说过这种话"孝者，礼之始也"。人这一生中要学很多礼，礼貌、君臣之礼、朋友之礼、同学之礼、邻居之礼，各种各样的礼。我还得对其他人的长辈讲礼，对其他人的晚辈讲礼。但是千礼万礼，礼之始，最初的礼你先对你的父母吧。父母对你来说是第一层社会关系是你第一要打交道的人。跟他们如何处，所以孝与礼非常重要。孔子特别重视每一个人在家对父母的这种礼节。在孔子看来，孝道是道德伦常的根本。"本"的原意是树根，树根扎实是枝繁叶茂的基本保证。所以，孝道是人伦根本，就是说如同大树的根基一样，人的一切的道德伦常都是从孝道的这个根基处开始生发。尽管树根并不是大树的全部，孝悌之道作为做人以至于成仁的基点，却是人类道德生活所不可或缺的主要方面。本着这样的原则，孔子主张孝道应该从家庭做起。他要求年轻人"入则孝"，所谓"入"就是指家庭的内部，"孝"就是指子女对父母的态度和行为。家庭是社会的细胞，细胞的健康是身体健康的根本，家庭和睦是社会和谐的第一步。家庭和睦当然有方方面面，但孝道的存在和发挥作用依然是根本性的。

孔子认为，继承父志也是"孝"的一个重要内容。孔子说："父在观其志，父没观其行，三年无改于父之道，可谓孝矣。"（《论语·学而》）父亲在世的时候，要观察他的志向，父亲逝世之后，要观察他的行为，如果他对父亲志向和优点长期坚持下去，就可以说是做到"孝"了。

孔子的社会政治理想，是想建立一个"老者安之，朋友信之，少者怀之”（《论语·公冶长》），使百姓安居乐业的社会。要实现这一理想，要从“孝悌”开始，通过从爱自己的亲人开始，上对君王尽忠，下在朋友之间建立信任关系，从而扩大到去“爱人爱众”，使社会达到和谐。所以，孔子认为，如果一个人作到了“孝悌”，他的人性就得到了很好的改造，他就能遵守社会的规范。

孝悌与社会的安定有直接关系。孔子看到了这一点，所以他的全部思想主张都是由此出发的，他从为人孝悌就不会发生犯上作乱之事这点上，说明孝悌即为仁的根本这个道理。自春秋战国以后的历代封建统治者和文人，都继承了孔子的孝悌说，主张“以孝治天下”。他们把道德教化作为实行封建统治的重要手段，把老百姓禁锢在纲常名教、伦理道德的桎梏之中，对民众的道德观念和道德行为产生了极大影响，也对整个中国传统文化产生深刻影响。

【典例】

颜真卿宁死不降

颜真卿（709—784年），字清臣，出身名门，是著名学者颜师古的五世孙。颜真卿为人耿直，性情义烈，是唐朝的四朝元老。

公元782年，唐朝的五个藩镇叛乱。其中淮西节度使李希烈兵势最强，自称“天下都元帅”。为了平息叛乱，当时的德宗皇帝派威望极高的颜真卿到李希烈那里去做说客。

李希烈听到颜真卿来劝降，想先给他一个下马威，在见面的时候，他故意让部将和养子一千多人都聚集在厅堂内外。颜真卿刚到厅堂门口，那些部将和养子就冲了上来，个个手持武器，围住颜真卿又是谩骂，又是威胁，摆出一副要杀他的架势。

颜真卿面不改色地朝着他们冷笑。这时李希烈才假惺惺地站起来护住颜真卿，命令他们退下，接着又把颜真卿送到驿馆里，企图慢慢软化他。

这时，其他几个藩镇的叛将各自派遣使者到李希烈这里来上表称臣，劝

他做皇帝。李希烈召颜真卿来，故意把上表给他看，得意地说：“今日四王派使者来，把推心置腹的话对本元帅讲了，他们的话同我心里的想法一样。您看这种情势，难道我被朝廷猜忌，就没有地方可去了吗？”

颜真卿义正词严说：“这四个人只能说是四凶，怎么叫四王呢？将军自己不保住功业，做唐朝的忠臣，却要与乱臣贼子在一道，想与他们一起灭亡吗？”李希烈听了心中十分不快。

过了一天，李希烈又让颜真卿与叛镇派来的四个使者一同赴宴。四个使者见到颜真卿来了，都向李希烈祝贺说：“早就听说颜太师德高望重，现在元帅将要即位称帝，这不是有了现成的宰相吗？”

颜真卿扬起眉毛，朝着四个使者骂道：“什么宰相不宰相！要杀要剐都不怕，难道会受你们的诱惑，怕你们的威胁吗？”四名使者被颜真卿凛然的神色吓住了，缩着脖子说不出话来。李希烈拿他没办法，只好把颜真卿关起来。

公元784年，李希烈自称楚帝，又派部将逼颜真卿投降。兵士们在关禁颜真卿的院子里堆满柴草，并浇上油，威胁颜真卿说：“再不投降，就一把火把你烧死！”颜真卿二话没说，就纵身往柴草堆跳去，叛将们连忙把他拦住。李希烈的打算落空了。

李希烈想尽办法，也没能让颜真卿屈服，最后只好派人逼迫颜真卿自杀了。

战士保卫家园，不失寸土，这是大孝；宁死不屈，持节守义，也是大孝。大孝源于忠诚，没有忠诚，孝就显得暗淡无光。颜真卿宁死不投降，就是用行动在验证“忠诚”和“大孝”。

戚继光为国尽忠

什么是“忠”？把这个字拆开来看，就是心、中，中、心。就是把自己服务的人和自己要做的事放在心中，尽心尽力对人，尽心尽力对国。

自古忠孝相连，如果一个人忠心，那么他们会像孝顺自己父母一样忠心于国家。侍奉国君也好，铁面无私也罢，都是以天下为己任。

戚继光（1528—1588 年），字元敬，号南塘，晚号孟诸，卒谥武毅。山东蓬莱人（一说祖籍安徽定远，生于山东济宁微山县鲁桥镇）。明朝抗倭名将。

戚家祖先戚祥跟随明太祖南征北战，立下赫赫战功，最后为国捐躯。明太祖特封他的后代到登州（今山东蓬莱）担任指挥佥事，并且世代承袭。

戚家将因家风严而闻名。第六代戚家将叫戚景通，文武全才，刚正不阿，被人誉为难得的好官。

戚景通时任江南粮把总。一次，他押运粮食入太仓时因没有给仓官送财物，而遭到仓官的刁难。戚景通的部下张千户一向佩服戚将军，就送来 300 两银子请他用钱打通关节，避免灾祸。戚景通拒绝了：“我因不愿违背良心才得罪赃官，若是收下你的银子，不也同样是违背良心吗？”后来戚景通因此而丢了官。

官场上的厄运并没有让戚景通伤心，令他不如意的只是年过半百还膝下无子。1528 年，夫人为 56 岁的戚景通生下了一个男婴。他激动地说：“我为儿子取名继光，要他继承、光大我六代将门家风，前程无量！”

戚继光从小跟随父亲读书习武，10 岁时，他就读了许多兵书，还能写出一些漂亮的诗文。

戚景通白发得子，自然钟爱异常，也对自己的儿子寄予了殷切的期望。戚继光少年时，父亲就经常给他讲，武将必须有舍身报国的高尚气节，打起仗来应有身先士卒的勇猛精神。他希望儿子将来能继承和发扬自己的事业，所以对戚继光的要求十分严格。

当戚景通告老返乡时，祖居的房屋已近百年，很是破旧。次年，他打算修缮一下，命工匠安设四扇镂花门户。工匠们对戚继光说："公子家是将门，请安设十二扇镂门户吧！"戚继光向父亲提出了这个意见。戚景通严厉斥责了儿子这种图虚荣、讲排场的想法，说贪慕虚荣，连这点家业也会保不住的。戚继光虚心地接受了父亲的批评。

戚继光十三岁那年订婚了，亲戚送他一双考究的丝履。戚继光穿着这双丝履走过庭前，戚景通看见了，十分生气地批评他："为将之道，文武双全。文要精熟韬略，足智多谋；武要临敌破阵，武艺高强。然而更重要的是为官清正、爱兵如子。从小不贪图富贵，将来才能和士兵同生共死。你现在这样做以后就势必要侵占士卒的粮饷，以满足自己的欲望。"最后，他还将丝履毁裂，不让戚继光从小养成奢侈享受的坏习惯。

戚景通不仅竭力制止儿子沾染坏习气，还十分注意把儿子往正路上引导。一次父亲问戚继光："你的志向何在？"

戚继光答："志在读书。"

父亲告诉戚继光："读书的目的在于弄清'忠孝廉洁'四个字，否则就什么用处也没有。"并命人把"忠孝廉洁"四个字写在新刷的墙壁上，让戚继光时时省览。戚景通教育儿子忠于国家，孝顺父母，克己奉公，讲求气节，对儿子的成长产生了深远的影响。

戚继光一面刻苦学习武艺，一面立志发愤读书，以求继承父业。三年过去了，戚继光博览群书，学业大进。十五岁时，戚继光就以深通经术闻名于家乡一带。后来，戚继光果然成为一位平定倭寇的民族英雄。

戚继光的成功离不开父亲的教诲，他以天下为己任，把国家当成这辈子唯一的信仰，这是忠，也是孝。自古以来，无论是君主，还是大臣都应以孝为先，努力做到天下为公。

文天祥视死如归

文天祥（1236—1283 年），字宋瑞，一字履善，号文山，南宋庐陵（今吉安）人。

南宋末年，朝廷偏安江南，国势弱小，北方蒙古族于 1271 年结束了内部争夺皇位的自相残杀局面后，建立了元朝，接着把侵略矛头直指南宋。1273 年，丞相伯颜统二十万大军攻下襄、樊，以此为突破口，顺江而下，两年不到，便兵临南宋首都临安的近郊。南宋面临着亡国灭种的严重威胁，文天祥就是在这种形势下出现的抗击侵略的伟大的民族英雄。

当时，南宋朝廷长期为投降派所把持。早在 1259 年，宰相贾似道便以称臣、割江北地区和岁纳银绢各二十万两匹为条件，暗中屈膝求和。伯颜却意在灭宋，并不停止南侵。1275 年，贾似道率领的十三万大军被伯颜消灭，南宋朝廷再无可用之兵。此时宋恭帝即位，年仅四岁，太皇太后谢氏临朝听政，不得不发出“哀痛诏”，号召天下四方迅速举兵“勤王”。文天祥当时正担任赣州知府，他“捧诏涕泣”，并立即行动，在两三个月内便组织了第一支近万人“勤王”队伍，几经周折，赶到了临安。

1276 年正月十八日，伯颜兵临皋亭山，左相留梦炎早已投降叛变。其他大臣建议朝廷投降，伯颜虽愿受降，却要右相陈宜中去元营洽谈。陈宜中不敢前去，当天晚上便逃之夭夭。谢太后只好派文天祥前往。文天祥毅然临危受命，但他不是去投降，但他考虑到“战、守、迁皆不及施”，想借此机会观察一下敌营的虚实以谋“救国之策”。但是他没有想到，他刚到元营，便被伯颜扣押，不能返回宋营，他的义兵则在同时被投降派命令解散。敌人的凶残不曾使文天祥受困，昏庸的朝廷和无耻的投降派却使他遭受到第一次严重的挫折。

1276 年二月初九日，文天祥被押送去大都（今北京），行至京口（今镇江），在义士的帮助下，逃脱了虎口。据他在《指南录后序》所记，逃亡途

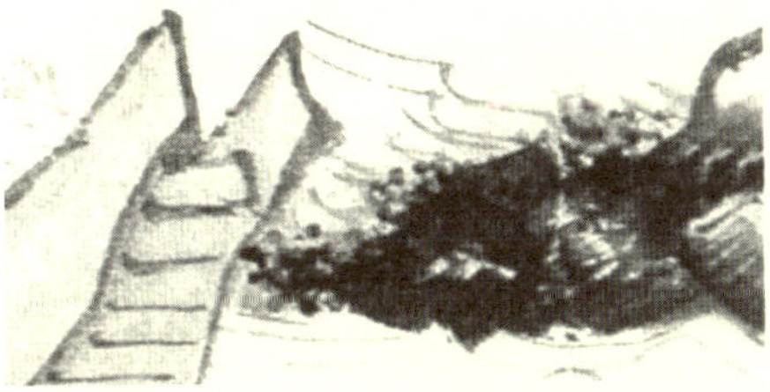

中他至少有十六次幸免于死，经过千辛万苦，于四月初八日逃到了温州。此时他听说度宗的两个儿子（即恭帝的两个兄弟）已逃到福州，于是立即上表劝进。不久，被诏至福州，任右丞相兼枢密院事，后又命为同都督。七月，文天祥便在南剑州（今福建南平）打起帅旗，号召四方英雄豪杰，起兵收复失地。1277 年三月，文天祥统兵进军江西，收复南部数十州县，同时围困赣州，湖南、湖北皆起而响应，震撼了江南，鼓舞了人民的反侵略意志，使元统治者大为惊慌。元朝忙调四十万大军来解赣州之围，另派兵五万追击文天祥。文天祥部队不过五千余人，这年八月，空坑一战，文部不敌元军，部将数人牺牲，其妻及子女皆被俘。多亏部将赵时尝在紧急中假扮文天祥，吸引了元军，他才得以乘间逃脱。这是文天祥在一年多时间内所遭到的第二次重大挫折。

但是文天祥并没有灰心丧气，他下定决心抗元到底。1278 年十一月，他收拾残军，加以扩充，移兵广东潮阳，不幸于十二月二十日兵败五坡岭。文天祥自度难以逃出重围，当即吞服随带的冰片，以求一死，免遭污辱。但他并未死去，而在昏迷中被俘。

文天祥被俘后，只求一死而绝不求苟生。元朝多次派人劝降，威逼利诱，文天祥不为所动，回答说：“愿以一死足矣！”就连先已投敌的宋恭帝前来劝降时，也被置之不理。文天祥明确提出“社稷为重，君为轻”，他并不对帝王愚忠，而只无条件地忠于国家和民族。

1283 年 1 月 9 日，文天祥在大都柴市口英勇就义。文天祥留下了大量诗文，其中如《过零丁洋》中的“人生自古谁无死，留取丹心照汗青”；狱中所作的《正气歌》以及死后从其衣带中发现的“衣带诏”——孔曰“成仁”，孟曰“取义”，惟其义尽，所以仁至，读圣贤书，所学何事？而今而后，庶几无愧——都已成为光照日月、气壮山河的绝唱，文天祥也因此成为永垂不朽的民族英雄。

左光斗心忧天下

爱国是孝国的表现，无论自己身处于什么险地，都心忧天下，爱国尽孝。

左光斗（1575—1625 年），字遗直，一字共之，号浮丘。明代安徽桐城人。

左光斗是朝廷官员，也是史可法的老师。他学识渊博、为官正直。

有一次，身为科举考试监考官的左光斗在寺庙内看见一位伏案熟睡的书生。他被书生案头文采激扬的文稿所打动，并毫不犹豫地把自己的貂皮披风解下，披在了书生的身上。临走时，他问过和尚，才知道那书生叫史可法，是来京城应考的。

考试那天，左光斗在考场上见到了史可法，拿过他的试卷一看，见文风犀利，文笔生动，当场把史可法评为第一名。

考试结束，左光斗把史可法带回自己的府邸，勉励了一番后，当着史可法的面对夫人说：“自家的几个孩子都没才能，将来我的事业就靠这小伙子继承了。”

史可法听后深受感动。自此，左光斗和史可法建立了亲密的师生关系。

左光斗一心一意想整顿朝政，却被奸人魏忠贤所害，被关入诏狱，遭到严刑拷问。牢狱之灾前后不足 1 个月，左光斗先后七次受刑，其中五次受全刑，另两次计打 40 棍，且被炮烙，全身脓血如染，股肉俱腐，肢体已裂。

左光斗狱中留有十二份血书，更令世人可敬可叹！血书中警世后人要做到孝悌忠信礼义廉耻，尤其要尽忠尽孝！十二份血书，是左光斗每次被打后，用鲜血泪痕陈墨相杂挥就，通过疏通好心的狱卒，揉成纸团，偷放在瓦罐状茶壶中带出监狱。

十二份血书全文约1350余字，最长一封188字，最短一封仅40字。其中首封写给已81岁老父亲左出颖，9份写给时年20岁的长子左国柱，一封写给另三个儿子及诸侄子，最后一封写给蓟辽总督、大司马、后为自己四子左国材岳丈的吴用先（今浮山人）。血书内容重点突出忠孝两字，字字是血、字字是泪，铿锵有力，撼天地、泣鬼神。正如自己血书所说“一字一泣”。今摘录寄子左国柱第九、十两封血书：第九封曰：“遍身骨断，血肉淋漓，性命身家久已置之不问，但读书做官不能封父母荫子孙，乃以一片忠心与权奸争是非。酿成重祸百般刑罚受尽也，是甘心。既已拼命而争何辞，触锋而死，身归君父，幸不死于妻子之手，得死所矣。惟是血心未能报主（皇上），老亲（父母）不得一面，又是九泉之恨也。”第十封曰：“苦极痛极，何缘得生，何苦求生，死矣！死矣！原以此报皇上（天启），并报二祖（万历、泰昌两帝）列宗于天上，独如太爷太太（父母）何！”在其余血书中还有下列字句：“但男赤心为国”“我死杖下矣，性命归朝廷”“人生世上做得些事业，也不枉生一场”“我做清官无家私（产）授汝”“曾受顾命，今妄趋死路”“虚存忠直肝肠，何以见先帝于在天”“痴愚念头到死不改，还望在朝诸臣共从君父起见，祖制国体，大家留心。自恨三朝（万历、泰昌、天启）豢养，一念独盟毫无补于今日，大有负于先帝，徒作明时累，臣死且不瞑目矣”，足见左光斗的赤胆忠心，一片坦诚刚毅为社稷。为了坚持正义，狱中的左光斗在“面额焦烂不可辨，左膝以下筋骨尽脱矣”的痛苦煎熬中，仍然思虑自己作为顾命大臣，忠君报国的责任担当与大义凛然的气概，其生命的意义已经超越了生命的本身。

血书中除“惟愿父亲母亲善自保重”“此字发张使回南，万不可通太爷、太太知道，只说里面一切平安”等相关孝悌语句外，言语中自己早已置生死于度外，但仍教育子孙做社会有用之人。

左光斗被捕以后，史可法急得坐立不安，想找机会进去探望老师，但因看管严密，不能如愿。后来，他拿了银子贿赂狱卒，这才得到了一次探监的机会。

当天晚上，史可法换上一件破烂的短衣，扮做拾粪人的样子，由狱卒领进了牢监。

史可法走进左光斗的牢房，只见左光斗遍体鳞伤，左腿腐烂得露出骨头。史可法一阵心酸，双膝跪地，抱住左光斗伤心地哭了起来。

左光斗受伤的双眼已经睁不开了，但他知道是史可法来了，眼角涌出两串泪珠。忽然，左光斗大骂史可法："你还来干什么！万一被他们发现，你不也会受到牵连吗？你我都完了，谁来振兴朝廷、拯救天下苍生呢？"

史可法心痛难舍："老师对我恩重如山，我愿陪老师一块儿去！"

左光斗更急了，他用手尽力拨开眼皮，两眼像要喷出火来："有我一个去死就够了，为什么还要再搭上一条命？你赶紧走！再不走，我就干脆收拾了你，省得奸人动手！"说着，他摸起身边的镣铐，做出要砸的样子。

史可法理解老师的想法，只好忍住悲痛离开了监狱，去继续他未竟的事业。时隔不久，左光斗终于被奸人杀害。

崇祯皇帝时，左光斗的沉冤得以昭雪，赠封右都御史、太子少保，命重葬，赐国礼祭葬，葬于今桐城市吕亭乡松鹤山。朝廷同意在顺天府南京、桐城各建专祠一座，以慰忠魂。南明福王时，追谥忠毅。

卿大夫章第四

——高官之孝，言行服饰合礼法

【原文】

非先王之法服[①]，不敢服[②]。非先王之法言[③]，不敢道。非先王之德行[④]，不敢行。是故非法不言，非道不行；口无择言[⑤]，身无择行[⑥]；言满天下无口过[⑦]，行满天下无怨恶[⑧]。三者备矣，然后能守其宗庙，盖卿大夫之孝也。《诗》云："夙夜匪懈[⑨]，以事一人[⑩]。"

【注释】

① 法服：按照礼法制定的服装。

② 服：穿戴。

③ 法言：合乎礼法的言论。

④ 德行：合乎道德规范的行为。

⑤ 口无择言：因为所说的话都合乎礼法，用不着斟酌选择。

⑥ 身无择行：因为。

⑦ 口过：言语的过失。

⑧ 怨恶：怨恨，憎恶。

⑨ 夙夜匪懈：从早到晚，毫无懈怠。夙：早。匪：非，不。懈：松懈，懈怠。

⑩ 一人：指天子。

【译文】

不合乎先代圣王礼法所规定的服装，不敢穿在身上；不合乎先代圣王礼法的言语，不敢说出口；不合乎先代圣王规定的道德行为，不敢去做。

因此，不合乎礼法的话不说，不合乎道义的事不做；所说的话都合乎礼法不必要斟酌，所做的事都合乎道义用不着选择；所说的话天下皆知也不会有什么过失，所做的事传遍天下也不会有人怨恨憎恶。衣饰、语言、行为这三点都能做到符合礼法道德，然后才能长久地保住自家的宗庙。这就是卿大夫的孝道！《诗经·大雅·烝民》中说："卿大夫要从早到晚勤勉不懈，专心侍奉天子。"

【简析】

本章讲的是卿大夫的孝行。卿是王朝和诸侯国中的高级官员，又称"上大夫"，地位比大夫略高。卿大夫作为天子或为诸侯的辅佐官员，在服饰、言论、行动都必须要合乎先王所制定的礼制，为民众作出表率，才能够保全宗庙祭祀，以事奉君上。

纵观历史，许多位处高官、身居高层的人物，初则红极一时，而终则难以全节，甚至被钉在历史的耻辱柱上。用《孝经》的观念来看，他们都是愧对父母的不孝之子，因为都辱没了父母与先祖。如果我们也能用《孝经》的这一理念来教育那些"卿大夫"级别的人物，也许很能刺激他们的灵魂深处，因为这是触及了人性的根本处。或许通过这样的教化，让他们也能从这一根本上去反思警醒。

有很多功成名就的人，因为不能够慎言谨行而导致身败名裂。一个人的成功需要付出很多努力，但是有时候仅仅一句话或一个不当的做法，就可以让人身败名裂、万劫不复。所以，不管什么人都得懂得谨言慎行。

【解读】

大公无私堪忠臣

孝为友之先，德为官之首。中华民族自古至今，都把孝道放在品行之首。上到君主，下到百姓，无不把孝道放在首位，素有"莫交不孝之友，拒选不孝之官，勿择不孝之偶"之说。因为一个人如果把孝道做到极致，那么他不仅对君主忠诚，对待别人也会真诚。正所谓“百善孝为先”，正是这个道理。

春秋时，晋平公有一次问祁黄羊说：“南阳县缺个县长，现在需要有人上任，你看看周围的人，应该派谁去当比较合适呢？这个县长一定要称职才行啊！”祁黄羊没有过多思考毫不迟疑地回答说：“叫解狐去，他最合适了。我相信他一定能够胜任的！他不会辜负您的期望的！”

晋平公非常惊奇，因为他知道解狐与祁黄羊是仇人，他们非常的不合，怎么会建议他去呢？于是好奇地问他：“解狐不是你的仇人吗？你们一向水火不容的啊！我不明白你为什么还要推荐他呢！这个机会你应该推荐给别人或自己啊！”

祁黄羊说：“可是你只问我什么人能够胜任，谁最合适当这个县长，你并没有问我解狐是不是我的仇人呀！这是两个问题，所以你问了哪个问题我就回答哪个问题。”平公听了直点头。

于是，平公就派解狐到南阳县去上任了。解狐到任后，替那里的人办了不少好事，大家都称颂他，说他是一个好的地方官，平公很满意。

过了一些日子，平公又问祁黄羊说：“现在朝廷里缺少一个法官。你看，谁能胜任这个职位呢？这个人也一定要有本事的啊！”祁黄羊说：“祁午能够胜任的。”平公又奇怪起来了，问道：“祁午不是你的儿子吗？你怎么推荐你的儿子，不怕别人讲闲话吗？不怕别人说你不公正吗？”祁黄羊不慌不忙地说：“你只问我谁可以胜任，所以我推荐了他，你并没问我祁午是不是我的儿子呀！这同样是两个问题，你问我哪一个我就回答哪一个！”

平公又点点头，于是平公就派了祁午去做法官。祁午当上了法官后，替人们办了许多好事，很受人们的欢迎与爱戴，平公又很满意。

孔子听到这两件事，十分称赞祁黄羊。孔子说：“祁黄羊说得太好了！他推荐人，完全是拿才能做标准，不因为他是自己的仇人，心存偏见，便不推荐他；也不因为他是自己的儿子，怕人议论，便不推荐。像黄祁羊这样的人，才够得上说大公无私啊！”

孝子，是道德的楷模，他们能够做到大公无私。所以，我们作为百姓要爱国，作为父母官更要做爱民的模范，而且要成为孝顺的楷模。

心忧天下亦为孝

孝，其实就是完成一种责任。尽职尽责，是孝的本义。提倡家孝就是提示子女要承担对父母的责任。正所谓小家才能铸成大家，只有一个个小的家孝，才能铸成一个大孝国家。为民者遵纪守法，为官者先忧后乐，以天下为己任。

范仲淹（989—1052 年），字希文，苏州吴县人。北宋著名的政治家、思想家、军事家和文学家。他为政清廉，体恤民情，刚直不阿，力主改革，却屡遭奸佞诬谤，数度被贬。他一生功绩卓著，成绩斐然，做了很多为民众所称颂的好事，深受百姓的爱戴。他重视教育，无论到哪里为官，他都十分热心兴办学校，培养人才。

范仲淹两岁时就失去父亲，家中贫困没有依靠，母亲改嫁长山朱氏。长大后，知道出身家世，哭着辞别母亲到南都，进入学堂。不分日夜刻苦学习，五年不曾解开衣服好好睡觉，常常发昏疲倦，就用冷水冲头洗脸，经常连顿稀粥都吃不饱，每天要到太阳过午才开始吃饭。范仲淹博通《六经》的要领，对天下有慷慨抱负。他经常对自己说："读书人应当在天下人忧之前先忧，在天下人乐之后才乐。"

经过五年"人所不堪""自刻益苦"的生活，大中祥府八年（1015 年）范仲淹考中了进士，这年他二十六岁，做官后，他清正廉洁，办事公正。

范仲淹考中进士做官后，一直在低职位上徘徊，没有对国家重大问题的参决权，意志得不到发挥，才能得不到展示，于是他在乾兴元年（1022 年）也就是他三十四岁时，向当时的枢密副使张知白毛遂自荐，以图大展宏图，实现自己的强国富民之梦。

当时，泰州西溪一带的海堤严重损坏，多年没修，秋天大风暴雨，潮水涌入，原来的沃土渐渐变成了盐碱地，五谷不收，老百姓逃荒要饭，远走他乡的就有三千多户，范仲淹见此惨状，非常痛心，便建议修复海堤，为民解忧。此事得到了朝廷的恩准，于是他便带领广大灾民开始了盐仓治水工程，经过一番艰难困苦的治水大战，全长一百五十多里的海堤修成了，逃亡的灾民也陆续返回了家园，范公关心灾民疾苦的这一举动，深得广大灾民的好评。

范仲淹大胆直言，抨击时弊，几度遭贬。天圣五年（1027 年），范仲淹升任秘阁校理，出于以天下为己任的责任感，曾几次大胆直言批评章献太后垂帘听政带来的弊端，因此而被贬为通判；章献太后去世后，仲淹又被召入京，任左司谏，但不到一年，又因批评仁宗皇帝废除皇后，被贬知睦州。景祐二年（1035 年），又晋升为国子监，因批评宰相吕夷简用人不当，再次被贬知饶州，可以说是“三出京城”三起三落。

一次，他的朋友滕子京被贬到岳州当官。此处有一名胜，叫岳阳楼，始建于唐朝，到了宋代已经破败不堪。滕子京到达此处后，重新修复了岳阳楼，范仲淹受他所托写了一篇《岳阳楼记》来记颂这件事。

范仲淹在文章中写道：“嗟

夫！予尝求古仁人之心，或异二者之为，何哉？不以物喜，不以己悲；居庙堂之高则忧其民，处江湖之远则忧其君。是进亦忧，退亦忧。然则何时而乐耶？其必曰‘先天下之忧而忧，后天下之乐而乐’欤？噫！微斯人，吾谁与归？”这段话的意思是：“我曾经探求古代品德高尚的人的思想感情，他们的表现与被贬官的人和失意的文人的态度不同，是什么原因呢？不因为外物的好坏和自己的得失而或喜或悲，在朝廷里做高官就为百姓担忧，不在朝廷上做官就为君主担忧。这样看来是在朝廷做官也担忧，不在朝廷做官也担忧。既然这样，那么什么时候才快乐呢？他们一定会说：‘在天下人忧愁之前先忧愁，在天下人快乐之后才快乐。’唉！如果没有这种人，我同谁一道呢？”

范仲淹写《岳阳楼记》时已经 58 岁，被贬谪多次。不管是“居庙堂之高”还是“处江湖之远”，他始终都没有懈怠“以天下为己任”的人生使命。

范仲淹的“先忧后乐”思想千百年来一直作为中华民族优秀文化的经典和核心内容，具有历史价值、现代价值和永恒价值。

现在有太多的人把关注点总是集中在个人利益上，忘记了自己是国家的公民，忘记了对国家尽孝。范仲淹的“先天下之忧而忧，后天下之乐而乐”，顾宪成的“家事国事天下事，事事关心”，顾炎武的“天下兴亡，匹夫有责”，不仅是一个口号，更应该成为我们真正实践的目标。

【典例】

魏征家国皆尽孝

魏征（580—643 年），字玄成。巨鹿人（一说在今河北省巨鹿县，一说在今河北省馆陶县），唐朝政治家。曾任谏议大夫、左光禄大夫，封郑国公，以直谏敢言著称，是中国历史上最负盛名的谏臣。

魏征办事很英明，也敢于说实话。有一次，唐太宗赏赐了他一顿豪华宴，魏征吃了几口就放下了。太宗问他：“你怎么不吃了，是不合胃口吗？”

魏征说：“这很好吃，我只是想到家中的母亲没有吃过这样好的饭菜，于是想恳请皇上允许我带回家给母亲尝一尝。”唐太宗没有想到魏征这样关心自己的母亲，于是就说：“你快吃吧，你母亲有这样的好儿子，她教子有方啊，我也要赏赐她老人家这样的筵席。”就这样，魏征的母亲也被赏赐了美食。

魏征敢于进谏天下闻名，他是一个有胆量、有谋略，善于挽回君王所做的不恰当决定的人。无论大事小事，只要皇帝不对，魏征一定会毫不留情地、苦苦地劝谏。纵然惹得皇帝非常生气，魏征仍然是不肯停止。

唐太宗得到了一只很好的鹞（yào）子，非常喜爱，经常把鹞子放在自己的手臂上把玩。有一次，看到魏征来了，怕他看见，说他因此误了朝政，就赶紧把鹞子藏在怀里。魏征心里有数，向太宗奏事的时候，就故意拖延时间，鹞子因此而闷死在唐太宗的怀里。这是因为魏征不想唐太宗玩物丧志、有损君威的缘故，就用这种方法劝谏。

长孙皇后过世后，唐太宗对皇后思念不已，就在御花园里建造了一层楼，以便眺望皇后的陵墓。唐太宗还请魏征和他一起登楼，也让魏征眺望皇后的陵墓。魏征仔细地看了半天说：“陛下！我老了，眼睛花，看不到啊！”唐太宗就用手指给他看。魏征说：“我以为陛下若是能够望祖宗的献陵，和望皇后的昭陵一样，那么我就能够把皇后的昭陵看清楚些了！”唐太宗听了之后，感动得留下了眼泪，就把这座层楼拆掉，也不再去登楼眺望昭陵了。在劝谏唐太宗撤掉层楼时，魏征用的是在当时人们以孝为重的观念。

魏征劝太宗偃武修文，停止军事的发展，加强文化教育，这样，国内安定，四方的夷人自然就会归顺臣服，用不着武力去征服他们。太宗采纳魏征的建议，果然产生了很大的效果。

从上面故事可以看出，魏征为了维护唐太宗的威严，怕唐太宗玩物丧志，处处劝谏太宗皇帝，为的是让唐太宗做一个明君。历史也证明唐太宗确实是个明君。

为官更应尽孝道

无论是老百姓还是当官者，都要以孝为主，因为只有爱父母，才能更好地爱百姓。下面的几个例子便是古代名臣对于“孝”的生动诠释。

吴隐之（？—414 年），字处默，晋代濮阳甄城人，东晋末年著名的清官廉吏。

吴隐之从小就是一个孝顺的孩子，不管有什么好吃的、好用的，他都让父母先吃、先用，街坊四邻都知道他是个孝顺的孩子。

在他十几岁时，父亲因病去世，他悲痛的哭声让听到的人无不心酸流泪，哪怕只是路过的行人。在父亲过世之后，他与母亲相依为命，对母亲更是孝顺，在母亲去世后，他哀伤得不能自已，由于家里贫穷，请不起人为他哭悼母亲奏哀乐，这时候总有两只仙鹤过来哀叫，更是增添了哀伤之情；而每当他祭祀母亲的傍晚，一群大雁总会在他家附近聚集。

大家都说吴隐之的孝顺感动了天地，因此上天派仙鹤和大雁给他助哀。他的孝心不但感动了天地，还感动了很多人，由于他家就住在掌管国家祭祀礼乐的太常韩伯康家隔壁，每当吴隐之哭泣的时候，韩母就难过得吃不下饭，她对儿子说，像吴隐之这样的孝子实在是太难得了，以后你要是做了官，一定要举荐这样的人呀。

后来，韩伯康做吏部尚书的时候，就引荐吴隐之做了辅国功曹。

狄仁杰（630—700 年），唐朝太原人，字怀英。在武则天统治时期，曾经两次出任宰相。

在狄仁杰小的时候，他的父母就经常教导他做人要正直、善良，长大以后要保家卫国。在做宰相期间，他从来不敢忘记父母的教导，一直清正廉明，最让人称道的是，凡是经过他手审理的案子，鲜有诉冤者，因此，狄仁杰深受百姓爱戴。

有一次，他的一位同僚被武则天派往边疆出使，临行之际，母亲却得了重病，这个人心中十分悲痛，很想在母亲身边侍候。狄仁杰听说了这件事，就特地奏请皇帝改派别人，让这个人能够在此时尽孝。

狄仁杰很愿意帮助别人实现他们的孝心，但他为了更好地为国家效力，为百姓办事，不辜负父母对他的期望，却很少有时间回家探亲，因此思念起父母来，常有怅然之情。

有一次，他出外巡视，途中正好经过太行山，他登上山顶，望着天上的白云，指着家乡的方向，对他的随从伤感地说："我的亲人就住在白云底下。"说着还流下了思亲的泪水。一直望了好久，他才依依不舍地离去，随从的人无不为之感动。

后来有人写诗这样赞颂狄仁杰："朝夕思亲伤志神，登山望母泪流频；身居相国犹怀孝，不愧奉臣不愧民。"

包拯（999—1062 年），字希仁，庐州合肥（安徽合肥）人，北宋天圣五年（1027 年）进士。按照宋朝规定，考取进士之后，便可以做官，于是包拯被派到建昌县（今江西修水）任职。但包

拯认为父母年事已高，应该尽孝奉养双亲，因而请求回到安徽，在和州（今安徽和县）做官。但是，父母希望儿子在自己身边，因此包拯便决定辞职回家，在家孝敬父母多年，直到双亲去世。包拯守丧期满，仍不想离开故土。当时，这种封建孝道，受到家乡人的称道。近年，安徽合肥发现了一块包拯为父亲包令仪立的神道碑。碑上阴刻篆书“宋故赠刑部侍郎包公神道碑”十二字，这既是包拯留下的珍贵文物，又是他力尽孝道的见证。

后来，由于家乡父老的劝告，包拯才离开家乡，离开父母灵地，到天长县（今安徽天长）任知县。这时，包拯已是40岁左右的中年人。

司马光（1019—1086年），字君实，号迂叟，陕州夏县（今山西夏县）涑水乡人，世称涑水先生。北宋政治家、史学家、文学家。历仕仁宗、英宗、神宗、哲宗四朝，卒赠太师、温国公，谥文正。他为人温良谦恭、刚正不阿；做事用功刻苦、勤奋，以“日力不足，继之以夜”自诩，其人格堪称儒学教化下的典范，历来受人景仰。

二十岁时司马光考中了进士甲科，后来被任命为奉礼郎。仁宗宝元二年（1039年），因父亲调往杭州任职，司马光辞掉华州判，改任苏州判官，以便离父亲近些，可以奉养双亲。正当他怀着远大的抱负，在仕途上步步上进时，他的母亲病逝了。按照封建礼教，他必须辞官回家服丧三年。仁宗庆历元年（1041年）十二月，其父司马池病死在晋州，司马光和哥哥司马旦扶着父亲的灵柩回到了故乡夏县。双亲的相继去世，使司马光悲痛万分，他叹息“平生念此心先乱”。但他在居丧期间，把悲哀化作发奋读书作文的动力，以排遣无尽的悲伤和寂寞。在此期间，他读了大量的书，写了许多有价值的文章，如《十哲论》、《四豪论》、《贾生论》，对一些古人古事，根据自己的见解和感受，提出见解。在居丧3年的时间里，他了解了许多下层社会生活的情况。仁宗庆历四年（1044年），二十六岁的司马光服丧结束，签书武成军判官，不久又改宣德郎、将作监主簿，权知丰城县事。在短短的时间里，就取得“政声赫然，民称之”的政绩。在洛阳时，司马光每回去夏县老家扫墓，都要去看他的哥哥司马旦。司马旦年近八十，司马光不仅像尊敬父亲一样尊敬他，还像照顾婴孩一样照顾他。

司马光在担任并州通判时，西夏人经常入侵并州，成为当地一大祸患。于是，司马光向上司庞籍建议说："修筑两个城堡来控制西夏人，然后招募百姓来此地耕种。"庞籍听从了他的建议，派郭恩去办理此事。但郭恩是一个莽汉，带领部队连夜过河，因为不注意设防，被敌人消灭。庞籍因为此事被罢免。司马光过意不去，三次上书朝廷自责，并要求辞职，没得到允许。庞籍死后，司马光便把他的妻子拜为自己的母亲，抚养庞籍的儿子像抚养自己的亲兄弟一样，当时人们一致认为司马光是一个贤德之人。

后来，67 岁高龄的司马光担任了宰相一职。他执政一年半，竭尽全力日夜操劳，耗尽了毕生心血之后与世长辞。噩耗传出，"京师人为之罢市往吊，哭公甚哀，如哭其私亲。四方来会葬者盖数万人"。他的画像"天下皆是，家家挂像，饭食必祝"。

为官者更要孝顺，因为他们是百姓学习的典范。如果当官者都不孝顺自己的父母，又怎么去教化自己的百姓呢？

李密痛上《陈情表》

李密（224—287 年），字令伯，一名虔，为武阳（今四川彭山）人。

在他刚满六个月的时候，父亲因病早逝。母亲何氏既要抚养李密，又要侍奉婆母，生活艰苦。在李密四岁的时候，他舅父逼迫妹妹何氏改嫁。母亲拗不过舅父，只好含泪嫁人。从此，李密便成了一个孤儿。家里就只剩他与祖母了，抚养他的重担就落到祖母的肩上。

李密很小就失去了母爱，曾一度体弱多病，九岁时才能自己走路。但他非常聪明，读书能过目不忘。他和祖母相依为命，从小就知道心疼祖母，听祖母的话，从不惹祖母生气。他和祖母形影不离，还常常逗祖母发笑，用笑声去安慰祖母。自己能干活了，就帮祖母多干些家务活，尽量减轻祖母的负担。他勤恳劳动，用心读书，处处事事都让祖母宽心。有一次，祖母病了，他无微不至地侍候祖母，晚上不脱衣裳睡在祖母身旁。给祖母吃药、喂饭、喂水时，都是自己先尝一下冷热，然后才喂祖母。给祖母洗脸、更衣、端屎、倒尿，一刻也不离左右。在李密的精心护理扶持下，祖母的病终于治好了，李密十分高兴。祖母逢人就夸自己的孙子孝顺，说自己的心血没有白费。

李密 44 岁那年，祖母已 96 岁。这时，晋武帝征用他当侍奉太子的东宫洗马，并命令地方官催他上任。李密想到祖母享受人伦之乐的时光已经不多，自己自幼就在祖母的身边，一旦相别，对年事已高的祖母肯定是一次严重打击，老人肯定会病倒的。于是他写了一篇《陈情表》给晋武帝，诉说他的处境，说明不能到任就职的原因。《陈情表》全文大意如下：

“我因为命运不好，幼年时就遭到不幸，生下来只有六个月，父亲就去世了；长到四岁的时候，舅父强迫我的母亲改嫁。祖母刘氏怜惜我孤单弱小，亲自加以抚养。我小时候经常生病，九岁还不能走路，孤独无靠，直到长大成人。既没有叔叔伯伯，也没有哥哥弟弟，门庭衰微，很晚才有儿子。外面没有比较亲近的亲戚，家里没有照管门户的僮仆。孤单无靠地独立生活，只有和自己的影子相互作伴。而祖母刘氏很早就为疾病所纠缠，经常卧病在床，我侍奉饮食医药，从来没有离开过她。

“到了晋朝建立，我沐浴在清明政治的教化之中。前些时候太守逵推举我为孝廉，后来刺史荣又推举我为秀才。我因为没有人能照料祖母，就辞谢掉了，没有遵命。朝廷又特地颁下诏书，任命我为郎中，不久又受国家恩命，任命我为洗马。以我这样卑微低贱的人去侍奉太子，这实在不是我杀身捐躯所能够报答朝廷的。我将以上苦衷上表报告，加以辞谢不去就职。但是诏书急切严峻，责备我回避怠慢；郡县长官催促我立刻上路；州官登门督促，比星火还要急。我很想奉命为国奔走效力，但是祖母刘氏的疾病一天比一天严重，想姑且迁就自己的私情，但是报告申诉又得不到准许。我现在是进退两难，处境狼狈不堪。

“我想圣朝是以孝道来治理天下的，凡是故旧老人，尚且受到怜惜抚育，何况我的孤苦尤其严重呢。再说我年轻的时候曾经做过蜀汉的郎官，本来希望能够得到更为显达的官职，并不自以为清高。我现在是卑贱的亡国之俘，实在微不足道，承蒙得到提拔，而且恩命十分优厚，怎敢徘徊观望而有什么另外的企求呢！只因为祖母刘氏已是像太阳将要下山的人，生命不可能维持太长的时间，已经处于朝不保夕的境地。我如果没有祖母抚养，就不可能活到今天，如果祖母没有我的照顾，也不能够安度她的晚年，我们祖孙二人，相依为命，正是由于这种出自内心的感情使我不能弃养而远离。我今年四十四岁，祖母刘氏今年九十六岁，因此我效忠于陛下的日子还很长，而报答祖母刘氏的日子已很短了。我怀着像乌鸦反哺一样的私情上表，希望能够准许我对祖母养老送终的请求。

“我的苦衷，不仅蜀地的人和益州、梁州的长官所亲眼目睹，连天地神明也都看得到，祈望陛下能怜惜我愚昧至诚的心意，同意我这点微小的愿望，使祖母刘氏能够侥幸保全她的余年。我活着愿意献出生命，死后愿意结草来报答陛下的恩惠。我怀着像牛马一样不胜恐惧的心情，谨此上表禀告。”

李密孝敬祖母的真心诚意，深深地打动了晋武帝，赞叹李密“不空有名也”，不仅同意暂不赴诏，还嘉奖他孝敬长辈的诚心，赏赐奴婢二人，并指令所在郡县发给他赡养祖母的费用。晋武帝不但没加怪罪，而且批准了他的请求。祖母病故后，直到为祖母服丧期满，李密才应召出来上任做官。

《晋书·孝友传》将李密名列首位，誉之“以孝瑾闻”。他身体力行做到了孝，他的文章中，每一个字都发自肺腑，情深理切，动人心弦，催人泪下。

郑板桥弘扬孝道

郑板桥（1693—1765 年），原名郑燮，字克柔，号理庵，又号板桥，人称板桥先生。江苏兴化人，清代著名书画家，“扬州八怪”之一。

郑家本是书香门第，但到郑板桥父亲这一辈的时候，家道中落。郑父虽然有些学识，但只考得个廪生，在破败的家中开设了一个小型学堂，教几个幼童读书，生活相当清苦。郑板桥出生时，郑家由于祖上积累的家资早已耗尽，生活十分拮据。板桥三岁时，生母就去世了，他便由继母抚养。板桥的继母贤惠而有爱心，可惜体弱，禁不住饥寒的煎熬，在板桥十四岁时也去世了，对未成年的他来说，这又是一个很大的打击。板桥只好依靠乳娘费氏抚养，这位乳娘是他祖母的侍婢，为感谢主人多年对她的恩情，一直与郑家共患难。乳母费氏是一位善良、勤劳、朴实的劳动妇女。每日清晨，她都带着瘦弱的板桥，到市上做小贩，宁愿自己饿着肚子，也要先买个烧饼给板桥充饥。乳娘费氏给了郑板桥悉心周到的照料和无微不至的关怀，成了少年郑板桥生活和感情上的支柱。

长大后的郑板桥一直牢记继母和乳娘无私的养育之恩，无奈她们都已过世，自己没机会向她们再尽孝道。他便决心以在世间传播孝道为己任，身体力行大力弘扬孝道，使人们都孝敬自己的父母亲人，促进家庭和睦。

郑板桥是康熙年间的秀才，雍正时的举人，到乾隆时期终于考中进士，官至潍县县令。

郑板桥在山东潍县做县令时，喜欢微服私访体察民情。有一天，他领着一名书童走到城南一个村庄，见一民宅门上贴着一副新对联：

家有万金不算富

命中五子还是孤

郑板桥感到很奇怪，现在不是过年过节，这家贴对联干什么？而且对联写得又十分含蓄古怪。他便叩门进宅，见家中有一位老人。老人强颜欢笑将郑板桥让进屋内。郑板桥见老人家徒四壁，一贫如洗，便问道："老先生贵姓？今日有何事？"老人唉声叹气说："我姓王，今天是老夫的生日，便写了一副对联自娱，让先生见笑了。"郑板桥似有所悟，向老王头说了几句贺寿的话，便告辞了。

郑板桥一回县衙，便命差役将南村王老汉的十个女婿叫到衙门来。书童纳闷，便问道："老爷，您怎知那老汉有十个女婿？"郑板桥给他解释说："看他写的对联便知：小姐乃'千金'，他'家有万金'，不是有十个女儿吗？俗话说'一个女婿半个儿'，他'命中五子'，正是十个女婿。"书童一听，恍然大悟。

老汉的十个女婿到齐后，郑板桥不仅给他们讲了孝敬老人的道理，还规定十个女婿要轮流侍奉岳父，让他安度晚年。最后又严肃地说："你们中如果有哪个不善待岳父，本县肯定要治你们的不孝之罪！"第二天，十个女儿和女婿都上门看望老人，并带来了不少衣服、食品。王老汉对女婿们一下子变得如此孝顺，有点莫名其妙，一问女儿、女婿，方知昨日来的是郑大人，心中不禁感激万分，连连称赞郑大人是个好官。

士章第五

——士人之孝，忠君敬上爱父母

【原文】

资于事①父以事母，而爱同；资于事父以事君，而敬同。故母取其爱，而君取其敬，兼②之者父也。故以孝事君则忠，以敬事长则顺③。忠顺不失，以事其上，然后能保其禄位④，而守其祭祀⑤，盖士之孝也。《诗》云："夙兴夜寐⑥，无忝尔所生⑦。"

【注释】

①资：取，拿。事：奉事。

②兼：同时具备。

③长：上级，长官。顺：顺服。

④禄位：俸禄和职位。

⑤祭祀：指祭祀祖先宗庙。

⑥兴：起，起床。寐：睡觉。

⑦无：不要。忝（tiǎn）：羞辱，侮辱。尔：你。所生：指父母。

【译文】

以奉事父亲的方式去奉事母亲，那爱心是相同的；以奉事父亲的方式去奉事国君，那敬心是相同的。所以奉事母亲是用爱心，奉事国君是用敬心，奉事父亲则是两者兼而有之。因此用孝道来奉事国君就能做到忠诚，用尊敬之心奉事长官就能做到顺服。能做到忠诚顺服地奉事国君和长官，然后才能保住自己的俸禄和职位，并能守住自己对祖先宗庙的祭祀。这就是士人的孝道！《诗经·小雅·小宛》中说："要早起晚睡，勤奋谨慎，不要让自己的父母蒙羞。"

【简析】

本章讲的是士人的孝行。士是指次于卿大夫的最后一等的爵位，其中分上士、中士、下士三级；又是低级官吏的名称，如《周礼·秋官》中的乡士、方士、朝士、家士；还是对各种有特殊技能和知识的人的通称，如武士、智士等。这里是第一种意思，即指大夫以下庶民以上者，是全国和诸侯国中面向庶民百姓负责处理具体事务的人员。《白虎通义·爵》中说：“士者，事也，任事之称也。”

“士”，作为官员中的下层，孔子对他们指出的孝道，是由对父母的“爱敬”，转化为“忠顺”，即是对君主的“忠”，对长辈的“顺”。就是说，士人要以侍奉父母的爱敬之心去事君、事上，做到事君以忠，事上以顺，这样才能尽职尽分，不辱及生身父母，完成自己肩负的重任。

士的孝道，在乎尽忠职守、善处同事。因为他要想有所作为，就必须按上级的指示去做，并谦虚、礼貌、真诚地向别人请教学习。如果做事不负责任，那便是不忠。对上级不恭敬，那便是不顺。不忠不顺，便得不到上级的信任和同事的好感。一个人所处的环境，如果这样恶劣，那他还能保持他的职位和薪水吗？这就是告诫读书的人，初离学校和家庭，踏进社会，为国家服务，还未懂得公务的办理。若能以事亲之道，服从长官，竭尽心力，把公事办得好，这便是忠。对于同事方面，地位较高、年龄较大的长者、以恭敬服从的态度处之，这便是顺。以忠顺行事，放在现代也不会错到哪儿去。

如今虽然已经没有“士”、“君”这一套概念了，但是基层干部还是依然存在。如果这些广泛生活在民众中的基层干部，在家都能做到对父母行孝道，出外都能尊重长辈与敬重上级，对国家与人民的事业都能竭尽忠诚，那么他们一定会得到民众的欢迎与拥护，整个社会的风气也会因为他们的行为而得到不断的改善。

【解读】

孟子论孝

孟子对孔子推崇备至，常当仁不让地以圣人门徒而自居。因此孟子相对于孔子来说对孝道更为重视，论述得也更为详细。总的来说，其对孔子的孝道观既有继承，又有发展。

首先，孟子既强调孝德的先验特性，又提倡对其的后天教化。孟子强调用“孝悌”来教化百姓，使百姓懂得孝顺父母、尊敬兄长的伦理道德。孟子反复论证“谨庠序之教，申之以孝悌之义”的社会功能和作用。各个地方行政组织，建立乡学，要反复不断地用“孝悌”的道理来教育子弟。孟子说，“谨庠序之教，申之以孝悌之义，颁白者不负戴于道路矣。七十者衣帛食肉，黎民不饥不寒，然而不王者，未之有也。”（《孟子·梁惠王上》）孟子认为，只要“孝悌”的伦理观念深入人心，就能形成良好的尊老、敬老的社会风气，“老吾老，以及人之老”。这样，头发斑白的老人就不至于在道路上背负重物，老年有丝绸穿，有肉吃，使老年人的生活有所保障。

其次，孟子强调对父母的尊敬和奉养是孝的基本内容。孟子在评论舜对父的孝顺时说：“孝子之至，莫大乎尊亲；尊亲之至，莫大乎以天下养。为天子父，尊之至也；以天下养，养之至也。”（《孟子·万章上》）孝子行孝的最高标准，没有比尊敬父母更重大的；尊敬父母的最高标准，没有比以整个天下来奉养更重大的。（瞽叟）成为天子的父亲，其尊敬达到了极致；以整个天下来奉养，其奉养达到了极致。这里强调的是两个字“尊”和“养”。

孟子提出了“不孝”的五条标准：“世俗所谓不孝者五：惰其四肢，不顾父母之养，一不孝也；博弈好饮酒，不顾父母之养，二不孝也；好货财，私妻子，不顾父母之养，三不孝也；从耳目之欲，以为父母戮，四不孝也；好勇斗狠，五不孝也。”（《孟子·离娄下》）懒惰不劳动、下棋好饮酒、贪财偏爱妻子儿女，不赡养父母以及放纵声色，寻欢作乐，给父母带来羞辱；逞强斗殴，危及父母的安全，这些都是不孝的行为。孟子这五条标准中，其中有三条讲要赡养父母，突出了一个“养”字。

再次，孟子既强调子女对父母的仁爱，又突出子女对父母的敬顺。孟子提倡孝敬父母应该始终如一，不受外来因素的影响。他认为由于各种后天因素的诱惑和蒙蔽，会使许多人丧失了善良的本性而使得子女对父母的爱心敬意逐渐疏远，从而使得孝道的推行困难重重。孟子说：“不孝有三，无后为大。”（《孟子·离娄上》）焦循《孟子正义》中说明：“于礼有不孝者三事：谓阿意曲从，陷亲不义，一不孝也；家贫亲老，不为禄仕，二不孝也；不娶无子，绝先祖祀，三不孝也。”古代，娶妻必须先禀告父母，不告而娶妻，是为不孝。

在“死葬之以礼”这个问题上，孟子同样主张“三年之丧”说：“三年之丧，齐疏之服，饘粥之食，自天子达于庶人，三代共之。”（《孟子·滕文公上》）孟子认为，在安葬父母的用度上，要与自己的财力相当，尽到人子的孝心。孟子强调，安葬父母用的棺椁，不仅仅是为了漂亮，还要尽人子的孝心。

孟子还把“孝悌”与仁义礼智等德行结合起来，在孟子看来，事亲只是行孝的开始，并不是结束。《孟子·离娄上》中说：“仁之实，事亲是也；义之实，从兄是也；智之实，知斯二者弗去是也；礼之实，节文斯二者是也。乐之实，乐斯二者，乐则生矣！”意思是说，仁的实质是事奉父母；义的实质是顺从兄长；知的实质是明白这两者不能分割；礼的实质是调节、修饰这两者；乐的实质是乐这两件事，欢乐由此而产生。孟子强调说，使父母欢心，顺从父母，就叫作“大孝”。

总之，孟子孝道观在承袭前人思想的基础上，又结合时代特点加以发展完善，因此，其孝道内涵较之过去更为丰富和深刻，其中不少观点对后世产生过广泛而深远的影响。

社会教化、制度对孝道的强化

中华民族是一个讲孝道的民族，无论是儒家、佛家还是道家，都对孝持肯定的态度，从社会的安定、个人的成长和人的本性来说，孝都是每个人从出生就开始面对的一个问题。史料记载尧帝就曾命令舜推行包括“子孝”在内的“五典之教”，此后重视孝道教化一直是我国的传统。孝道文化通过诸种教化途径渗透于国人的道德观念和立身处世的人生态度之中。

孔子曰：“夫孝，德之本也，教之所由生也。”此语高度概括了“孝”在中国传统文化中的地位。孝文化在我国绵延几千年，《尚书·康诰》中已有周公重视“孝”“友”记载，他认为人之罪恶莫大于“不孝不友”。孟子亦曰

"谨庠序之教，申之以孝悌之义"，指出道德必须以"仁义"为核心，以"孝悌"为基础，一个人如果不懂得孝敬父母，也就失去了起码的做人资格。

即使是"养父母"，也不是一个简单的事情。《吕氏春秋·孝行览》中提到了"养父母"的"五养"：一是"养体"，即是"修宫室，安床笫，节饮食，养体之道也"。二是"养目"，即是"树五色，施五彩，列文章，养目之道也"。三是"养耳"，即是"正六律，和五声，杂八音，养耳之道也"。四是"养口"，即是"熟五谷，烹六畜，和煎调，养口之道也"。五是"养志"，即是"和颜色，说言语，敬进退，养志之道也"。这就是古人赡养父母的境界，完美地高层次地尽到了孝行。

中国古代的教育是建立在儒家的孝道教育思想基础之上的，它是一种充满人文性和道德性的教育，以人为中心，以做人为目的。这是一种"成人"而非"成才"的教育，这种教育是面向人生的，培养目标是完善的人格。孝道教育是以道德教育为中心，以人的道德高尚为成功标准。大家知道，传统的中国人在成长的过程中，蒙学是必学科目，一个人在学会诗词之前，先要读《论语》、《三字经》、《弟子规》这些基本的读本。而这些蒙学读本最主要的思想就是孝与仁。

道德高尚的第一目标是拥有“仁”，“仁”是中国传统伦理的第一概念，也是全德之名；孝是仁的根源，又是仁的实践，所以孝在中国传统教育中居于核心地位，以孝为教学的出发点，以孝为实践的原则。中国传统的孝道教育也有自己一套行之有效的程序，先为其易，后为其难；先自近始，后乃及远。沿着由至亲到远人、由个人到国家的发展进程，不断扩充，最终达到博爱的目的。孝是入德之门，为道德的起点，为一切道德的动力，为达成理想的人格的基础。中国传统的孝道教育获得了巨大的成功，在孝文化教化的作用下，孝文化塑造了人格，孝道观念深入人心。

另外，在悠久的孝道传统中，很多道德上、生活上的制度都是有章可循的。

将“孝悌”列入人才录用的意向考核标准是从汉代开始的。汉代的地方共分两级，即郡与县。有一百多个郡，一个郡管辖十个到二十个县。汉代郡长官叫太守，俸禄两千石，与九卿同等。《后汉书·百官志》中记录：“掌教化。凡有孝子顺孙、贞女义妇、让财救患，及学士为民法式者，皆匾表其门，以兴善行。”孝悌一职是在汉高后时设置的，文帝时，孝悌可享受两千石的俸禄，相对于“太守级”待遇。

汉代的选举制度，历史上称之谓“乡举里选”。另一种是定期的选举。汉代一向有诏令地方察举孝子廉吏的，但地方政府有时并不注意这件事，应选人也不踊跃。汉武帝时，曾下了一次诏书说：你们偌大一个郡，若说竟没有一个孝子一个廉吏可以察举到朝廷，那太说不过去了。地方长官的职责，不仅是管理行政，还该替国家物色人才。若一年之内连一个孝子一个廉吏都选不出，可见是没有尽到长官的责任，不举孝子廉吏的地方长官就要接受处罚。这一来，就无形中形成了一种定期的选举，无论如何，每郡每年都要举出一个两个孝子廉吏来。

一开始察举分区进行，后来变成按照户口数比例分配。满二十万户的郡得察举一孝廉，孝廉成为一个参政资格的名称，原来孝子廉吏的原义便有所改变。由郡国察举之后，中央再加上一番考试。这一制度，将教育、行政实习、选举与考试四项手续融为一体。

南北朝时期，政府为了鼓励人们尽孝，特意为那些死刑犯设立了留养制度。留养制度规定，即使某人犯了死罪，如果他（她）的家中有没人赡养的父母或者祖父母，为了让犯人尽到赡养的义务，可以赦免他们的死罪。

《红楼梦》中有一节讲元妃省亲。省亲是一项别具孝顺意味的制度，准许官员每年有一定的时间回家探望父母，如果父母亡故可以回家丁忧，或者是给长辈迁坟回家，都是允许的。只是在元朝的时候，省亲制度一度被取消，到明代又得到恢复。

在孝行上做得好的人，会被举荐成为国家栋梁，而一旦有人在孝行上被人非议，也很容易招来灾祸。例如西晋时的陈寿。陈寿是《三国志》的作者，因此在历史上小有名气。但是他曾经因为对父母不孝而遭到贬谪。第一次是在蜀汉之时，陈寿父亲去世，他在家服丧。由于自己身体不适，便在服丧期间吃了几服药。结果这个事情被人知道后，招来非议。因为按照规定，服丧期间是不可以吃药的。还有一件事情是陈寿按照母亲的遗愿，将她安葬在洛阳，没有迁回老家四川，因此有人清议陈寿说他不孝。因为这两件事情，陈寿便被贬官。

从历史资料来看，无论是对读书人所读经书的规定，还是对官员的考核，都可以看出古代从政策上都是保护孝子、提倡孝行的。

【典例】

颍考叔讲孝道感召庄公

颍考叔，春秋时郑国人（今河南新郑县一带），是郑庄公手下的一个管理疆界的官员。他为人正直无私，素有孝友之誉。

郑庄公出生时由于是脚先出来，他的母亲武姜氏因为这个特别讨厌他，而偏爱他的弟弟共叔段，想立共叔段为国君。由于庄公的父亲武公不同意，最后还是庄公继了位。庄公继位后，武姜氏千方百计帮着共叔段扩充势力，伺机夺权。庄公欲擒先纵，待时机成熟时，先发制人，在共叔段攻打京城前，一举打败共叔段于鄢地。共叔段逃亡到国外，妄想打开京城之门做内应的武姜氏被放逐到城颍（今河南临颍县西北）。郑庄公对其母发誓说："不到黄泉，咱们不要再见面了。"但武姜氏再有过错，毕竟是自己的母亲。过了一段时间，气消了之后，庄公又觉得自己也有些过分。可话已经说出了口，不能说话不算话啊！

颍考叔听到这件事后，便找了个借口，去见郑庄公。庄公招待他吃饭，席间庄公发现颍考叔把肉食都放到一边，从不动筷，就好奇地问："你怎么不吃肉食呢?"颍考叔赶忙回答说："小人不是不吃肉食，而是因为我上有老母。我们家的好东西她老人家都吃着了，但从来没有吃过国君您这样好的菜肴，请允许我把这些菜带回去给我老母尝尝。"郑庄公说："你还有母亲，吃什么还可以想着她，给她带回去吃，我就没有这种福分了。"颍考叔明知故问地说："我能问一下，您这话说的是什么意思吗?"庄公把放逐母亲于城颍，并发誓不再相见的事说了一遍，在诉说时流露出悔恨的情感。颍考叔觉得时机已到，就开导郑庄公说："您有什么可忧虑的呢？假如您深挖地，到有泉水处，打一个隧道，母子在隧道里相见，谁能说这不是在黄泉中相见呢?"

庄公高兴地听从了颍考叔的话。隧道打通后，庄公十分激动，就赋诗一首，其中一句说："人隧之中具乐融融。"武姜氏出了隧洞以后，也感慨万端，懊悔不已，随即也赋诗一首，其中一句是："大隧之外，其乐也泄泄。"从此母子和好如初，就像什么事情都没发生过一样。《左传》的作者在评论这件事时说：颍考叔是一个有纯粹孝心的人，他用对母亲的爱，感召了郑庄公。

闵子骞感召后母

闵子骞（公元前536—前487年），名损，春秋时鲁国人。生母死后，父亲续弦了后母，后母又生了两个儿子。子骞供养父母，不敢有丝毫懈怠。后母讨厌他，做棉衣时，给亲生儿子的夹衣里加进厚厚的丝棉絮，而子骞的冬衣里却是用芦花絮填塞的。

父亲一点也不知道后母做的这些事情。冬天到了，父亲外出，让子骞给他驾车。子骞受不了这种严寒的天气，冻得不停地颤抖。拿缰绳的手冻得发麻、发痛，缰绳屡次从手中掉落。父亲责骂他，他也不辩解。后来父亲觉得有些奇怪，便仔细观察，才发现子骞是被冻的。父亲伸出手在他的身上摸了摸，发觉他的衣衫非常单薄。父亲把他的衣服拆开来翻看，一团团的芦花经风一吹都飞走了。

父亲又检查了后妻所生的两个儿子的棉衣，他们的衣服都非常暖和。父亲因悲哀而叹息，决心休了后妻。子骞听说后，泪如雨下，上前对父亲说："母亲在的话，只有一个儿子受冻，如果撵走母亲，三个儿子都会孤苦的，请爹爹好好想一想其中的利弊吧。"

父亲想了想，觉得有些惭愧，便不再提休妻的事。而后母更是羞愧，从此改过自新，对待三个儿子很公平，衣服、饮食都安排得一模一样。

人无完人，孰能无过，过而能改，善莫大焉。虽然说母慈子孝不是个因果关系，但是如果自己无法做好，又怎么能改变别人的态度呢？闵子骞就是以他的孝恭改变了母亲对他的看法，从而使一家人幸福美满地生活在一起。

房景伯教孝

历史上，在地方官中，因以教孝而著名的人，恐怕就是北魏时期的房景伯了。

房景伯（478—527 年）是北朝时期北魏一位比较有名的大臣。他治理地方很有一套，其特点是比较宽厚，为政措施又很简易，地方百姓在他治下都过得比较舒心，“政存宽简，百姓安之”。

房景伯自幼丧父，年轻时家里生活贫困，主要靠他抄书维持家计，但在这种情况下，他还是很孝顺母亲，为世人所称道。后来他做了清河太守，在清河郡下有个贝丘，贝丘靠近房景伯的家乡绎幕。当地有个妇女向郡守房景伯控告自己的儿子不孝养自己，叫房景伯来治一治自己这个不孝之子。

房景伯最初本来想将这个不孝子带到官府教训一下的，但他没有这样做，而是先将此事告诉了自己的母亲崔氏。他的母亲倒是一个知书达理的人，对房景伯说，这些山民不知礼节，不要过于责怪这个不孝子。房景伯就将这个不孝子叫到了官府，不过不是治罪，而是让他们母子住在房景伯的府上，观看房景伯如何孝敬母亲的。房景伯的母亲崔氏就和这位贝丘女人同一桌吃饭，由房景伯按照日常的礼节来侍候她们两人，叫这个贝丘女人的儿子在一旁观看。几天之后，这位不孝子就感到非常惭愧，要求回家。但是，房景伯没有同意，认为仅仅表面上表示悔改是不行的，必须心诚才行。于是，他又将这贝丘母子两人留了一些日子，让这个不孝子继续观看房景伯是如何孝敬母亲的。最后，这位不孝子叩头认错，直至头破血流，他的母亲也是哭泣着同意回家，房景伯才送走了他们母子俩。

后来，这位不孝子终于改了过来，对自己的母亲非常孝顺，成为了当地一个著名的孝子。

房景伯虽说政绩并不突出，但他的示范教孝一事，对后世的影响是很深远的，宋朝有人写诗歌颂这位孝子说：

亲见房太守，殷勤奉旨甘。

哪能不心愧，岂止是颜惭。

房景伯没有站在道德的高地上，对不如他们的人做傲慢的批评和指责，而是本着教育的态度去感化人、拯救人。不以惩罚不孝子为目的，而是以改变不孝子为目的，目的改变了，手段也变得高明了。

父母在，不远游

沈周（1427—1509 年），字启南，号石田，晚年自号白石翁，明代长洲（今江苏省吴县）人。他学识渊博，诗文书画均负盛名，为著名的“江南四大才子”（另三人为文徵明、唐寅、仇英）之一，人称江南“吴门画派”的班首，在画史上影响深远。他从小就博览群书，文章、诗赋、书法、绘画样样精通。他心地非常善良，对父母也非常孝顺。

相传有个家境贫寒之人，为了挣钱给母亲治病，摹仿了一幅沈周的画，为卖得高价，请求沈周在画上题字。沈周看他是孝子，非常同情，就在画上稍加修改，然后落款、盖章。结果那幅画果然卖了很高的价钱，那个人为母亲治好了病，对沈周感激不尽。

沈周的父亲去世后，朋友劝他去做官，他回答说：“现在母亲依靠我照顾，我怎能离开她去做官呢?”很多官员都对他十分尊重，频频邀请他到自己手下工作，他都以照顾老母亲为由拒绝了邀请。他从来不出去游玩，整天陪伴在母亲身边。当母亲活到九十九岁时，他也已经八十岁了，可谓母子相依为命，福寿同在。

作为一个士人，追求功名仿佛成了他们的天职，然而功名却并不能代替一切。沈周是一位名士，而且也很明智，在他的眼里，父母比功名更加重要，真正地做到了人们说的“父母在，不远游”。

建功立业尽管是重要的一环，但是在一个孝子心中，首先是侍奉好自己的父母。“父母在不远游”，这是中国的一句古话。一个连自己父母都不孝敬的人又如何会对国家尽忠呢？所以，“孝”是一个人事业的起点，只有在家庭尽到了孝的义务，才能更好地服务社会、成就自身。

方观承万里探亲

清朝时，安徽桐城的方观承是一位出了名的孝子，他千里探亲的故事，至今被人们传为美谈。

方观承（1698—1768年），字遐谷，号问亭，一号宜田，安徽桐城人。雍正九年（1731年），被定边大将军平郡王福彭选为谋士，后经举荐，任内阁中书。乾隆二年（1737年），担任军机章京，转吏部郎中，历任直隶清河道台、直隶按察使、直隶布政使、直隶总督。

方观承的祖父、父亲都曾做过朝廷命官，他们因《南山集》一案全部被流放到黑龙江。祖父和父亲流放之时，由于方观承与哥哥方观永尚在幼年，免于发配。他们本是生活优裕的官宦世家子弟，本有一条由科举而入仕的人生坦途，但是一夜之间，却成了不得不寄居在南京清凉寺、靠僧人接济为生的孤儿。方观承兄弟长大后，非常思念祖父和父亲，于是徒步万里，去黑龙江探望他们。一路上，风餐露宿，跋山涉水，忍饥挨饿，搀扶相行。十余年内，方观承一共七次北上探亲。

有一年，方观承正在北上探亲的路上独行，遇到沈廷芳和陈镳乘车赶往京城应试。这两人看到方观承徒步而行，衣冠不整，面容疲惫，但举止仍然端庄严正，不由停车相问。二人了解了方观承的身世和经历后，深表同情，于是邀请他一道乘车赶路。可是车厢狭小，仅能容下两人，于是，他们决定一路上每人轮流步行三十里，乘车六十里。如此，三个人一路风尘，终于到达京城。沈、陈二人与方观承分别时，又送给方观承新衣毡笠，以御道途风寒。数年后，已经身为封疆大吏的方观承得知沈廷芳、陈镳赴京述职途经其驻地，便立即派人将沈、陈二人请到府上。故人相见，万分感慨，忍不住涕泪纵横。此是后话。

祖父和父亲相继在黑龙江病故，贫困至极的方观承流落京城，在东华门摆了小摊，靠给人测字为生。一天，王爷福彭上朝途经东华门，看到了方观承的测字招牌，不禁为招牌上的书法所吸引，于是下轿询问。双方交谈之下，王爷发现方观承是个学问见识都非同等闲的世家子弟。福彭立即延请方观承到他的王府中做幕僚。后来，福彭被任命为定边大将军，出征准噶尔。福彭上奏要方观承随军出征。雍正皇帝奇于方观承的经历，召见了他，经过交谈，对方观承非常满意，当即赐予中书之位。

庶人章第六

——百姓之孝，谨身节用奉双亲

【原文】

用天之道[①]，分地之利[②]，谨身节用[③]，以养父母，此庶人之孝也。故自天子至于庶人，孝无终始，而患不及[④]者，未之有也。

【注释】

①用：顺应，依循，利用。天之道：指春温、夏热、秋凉、冬寒的季节变化，阴、晴、风雨、雷、电的天气变化等自然现象的规律，这里主要是指按时令变化安排农事，即春生、夏长、秋收、冬藏。道：规律，原理，准则。

②分地之利：指区分各种不同的土质、地势以及当地的气候，因地制宜，种植适宜当地生长的农作物，从而获得最大的收成。分：区别，分辨。利：利益，好处。

③谨身：指行为举动谨慎小心。节用：指俭省节约用度花费。

④患：担忧，忧虑。不及：指做不到。

【译文】

利用季节变化的自然规律，认清土地的高下优劣，行为举动谨慎小心，俭省节约用度花费，以此来孝养父母，这是普通老百姓的孝道。所以上自天子，下至平民百姓，不论尊卑上下，孝道是无始无终、永恒存在的，有人担心自己不能尽孝，那是从来没有的事情。

【简析】

庶人是指拥有自由身份的平民百姓，古代等级社会中最广大、最普通的一个群体，是最主要的生产者。庶人所从事的职业，有士、农、工、商之别，但本书将士之孝与庶人之孝分别论述，可见《孝经》的作者没有将士包含在庶人之中。我国自古就是一个农业大国，农业是最主要的经济生产，因此农民是庶民中的主要成分。本章不仅表明了庶人应尽的孝道，同时也对天子、诸侯、卿大夫、士、庶人的孝道进行了简单的总结，说明人虽有尊卑地位的不同，但事亲尽孝的心，是没有贵贱分别、没有终始的。

孝的内容十分丰富，不仅仅是一般所谓的赡养父母、孝敬亲人、悌友兄弟这些基本层面的东西，还进一步延伸到社会的每一层次人的岗位职责。所处的层次越高，孝道的内容越是重要，意义与价值越是重大，因此要求也越高，越是要堪为表率。

孔子不仅对前人的孝的理念作出继承，而且用自己的智慧加以总结与发展，这就是《孝经》之“经”的价值与意义。

【解读】

珍惜父母赐予我们的生命

孔子在跟曾子论孝的时候说：“身体发肤，受之父母，不敢毁伤，孝之始也。”曾子一直牢记着这一点，很注意保护自己的身体，“启予足，启予手！《诗》云‘战战兢兢，如临深渊，如履薄冰’”。孔子在重病弥留之际，还叫自己的弟子小心地掀开被子，看看自己的身体可有什么毁伤，然后他引用《诗经》中的话，对弟子说为了保护自己的身体，不让父母忧虑，自己一直都是特别小心谨慎。

古往今来的孝子都特别注意爱惜自己的性命，不仅仅是因为求生的本能，也是因为要以完好的身体向父母交代。

古代宋国有个人特别孝顺，在父母生前，他每日都尽心尽力地奉养父母。父母仙逝之后，他因为过于哀伤，导致形销骨立，十分消瘦。大家看到他憔悴的模样，都纷纷称赞他的孝心。这件事传到了宋国国君的耳朵里，国君被这个人的孝行感动，于是赏赐了他很多财物银两。

这件事情被传开之后，许多人也想得到国君的赏赐，于是纷纷仿效那位孝子的样子，故意毁伤自己的身体，有很多人竟然因此而死。这些效仿者的行为实在是大错特错：一则皇帝犒赏孝子，是因为他真诚的孝心，如果众人想要模仿，应该是模仿孝子的孝心才是；二则“身体发肤受之父母”，为了财物而毁伤自己的身体，违背了孝的本意，与孝子的行为南辕北辙。自然，他们这样做也得不偿失。

在这一点上，晚清时期名臣曾国藩也是一个典范。

曾国藩（1811—1872 年），初名子城，字伯涵，号涤生，宗圣曾子七十世孙。湖南省长沙府湘乡县（今湖南省娄底市双峰县）人，官至两江总督、直隶总督、武英殿大学士，被册封为一等毅勇侯。

曾国藩不但是一代名臣，还是一个孝子。父母在曾国藩的心中非常重要，不论是在外求学，还是在外做官，他都经常给家人写信，不让父母担心。

曾国藩在一封家书中说："九弟前病时想回家，近来因为找不到好伴，并且听说路上不平安，所以已不准备回家了……儿子在二月初配丸药一料，重三斤，大约花了六千文钱。儿子等在京城谨慎从事，望父母亲大人放心。儿子谨禀。"

他知道父母最担心的莫过于自己的身体健康和处境，于是写信说："我已经吃药了，我做事情会很小心的，请父母不要惦记。"短短的几句话，让父母心里有了着落。

咸丰八年（1858 年），曾国藩的湘军在逐渐扭转劣势、气势如虹的时候，却不幸于三河之役惨遭覆没，曾国华（曾国藩之弟）、李续宾等将帅皆阵亡。曾国华的死，使曾国藩受到严重的打击，他对家族的未来更为担忧，遂决心与兄弟们同心协力，共同挽回家运。于是，他在信中告诫弟弟们三点："第一贵兄弟和睦；第二贵体孝道；第三要实行'勤俭'二字。"

道光年间，曾国藩还不过是个翰林院编修的穷京官，但他托人千里迢迢将昂贵的阿胶补品带回湖南老家孝敬父母。有一次，他得知母亲患了牙疾，但家乡的来信中没说这件事，曾国藩就特意强调下次来信一定详细告知病情，母亲过世的消息，让哀痛之极的曾国藩立即脱下官服，披麻戴孝。他由于归乡心切，不带行李，只带一名仆人，一赶到家便跪在母亲灵前痛哭。正当曾国藩为母亲寻觅安葬之地的时候，咸丰帝令其出山为朝廷效力，接到谕旨后，曾国藩想到母亲的灵柩尚未安葬，立即写折辞谢皇帝的命令，请求在籍为母守制尽孝三年。后在至交郭嵩焘的劝说下，曾国藩才应命出山，临行还特意叮嘱曾国荃、曾国华先在家为母守孝。后来，曾国藩一直为未尽孝心而深深遗憾。

“孝”字一直是曾国藩书信中强调的主题，更重要的是，曾国藩一生都能身体力行这个“孝”字。

令人敬佩的是，曾国藩不仅对生身父母尽孝，对乳母也十分孝敬。在其乳母逝世后，他写了一副“一饭尚铭恩，况曾保抱提携，只少怀胎十月；千金难报德，即论人情物理，也当泣血三年”的挽联，以寄托对乳母的怀念和哀思。这副对联运用韩信“一饭千金”典故作为铺垫，既恰如其分，又感人肺腑。

人的生命只有一次，是父母给予我们的，父母的愿望就是让自己的孩子健康地成长，因此，我们每个人需要倍加爱惜自己的身体。

荀子论孝

荀子并不以孝道而著名，由于他坚持性恶论的人性说，其思想以“隆礼”为核心，因此，他把孝道仅仅看作表现家庭伦理的一般道德。但其论孝言论中的君重于父的观点却影响深远。

荀子在孝道问题上吸收了孔子的孝道观，形成自己独特的观点。在神权、君权、父权至上的社会里，臣子必须无条件服从君王的命令，子女必须无条件服从父亲的命令。荀子却认为，孝子应该慎重思考后，是非分清楚后才服从，这才是孝道。《荀子·子道》中说：“孝子所以不从命有三：从命则亲危、不从命则亲安、孝子不从命乃衷；从命则亲危、不从命则亲荣、孝子不从命乃义；从命则禽兽、不从命则修饰、孝了不从命乃敬。”荀子提出的“三不从”原则，强调孝子在听从时要深思熟虑，要以维护家庭利益为出发点。

但荀子同样重视“孝悌”观念。荀子学说的实践目标是“富国安民”，他认为“兴孝悌”是达到安民、安政的措施之一。但是，荀子孝道的特点是把“孝悌”纳入礼的范围之内，一切服从于“礼”规定。《荀子·大略》中说：“礼也者，贵者敬焉，老者孝焉，长者弟焉，幼者慈焉，贱者惠焉。”

荀子认为，作为人君的，要做到“以礼分施，均遍而不偏”；作为臣子的，要做到“以礼待君，忠顺而不懈”；作为人父的，要做到“宽惠而有礼”；作为人子的，要做到“敬爱而致恭”；作为人兄的，要做到“慈爱而见友”；作为人弟的，要做到“敬诎而不苟”；作为丈夫的，要做到“致和而不流，致临而有辨”；作为人妻的，要做到“夫有礼则柔从听侍，夫无礼则恐惧而自竦也”。这里，荀子对君臣、父子、兄弟、夫妇相互之间的人伦关系做出了规定，特别强调为父的要“宽惠而有礼”。

荀子也强调对父母的孝，不只是“养”，更要做到“敬”。《荀子·子道》中引子路与孔子的对话说：“子路问于孔子曰：‘有人于此，夙兴夜寐，耕耘树艺，手足胼胝，以养其亲，然而无孝之名，何也？’孔子曰：‘意者身不敬与？辞不逊与？色不顺与？古之人有言曰：衣与！缪与！不女聊。今夙兴夜寐，耕耘树艺，手足胼胝，以养其亲，无此三者，则何为而无孝之名也？’”意思是说，如果对父母的行为不恭敬，言语不和逊，面色不柔顺，即是早起晚睡，耕耘栽种，十分辛苦劳累来奉养父母，也不会成为孝子的。孝顺不但要奉养，还要尊敬。

荀子十分注重重视按“礼”来行孝。《荀子·礼论》中说：“礼者，谨于治生死者也”，“丧礼者，以生者饰死者也，大象其生以送其死也，故事死如事生，事亡如事存，始终一也”。荀子认为，丧礼就是用活着那样来妆饰死者，大致就像活着时那样来送往死者，对生和死都要按照礼的规定一样地对待。

荀子进一步说：“故死之为道也，一而不可得再复也，臣之所以致重其君，子之所以致重其亲，于是尽矣。故事生不忠厚，不敬文，谓之野；送死不忠厚，不敬文，谓之瘠。”荀子认为，对于“事生”和“送死”，如果“不忠厚”“不敬文”，就显得粗鄙、轻薄，于礼不合。

由此可见，荀子关于“孝”的一切主张，都体现出十分丰厚的人文精神，不论是“饰终”，还是“饰哀”“饰敬”，都是如此。

【典例】

曾参恪尽孝道

曾参（公元前505—前435年），字子与，又称曾子。春秋末年鲁国南武城（现山东省嘉祥县）人。曾参出身贫寒，一生经历坎坷，但终生讲求修身养性，主张“日三省身”。十六岁拜孔子为师，勤奋好学，颇得孔子真传。一生积极实践和推行以孝恕忠信为核心的儒家主张，传播儒家思想。

曾参以孝闻名，他不仅行为上恪守孝道，而且还有一套理论主张。他把孝分为三种：“大孝尊亲，其次弗辱，其下能养。”起初，由于在孔子门下受业学习多年，曾子已学有所成。那时，他家贫寒，为了奉养父母，他在离家很近的莒国出仕做了一名小吏。虽然俸禄只有几斗米，但是他仍然十分欢喜，因为能用自己所得供养双亲。当他成名之后，父母也老了，他就不再外出谋官。当时，齐国聘请他做相国，楚国委任他为令尹，晋国请他做上卿，都被他婉言拒绝了。直到父母亡故之后，曾子游历到楚国，才做了大官，出门百车相随，大队仪仗簇拥，高官厚禄十分显赫。但是，曾子却并不高兴。他常常面北哭泣，因为在他看来，官再高，禄再丰，父母已经亡故，无法再奉养双亲。父母无福与他一起享受到荣华富贵，实在令他内疚。

曾子孝敬双亲甚至到了愚孝的程度。

一天，曾子与父亲到瓜地里去锄草。一不小心，把瓜苗锄掉了好几棵。父亲看见曾子把瓜苗锄掉好几棵，气不打一处来，没问青红皂白，举起棍子，照着曾子的脑袋打来。本来，曾子稍一侧身，棍子就不会落在头上。但曾子想，自己错了，就让父亲打几下消消气，就没有躲闪，仍立在原地。这一下被打个正着，曾子被打倒在地，不省人事。这下子可吓坏了父亲，后悔自己出手太重。老人连呼带叫，揉了半天，曾子才苏醒过来。为了不使父亲担忧，曾子赶紧爬起，好像没挨过打似的向父亲赔不是。随后走进瓜棚，拿过琴来弹给父亲听，让父亲消气。

曾子不仅对父亲如此，就是对后母也是十分孝敬，甚至为了一点小事把妻子给休了。曾子的后母对他十分刻薄，一点恩义也没有，但曾子毫无怨言，像对父亲那样，孝顺备至。一次，他让妻子为母亲做藜羹，他的妻子一时粗心，没蒸熟就端了上去。曾子知道后，大为恼火，便立刻写了休书，将妻子撵出门去。知情人都认为太过分了，责问他说："妇人犯了七出之条，才能休掉；藜羹不熟，这样区区小事，你为什么要因此休妻呢?"曾子说："藜羹确实是件小事，但我叫她煮熟奉母，她竟然不听我话。这样的人，如何可以留下她呢?"然而曾子毕竟疼爱自己的妻子，为了珍惜夫妻感情，终身没有再娶。

石建孝父涤衣厕

石奋（？一公元前124年），字天威，号万石君，河内郡温县（今河南温县西南）人。西汉大臣，历经高祖、文帝、景帝三朝。他的四个儿子石建、石甲、石乙、石庆，都官至二千石。

石奋一家家教很严格，都以孝著称，对长辈非常孝顺恭敬。石奋和四个儿子都是二千石以上的官员，因此人们就称石奋为"万石君"。石奋经常告诫儿子为人要谨慎言语，要重视礼法，并能身体力行。

时值窦太后推崇黄老之学，认为石奋的不善言语、亲身躬行，正好能够对儒生的注重理论和外表言论产生打击效果。于是非常重视他，任命石奋的大儿子石建为郎中令，小儿子石庆为内史。

多年之后，大儿子石建虽然年事已高，头发花白，但仍然不忘孝顺父亲。他每过五天就离开朝廷回家一次，并在拜见完亲人之后，默默地亲自为父亲石奋洗换下的内衣，还为父亲冲洗厕所。他怕父亲知道了会认为这么做影响自己的工作，于是就千叮咛万嘱咐仆人千万不要让父亲知道实情。

石奋以身作则，教子有方，孩子们都很有出息，没有辜负父亲的苦心。大儿子石建即使身居高位依然对父亲悉心照顾，默默奉献自己的孝心，这种无私的孝是值得我们所有人去学习的。事务繁忙的高官都能每五天回家尽一次孝道，我们这些普通人又有什么理由以没有时间为借口推脱责任呢？

陈孝妇终养婆母

汉朝时，有一位姓陈的孝妇，她的名字无人知晓，但她的故事却在民间广为流传。

陈孝妇品行贤淑，在她十六岁时，便听从父母之命出嫁了。她的丈夫是一位孝顺之人，家境贫寒，与母亲相依为命，对母亲十分孝敬。陈孝妇嫁过去后，夫妇二人不仅恩爱互敬，还共同孝养母亲，生活充满了温暖与和乐。

不料好景不长，婚后不久，边关烽火四起，军情紧急，朝廷大量征兵，丈夫也被征召入伍，即将远戍边关。临行时一家人悲伤难忍，丈夫强忍离别之泪，对妻子说：“我今日一去，沙场茫茫，生死难料，万一一去不返，唯愿爱妻念夫妻情重，代我奉养年迈老母，这样，我在九泉之下也能安心瞑目了！”

陈孝妇看着丈夫那期盼却又不安的眼神，马上应诺：“夫君请安心去吧，妾身定会生死不二，奉养婆母。”

母亲有了妻子的照顾，丈夫心上的石头也算落了地，便安心从军去了。从此，陈孝妇一方面尽心奉侍着婆婆；另一方面，也期盼着丈夫能早日回来，希望一家人再次团聚。

然而，天不遂人愿，数月后，边关传来噩耗，丈夫战死沙场。从此，婆媳二人相依为命。

丈夫去世之后，陈氏仍然一如既往地纺纱织布获取家用，全心奉养婆婆，日夜辛劳。婆婆感到媳妇的一片至诚孝心，虽然失去了儿子，心里也有所安慰。对陈氏，她也像对待自己的亲生女儿一样关心照顾。

陈氏为丈夫守了三年丧，当守丧期满后，她的婆婆心疼她这么年轻就要守寡，心中不忍，便想让她改嫁。

陈氏哭着回答道："媳妇听说，做人宁可为担负义而死去，不可因贪恋欲而生存。答应夫君之事，怎么可以不守信用，为人无信，怎能立足世间啊？我作为媳妇，侍奉公婆乃分内之事。夫君不幸先死，不得尽他为人子的责任，如今再叫我离开，便没有人奉养婆婆。假使媳妇为人不孝不信又无义，那还有何颜面活在世间啊？"婆婆见她如此坚定，不由得痛哭起来，从此再也不说让她改嫁之类的话了。

此后，陈氏更是尽心竭力在家侍奉婆婆，早起晚睡，日日夜夜辛勤劳作，坚持二十八年，一直到老人家八十四岁，寿终正寝。因为家中贫寒，陈氏为安葬婆婆，又将房产和田地都变卖了。此后，陈孝妇又终身奉守祭祀，完成了对丈夫的承诺，尽了她为人媳的责任。

恪尽孝道是封建统治者所提倡的，天子、诸侯、卿大夫、士等，身处上层社会的人固然应该宣扬孝道。然而，作为一个普通百姓，甚至是衣不蔽体、食不果腹的苦寒贫民，并且还受到过父母的冷落或家庭暴力，他们要不要遵守孝道呢？虽然由于经济条件的限制，他们不可能像高官显贵一样给父母最好的衣食，但是他们的孝心却要比显贵们有过之而无不及，陈氏的孝行就证明了这一点。

顾子通跪读父书

顾恺，字子通，三国时期吴国人。顾氏是三国时期江南的名门望族，素来门风醇厚，重视德义。作为汉晋间江东大族的代表，顾氏家族的人多数都有良好的修养。

顾恺正是在这样的家学背景下接受了良好的教育。加上其从小聪明机灵，又肯发奋学习，所以，十五岁的时候就因为孝廉闻名，当上了吴国的郡吏，后又晋升为偏将军。因为他性情刚毅，做事耿直无私，所以总会招致同僚的妒忌，他不屑与这些人为伍，便辞官回乡了。

他的父亲在别的地方任县令。顾恺非常挂念父亲，所以经常去信问候。

顾恺每次接到父亲的回信，都先沐浴并整理衣帽，摆放好桌子，放置好家信，然后才跪下来恭敬地阅读，而且还逐句地应诺，回答父亲在信中的问话；若是父亲生病了，顾恺就会对着父亲的信哭泣，伤心得话都说不出来！读完后再对着书信叩拜一次。

后来，父亲去世了，顾恺哀恸欲绝。丧事结束后，顾恺还在墙壁上悬挂起父亲的遗像，下设神座，供奉果品，从未间断，并且早晚跪拜追思。

在这种门风的熏陶下，顾氏子弟多践守道德，颇有厚道的君子风格，以至于从三国时期一直到唐代，顾氏家族一直是江东四大望族之一。

孝道没有高低之分，也无始终之别。凡是为人子女的，都应站在自己的角色上，尽其应尽的责任，大而为国为民，小而保全其身，都算是尽了孝道。只要把这一颗爱敬的本心放在孝亲上，做每件事情之前自然都会站在父母的角度考虑一下问题，时时念父母亲恩，也就不敢去做一些违法的事情了。因为自己的一言一行，都会牵连到无辜的父母、让父母担忧，这样，不但家庭方面会获得莫大的幸福，而且对国家社会的秩序稳定也有所裨益。如此世界大同的理想，也就不难实现了。

盛彦吐哺待慈母

盛彦，字翁子，西晋广陵（今江苏扬州）人。盛彦少年时代便很有才能，当时有一位叫戴昌的太尉曾以赠诗形式考察他，盛彦面对满座官僚文士，慷慨作答，没有一点理解错误的地方，受到文士们的赏识。

盛彦的母亲王氏非常勤劳节俭，不仅亲自操持家务，还时时督促盛彦读书识字，教他以礼待人。后来，由于过度操劳，王氏得了一场病，连眼睛也瞎了。家里许许多多的事都落在了盛彦身上，他一边帮母亲安排日常生活，一边拼命读书，他的才干也越来越受人重视。成年以后，官府鉴于他极有才名，多次征召他去做官，盛彦每次都是以母亲病势沉重而推辞了。每当谈到母亲双目失明，日常生活很难自理，重病缠身的情形时，盛彦就止不住悲伤，痛哭失声。他每天每顿饭都要亲手喂母亲吃饭，凉、热、咸、淡都是他先尝一尝，有时候，饭菜如果稍微硬一点，盛彦就自己先嚼一遍然后喂母亲。这样坚持了好多年，他母亲的病多少有一点好转。

母亲长年生病，女仆当然会受累，于是暗暗产生了怨恨的心情。有一回，盛彦外出办事，上午也没回来，那个女仆就生出了坏心，到屋子后面的菜地里捉了一些金龟子（吃植物根茎的小虫）的幼虫，放在瓦片上烤熟了给盛彦的母亲吃，还撒谎说是好东西。她吃了一些，觉得很好，就以为这确实是好东西，顺手捏了一点偷偷留了起来。后来，盛彦回家了，他母亲把烧熟的金龟子给他看。盛彦一看，立刻跪在母亲面前，哭着向母亲赔罪，深责自己照顾不周全，叫母亲遭罪。他母亲却安慰他："这东西吃了也没什么事，我倒觉得眼前好像有点亮堂了。"盛彦一听，异常惊喜，打来一盆清水，给母亲轻轻擦拭，没一会儿，母亲的双目就能清楚地看见东西了。盛彦这时候以为当初错怪了女仆，竟然向女仆跪谢，女仆羞愧难当。由于盛彦孝顺母亲，善待仆人，家里越来越和睦了。

给父母锦衣玉食未必就是孝，孝是一分发自内心的至诚之情，一个真正的孝子对父母总有一种发自内心的牵挂，他们懂得把自己最好的东西留给父母。如果在贫寒时能够做到"每食舍肉"，那么以后飞黄腾达了也不会忘本。

三才章第七

——以孝为大，贯穿乾坤天地人

【原文】

曾子曰："甚[1]哉！孝之大[2]也。"

子曰："夫孝，天之经[3]也，地之义[4]也，民之行[5]也。天地之经，而民是则[6]之；则天之明，因地之利，以顺天下。是以其教不肃而成，其政不严而治。先王见教之可以化民[7]也，是故先之以博爱，而民莫遗其亲；陈[8]之于德义，而民兴行[9]；先之以敬让，而民不争；导之以礼乐，而民和睦；示之以好恶，而民知禁。《诗》云：'赫赫师尹，民具尔瞻[10]'"

【注释】

①甚：很，非常。

②大：这里主要指孝道内涵的广博和作用的广大。

③经：常规，原则，指永恒不变的规律。

④义：适宜。

⑤行：品行，行为。

⑥是：因此，由此。则：效法。

⑦化民：感化人民。

⑧陈：说明，陈述，讲述。

⑨兴行：奋起实行。

⑩赫赫：指声威显赫。师尹：指担任太师的尹氏。具：同"俱"，都。瞻：仰望。

【译文】

曾子说："太伟大了！孝道真是博大高深啊！"

孔子说："孝道犹如天上日月星辰的运行，地上万物的自然生长，天经地义，是人类必有的品行。天地这种永恒不变的道理，人们应当效法它。效法上天那永恒不变的规律，利用大地自然四季中的优势，顺乎自然规律对天下民众施以政教。效法上天明照宇宙的道理，善用土地顺承万物的利益，用来教化天下人民。因此，施行教化不用严肃的态度就能取得成功，推行政治不用严厉的手段而天下自可太平。从前的贤明君主看到通过教育可以感化民众，所以他率先实行博爱，人民因此没有敢遗弃父母的；向人民陈述道德、礼义，人民就争相起来去遵行；率先待人恭敬谦让，人民不会发生纷争；用礼仪和音乐引导他们，人民就和睦相处；教导人民什么事情值得喜欢，什么事情应该厌恶，人民就知道禁令而不会犯法了。《诗经·小雅·节南山》中说：‘威名显赫的太师尹氏，人民全都仰望着你啊。’”

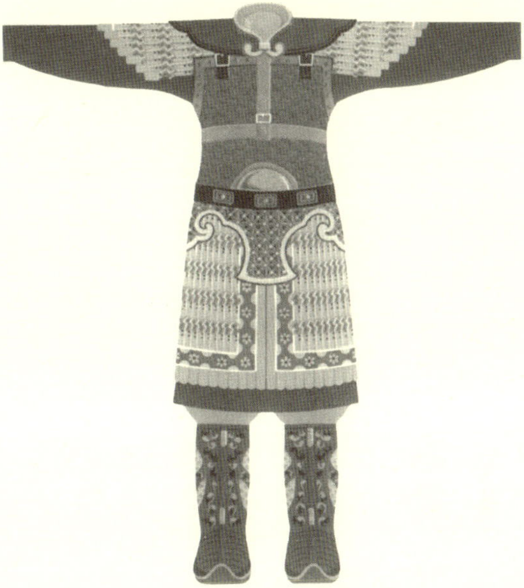

【简析】

本章进一步阐述孝道的意义与本源，指出孝道是贯通天、地、人三才为一的道理，取法于天地，立为政教，以教化世人。天包罗万象，地孕育万物，人的孝道是百行之首。人应当效法天地永恒不变的法则，孝敬父母；而在上位的君主，也当因孝立教。

那么，人该怎样奉行孝法呢？孔子列出了五条途径：（1）“先之以博爱”。在博爱的教化下，民众就不会遗弃亲人。（2）“陈之以德义”。在道德的宣扬下，民众就会兴起好的行为。（3）“先之以敬让”。在敬让的风气之下，民众就不会纷争。（4）“导之以礼乐”。在礼乐的引导下，民众就会和睦相处。（5）“示之以好恶”。在能明辨是非之下，民众就知道该禁戒什么了。

古人最讲究的就是“天人合一”，无论做什么事情都要顺应天意。而如果违背了天意，便会被视为“不祥”之兆。孝道就像天体运行一样地顺应着天意，它指导着人类的行为规范。

【解读】

孝是一切美德的基础

在孔子看来，孝是一个人的立身之本。孔子教导人们孝敬父母，一方面是为了让人们报答父母的养育之恩；另一方面也是为了培养人们的这种诚意，真心地尊敬每一个人，用心地对待每一件事情。古人常说："忠臣必出于孝子之门。"确为至理。

茅容，字季伟，东汉河南陈留人。茅容四十岁时，还是个耕田种地的农夫，靠自己辛勤的劳作奉养母亲，风雨不误。有一天，在耕种时，突然天降大雨，茅容被困在了一棵大树下。其他来躲雨的同龄人都站没站相，坐没坐相，谈吐粗俗，只有茅容一人穿着整洁，坐姿端正。这时，名士郭林宗路经此地。郭林宗博通经典，广收门徒，有弟子千人。他发现茅容气质不凡，就主动与茅容交谈，结果二人非常投缘，相谈甚欢，不知不觉天就黑了，于是郭林宗便随茅容回家住宿。次日清晨，郭林宗见茅容杀鸡炖汤，以为是要款待自己，没想到茅容却把炖熟的鸡分成两份，一份给他的母亲吃，另一份则收了起来；用来招待自己的只是山肴野蔬。郭林宗意识到茅容把好东西留给母亲的孝心，深受感动，并大加赞赏："真是一位难得的贤人啊！我要和你做朋友，以后常常来往。只要你愿意，就可以跟我学习圣贤之道。"后来茅容在郭林宗的指导下，成为了一名学问品行并重的人。

茅容的故事让我们明白，孝顺父母是品德完善的表现，而这种孝心有时候跟成功、学识和名利关系并不是太大。不管是学识渊博的知识分子，还是耕作田间的农夫，只要有孝顺父母的心意和做法，都值得人尊重。

把好东西让给父母享用，这是一个最简单不过的行为，可真正能做到的年轻人又有几个？茅容以他的实际行动为我们所有子女上了一堂孝道课。百善孝当先，一个人的成功不仅仅只源于个人的努力，高尚的品德才是铸就一个人人格的根本，而这种品德的铸就是从孝敬父母开始的。

一个心存感恩的孝子，一定会成为一个仁者；一个尊敬师长的晚辈，一定会成为一个智者。拥有大仁大智的圣贤之师和普通人的差别，关键就是他们是否拥有出于心底的诚意、认真对待所有事物的“孝”心。

焦华，晋代福建南安人，其父为西秦安南将军焦遗。焦华为人谦虚和蔼，十分孝顺父母。一年冬天，焦遗病得很重，想吃新鲜的瓜。可是当时毕竟不是产瓜的季节 ，所以焦华很为难，整天茶不思饭不想，休息也不好，一心想着满足父亲的愿望。一次，他在梦中隐隐约约听到一个声音：“听说你的父亲想吃鲜瓜，我给你送来了。”焦华激动不已，马上下跪，接过鲜瓜。焦华从梦中醒来后，发现自己的手中竟然真的有一个香气扑鼻的鲜瓜。焦华赶紧拿给父亲享用，父亲刚吃了几口，病就好了。

西秦王乞伏干知道后，提出把自己的女儿许配给焦华。焦华不愿攀龙附凤，拒绝道：“娶妻的人是希望夫妻和睦，共同伺候父母。但是王姬身份尊贵，嫁给我就太委屈了。我家里一没有豪华的家具摆设，二没有丰富美味的佳肴，因此，我没有能力迎娶国王的女儿。”所以，他就没有答应这门亲事。乞伏干并没有生气，反而很赏识焦华的人品，还让他担任尚书民部郎一职。

孝敬父母是天经地义的，一个真正的孝子把孝道当成自己的本分，而不会希求通过它获得什么好处，更不会让纯净的孝道沾染上世俗的污秽，成为攀龙附凤的工具。这份真挚的用心不仅能够感动天地，更能感动世人！

《论语》中的孝与孝道

在历史发展的潮流中，孝文化在历代名家的补充发展下形成了一个完整的系统，而其中最为出名的便是《论语》。《论语》这部恢弘巨著中就曾多次讨论到孝的真谛，孔子通过和学生们的对话，便将中华文化的孝文化精髓表述了出来。

孔子与四个学生讨论孝，也就是“四子问孝”：

（1）孟懿子问孝。子曰：无违。樊迟御，子告之曰：孟孙问孝于我，我对曰：无违。樊迟曰：何谓也？子曰：生，事之以礼；死，葬之以礼，祭之以礼。

这段话的意思是：孟懿子向孔子请教什么是孝。孔子说：不要违背。之后，樊迟为孔子驾车时，孔子告诉他这件事说："孟孙问我什么是孝，我回答他：不要违背。"樊迟问：这是什么意思呢？孔子说：父母在世时，要依礼来侍奉他们；当他们去世之后，又要依礼来安葬及祭祀他们。

为何孔子在此要分两段解释"无违"呢？有学者以为孟懿子的父亲孟僖子贤而好礼，所以孔子只要他能做到不违其父之志向的行为就可以算是孝了。但是一般人的父亲言行未必一定合礼，此时子女就不应以不违背父亲为孝，而应该以不违背礼为孝。

（2）孟武伯问孝。子曰：父母唯其疾之忧。

这段话的意思是：孟武伯向孔子请教什么是孝。孔子说：让做父母的只因为子女的疾病而忧愁烦恼。

此处的言外之意是因为疾病并非人力所能控制，其他各方面则人的主控力较强，所以做子女的必须在其他各方面勤勉努力表现良好，使父母不会因为除了疾病之外的事情，为子女担心操劳。

（3）子游问孝。子曰：今之孝者，是谓能养。至于犬马，皆能有养；不敬，何以别乎？

这段话的意思是：子游向孔子请教什么是孝。孔子说：今日所谓的孝是指能够供养照顾父母。但是家中的狗和马也一样有人供养照顾啊！假若心中少了敬意，那又如何可以分辨这两者呢？

（4）子夏问孝。子曰：色难。有事，弟子服其劳；有酒食，先生馔，曾是以为孝乎？

这段话的意思是：子夏向孔子请教什么是孝。孔子说：晚辈长保恭敬和悦的神色是最难做到的。当有事时，年轻人去做；有丰盛美食时，由长辈先吃，这样就可以算是孝了吗？

父母在世时，与父母相处自己要秉持恭敬的心意；保有和悦的神色；行为要合义合礼；另外也必须努力做好一切事情，以尽量不使父母为自己担忧；

父母过世之后，丧祭亦应合义合礼；且必须时常缅怀他们，并效法他们合义合礼的言行，如此都能做到，才算是孝吧。

孔子的思想中，孝是最明显的一个主题。他要求年轻人首先要做到孝，才能谈人生志向和美德。那他自己又做得如何呢？我们都知道孔子是个大思想家、教育家，其实，他也是一个很孝顺的孩子。孔子三岁时，父亲叔梁纥就去世了。母亲颜徵年轻守寡，将所有的精力都放在了抚养和教导孔子上。为了养育孔子，颜徵吃了很多苦，身体也累垮了，在孔子十六七岁时，她去世了，当时的年纪也不到四十岁。孔子因为自己没有机会好好地尽孝于父母，因而一提到孝的话题就非常痛心。于是便告诫弟子，一定要记住父母的生日年岁：“父母之年，不可不知也，一则以喜，一则以惧。”

孔子的弟子宰予问孔子：“听说父母去世了，要给他们服三年丧，是不是啊？可是我觉得旧的不去，新的不来，干吗要那么长时间呢？一年也就够了。”孔子说：“父母去世不到三年，你便吃白米饭，穿锦缎衣，你心里安不安呢？”宰予说：“能心安。”

孔子气得脸色发白，说：“你要觉得那样做心安，你就做去吧！一个有德行的人在守孝期间，心里念念不忘的都是父母，吃美味也不觉得爽口，听音乐也感觉不到快乐，所以才不那样做。你既然心安理得，就去那样做好了。”

宰予退出去后，孔子对大家说：“宰予说了些什么话！小孩子生下来后，爸爸妈妈要在怀里抱他三年，然后才能脱离怀抱。所以子女要为父母守孝三年，宰予难道没有得到过父母的爱抚吗？”

《论语》强调孝的实际行动，孝不仅仅是事之以礼、葬之以礼、祭之以礼，生活中任劳任怨服侍周到、心中常常怀念都是不够的，要努力完成父母的理想，继承和发扬他们的优点。孩子是父母生命的延续，作为孝子，要让父母的精神在自己的身上延续下去。

【典例】

子路背米奉亲

子路（公元前542—公元前480年），姓仲名由，孔子的学生，“孔门十哲”之一。春秋末年鲁国卞（今山东泗水县）人。子路性格豪爽开朗、好勇，武艺高强，却从不欺负弱者，且尊老爱幼，是乡里有名的大孝子。

子路年轻时家中十分穷困，家人很少能吃饱饭。他想，家有穷富，人有高低，但家庭越贫寒，就越应想方设法孝敬父母，尽心尽力地去侍奉父母，尽量让父母少受些苦。他自己常常吃野菜或灰菜做的面团子，却仍设法让父母吃上米饭。后来，子路的家境稍有好转，但他对父母仍照顾备至，想方设法让二位老人吃好，以尽子之孝道。

一天，子路去几十里外的陬（zōu）邑做买卖，见集市上有人卖一种很白的米，便问是什么米。卖米的人告诉他说：“这叫稻米，做饭香甜可口！”子路想，何不背回点让二老尝尝？于是他就买了一口袋，背回家中，给父母煮出香喷喷的白米饭，二老吃得赞不绝口。子路见二老这样喜爱白米饭，他就经常去陬邑背米。

后来，子路得知孔子收徒讲学，就前往拜师学习。由于他勤奋刻苦，很快成了孔子的得意门生，可就有一样让孔子不满意：子路过一段时间就请假回家。一天，孔子问子路：“你为什么过一段时候就请假回家？”子路见先生问起这事，忙向前行礼回答：“先生不知，学生的二老最喜陬邑的白米饭，学生过一段时间就得去陬邑背米，孝敬双亲。”孔子听了，深为感动，并夸赞他说：“子路真是个大孝子啊！”

子路常对人说，背着沉重包袱走远路的人，休息时从不选择地点，是因为太累。双亲年迈家里又很穷的人，找活干会不管挣钱多少，因为急需钱花。

父母去世以后，子路到了楚国，受到楚王的重用，显赫一时。跟随他的车子达到一百多辆，积攒的谷子有几十万担，坐车铺的垫子一层接一层，饭菜更是甚为丰盛。穷贱之时，子路便尽心尽力孝顺双亲，富贵之日，子路更时刻怀念双亲。他说：我真愿意回到同父母一起享受欢乐的时刻，可是不能再得到了，“枯鱼过河泣，何时悔复及”。父母寿数有限，孝子想要孝敬老人，可是二位老人不能等。就像草木想着不凋谢，可是霜露不允许。我没能及时孝敬老人，等他们去世了，后悔也没有用了。

乐正子春闭门思过

乐正子春，春秋时代鲁国人，曾参的学生。

一天，他从高台阶上走下来，刚好有一群大雁从头上飞过，望着远去的大雁，乐正子春陷入了对人生的沉思之中，忘记自己正在下着台阶，一下子踩空跌倒，扭伤了脚脖子。家人闻声跑来，将他扶起，搀到屋里，便跑去请医生。看着乐正子春满是冷汗的面孔，母亲心疼得直掉泪，埋怨儿子毛手毛脚，不知爱惜自己，这么大了还让父母操心。儿子崴脚，母亲心疼，真是十指连心啊！乐正子春十分后悔自己不留神崴了脚，让父母跟着操心。

经医生的推拿，又吃了两服药，脚伤很快就好了。可人们奇怪的是乐正子春还是不出门，而且见了家人脸上还现出惭愧的脸色。一问才知道，他是在闭门思过呀。他说：“我听老师讲过，当子女的应当爱惜自己的身体，父母给予我们完整的身体，就应完完全全地保存下来。这样才能对得起父母，才能说是孝敬父母，不该无缘无故地毁伤自己的身体。这是孝敬父母的起码要求啊。凡是能够做到恭敬谨慎孝敬父母的人，就不会使自己的身体无故受到损伤。我没做到处处事事恭敬谨慎，走路还把脚崴了，辜负了老师的教导，也忘记了对父母的孝敬啊！”

只是由于走路崴了脚，乐正子春竟一连几个月没有出门，在家闭门思过，悔恨自己没做到处处事事恭敬谨慎，忘了孝敬父母。人们听说了这件事都很感动。他的老师曾子知道了这件事也赞扬他能从各个方面去思考着孝敬父母，处处恭敬谨慎，严格要求自己。

人的身体和毛发是来自于父母的，爱惜自己的身体就是对父母的一种孝敬。因为父母最不愿看到的就是子女生病，或者白发人送黑发人的场面。所以说人们要爱惜自己的身体，不要让父母为自己担心。其实，这不仅是孝的开始，而且也是一切美德和成就的开始。如今就有很多人，为了工作忘了身体，因而英年早逝。还有很多人不洁身自好，打架斗殴、吸毒等，最后身陷囹圄，甚至以身试法。除了哀叹之外，肯定都会说悔不当初，而这个“当初”就是没有爱惜自己的身体。

徐庶——失母心乱

徐庶，字符直，东汉末年颍川阳翟（今河南省禹州市）人，汉末颍川一代名士。归曹后，在魏官至右中郎将，御史中丞。对于徐庶，因中国古典名著《三国演义》对其有精彩的描写，可谓家喻户晓，妇孺皆知。书中许多情节虽与正史有所出入，但他至孝侍母，力荐诸葛，史籍却有详细的记载。

徐庶在少年时代，是一名远近闻名的少年侠士。

他曾经杀死了当地一个豪门恶霸，为一位朋友报了家仇，自己却不幸失手被擒。官府对徐庶进行了严酷审讯，徐庶出于江湖道义，始终不肯说出事情真相。又怕因此株连母亲，尽管受尽酷刑，也不肯说出自己的姓名身份。老百姓感于徐庶行侠仗义，没有一个人出面揭穿他的身份。后经徐庶的朋友上下打点，费尽周折，终于将其营救出狱。

徐庶为人忠厚诚恳、豁达大度，才识广博、见解独到，具有卓越的军事才能，很受刘备赏识，并委以重任。后来一次战争，刘备战败，徐庶的母亲不幸被曹军掳获，并被曹操派人伪造其母书信召其去许都。徐庶得知此讯，痛不欲生，含泪向刘备辞行。他用手指着自己的胸口说："本打算与您共图王霸大业，但不幸老母被掳，方寸已乱，即使我留在将军身边也无济于事，请将军允许我辞别，北上侍养老母！"刘备虽然舍不得让徐庶离开自己，但他知道徐庶是出了名的孝子，不忍看其母子分离，更怕万一徐母被害，自己会落下离人骨肉的罪名，只好同徐庶挥泪而别。

徐庶虽然离开了刘备，但是却把更有才能的诸葛亮举荐给了刘备，使他能够大展宏图，建立了蜀汉政权，而且徐庶并没有背叛刘备，身在曹营心在汉，孝使他身不由己，但是也更坚定了他对刘备的忠诚和承诺。徐庶归曹后未向曹操献过一策，唯一的一个计策却使曹操大败。

沈季铨舍身救母

沈季铨（quán），唐代洪州豫章人。从小就失去了父亲，靠母亲把他抚养成人。沈季铨自小就比一般小孩懂事，知道关心母亲、体贴母亲。他不仅十分听母亲的话，还尽量帮助母亲干一些力所能及的活。他从不和别人争论计较小事，有时有人故意逗他、惹他，无理取闹，他也从不生气，总是一笑了之。时间长了，有人问他："你怎么这样老实、懦弱呢？"他回答道："为人老实有什么不好呢？"那人很不理解，叹道："你也太不争气啦！"沈

季铨只好把自己的想法都告诉他，说："我是很老实，但不是软弱可欺。我认为处处事事都不叫母亲操心，不叫老人操心就是对老人的孝敬。你想想，和人家争吵起来，你说人家的不是，人家反过来也会说你的不是。你骂了人家，人家同样会骂你，使父母受到侮辱，这就是不孝敬了。孝敬父母，就必须做到自尊自爱，使父母免受侮辱。这样做能说是懦弱无能吗？"那人听了很受启发，没想到人不大，想问题倒挺深刻。这些话传到了同龄人的耳里，都不再惹逗他了，而且都十分敬重他，还有人以他为榜样，不再生事端了。

贞观年间，一次，他陪着母亲到亲戚家去串门。在照顾母亲过江时，天突然刮起了大风，船失去了控制，母亲不幸掉到江里，转眼就被浊浪卷入江底。"母亲！"伴着惊慌、悔恨、痛心的呼号声，沈季铨纵身跳入江中。他奋力朝母亲游去，抱住母亲，曾几次把母亲举出江面。但终因风大、水深、浪急，没能救上来，母子一起沉入了江中。过了一天，岸上的人才发现漂浮在江面上的尸体。打捞上来时，人们发现沈季铨的双臂仍紧紧地抱着母亲的躯体，两具尸体很难分开。在当地执政的都督谢叔方看着打捞上来的尸体，十分感动。为表彰沈季铨舍身救母的品格，他令人买来棺材和祭品，岸边的父老也主动前来相助，把母子埋葬在江岸的高处，名之为"孝子坟"。

林大钦乞恩归养

林大钦（1512—1545年），字敬夫，号东莆。广东省潮州府海阳县东莆都山兜村（今潮安县金石镇仙德村）人。

林大钦天资聪敏，又勤奋好学，在潮州一带被誉为"神童"。家里没有书可读，他便设法向藏书万卷的族伯借书学习，博览诸子百家经典著作。当时，澄海县隆都陇美村的黄石庵先生曾到山兜村任教，见林大钦聪颖出众，又虚心好学，十分器重，便带林大钦回陇美村就读。

林大钦从小家境贫寒，却非常孝敬父母。十六岁时，父亲去世，家境更为困苦。为谋生计，他只好到附近塾馆任教，并经常帮人抄书以补贴家用。

成家之后，林大钦与妻子竭尽孝道，用心奉养母亲，深受邻里赞扬。

明朝嘉靖十年（1531 年）秋，林大钦得中省试举人。

次年春，林大钦上京赴考，名列榜首，得中状元，深受嘉靖皇帝器重，授职为翰林院编修。

林大钦刚任职于翰林院，就把母亲和恩师黄石庵接到京城奉养，恩师黄石庵也因此被皇帝钦赐为进士。为进一步报答师恩，林大钦请旨在陇美村建造"状元先生第"。大门石匾上镌刻"黄氏家第"，并有"门人林大钦题"的落款，门联为"状元先生第，进士世范家"，均为林大钦手笔。

林大钦母亲到京不久，便因水土不服，一病不起。林大钦遍请名医为母诊治，尽心尽力伺候照料，母亲的病情却毫无起色。

嘉靖十二年（1533 年），揭阳县进士翁万达出任广西梧州知府，常与林大钦书信往来，林大钦曾在信中对翁万达说："老母卧病，侵寻已七八月，此情如何能言？今只待秋乞归山中，侍奉慈颜，以毕吾志尔。"在《与卢文溪编修》的信中说："老母体较弱，北地风高，不可复出矣，只待乞恩归养。"

当年秋后，林大钦终于以"老母病较弱，终岁药石"为由，奏请"乞恩侍养"，被获准护送老母返回潮州。

林大钦初回潮州时，没有安居之所，经常向人借宅暂居。后来为让老母安享晚年，才为母建造府第。然而，又恐"土木之华，豪杰所耻"，再加上财力有限，导致工程迟迟没有进展。

在此期间，朝廷多次催促林大钦回朝复职，林大钦始终屡辞不就。母病数年之间，林大钦事母至孝，明朝天启年间户部侍郎林熙春对其形容说："母安则视无形，听无声，纵寒暑不辞劳瘁；母病则仰呼天，俯呼地，即神鬼亦尔悲哀。"

嘉靖十九年（1540 年），林母病逝。林大钦悲痛至极，万念俱灰，由于哀伤过度，随后一病不起。至于母亲的府第也就视为废物，半途停建。

而后数年之间，林大钦基本是在病榻上度过。他哀母的情景，林熙春形容为："母死则骨立支床，吊人殒泪；母葬而跪行却盖，观者蹙眉。"他本人在《复翁东涯》信中也说："自失承欢，忧病漂泊。杜鹃之愁，日夜转深。

望云兴悲，列鸟泪下。居则若有所望，出则惘然不知所往。”

能够感动人的孝行，绝对不是做作出来的，不是装装样子就行了。一个人的品德高低能够从生活的各个方面表现出来，哪怕是一言一行，甚至是一个眼神、一个动作，都能够成为判定一个人品质的标准。

孝治章第八

——以孝治国，远离灾祸享太平

【原文】

子曰："昔者明王之以孝治天下也，不敢遗①小国之臣，而况于公、侯、伯、子、男乎？故得万国之欢心，以事其先王。治国者②，不敢侮于鳏寡③，而况于士民乎？故得百姓之欢心，以事其先君④。治家者⑤，不敢失于臣妾⑥，而况于妻子乎？故得人之欢心，以事其亲。夫然，故生则亲安之，祭则鬼⑦享之，是以天下和平，灾害不生，祸乱不作⑧。故明王之以孝治天下也如此。《诗》云：'有觉⑨德行，四国⑩顺之。'"

【注释】

①遗：遗弃，此处指疏忽、怠慢。

②治国者：指诸侯。国：指分封的诸侯国。

③鳏（guān）：丧妻者。寡：丧夫者。泛指孤苦无依的人。

④先君：指诸侯已故的父祖。这是说百姓们都来参加对先君的祭奠典礼。

⑤家：指卿、大夫受封的采邑。治家者：指卿、大夫。

⑥失：失礼。臣妾：指家内的奴隶，男性奴隶曰臣，女性奴隶曰妾，泛指奴仆、妾婢。

⑦鬼：指去世的父母的灵魂。

⑧作：发生。

⑨觉：伟大。

⑩四国：四方之国。

【译文】

孔子说："从前，圣明的帝王以孝道治理天下，就连小国的使臣都待之以礼，不敢怠慢与疏忽，更何况是公、侯、伯、子、男五等诸侯呢？所以会得到各诸侯国臣民的欢心，愿意帮助天子奉祀先王。治理封国的诸侯，连对那些孤苦无依的鳏夫寡妇都不敢欺侮，何况是一般的士人和老百姓呢？所以会得到老百姓的欢心，使他们帮助诸侯祭祀先祖。治理自己封邑的卿大夫，即便对于臣仆婢妾也不敢失礼，治理乡邑的卿、大夫，对于服贱役的男仆女婢都不敢失礼，何况是妻子儿女呢？所以能得到众人的欢心爱戴，大家都齐心协力地帮助主人奉养他们的双亲。果能如此，才会让父母双亲在世时安乐祥和地生活，死后成为鬼神享受到后代的祭祀。因此也就能够使天下祥和太平，自然灾害不发生，人为的祸乱不会出现。所以圣明的帝王以孝道治理天下，就会出现这样的太平盛世。《诗经·大雅·仰之》中说：'天子有伟大的德行，四方之国无不仰慕归顺。'"

【简析】

本章是说明以孝治理天下的道理。治教能够成功与否，跟孝道有着很大的关系。英明的君王能以孝治理天下，则灾害不生，祸乱不作，天下太平。天子、诸侯、大夫，若能用孝道治理天下国家，那便能得到人民的欢心。能得到人民的欢心，那才是孝治的本意，也就是不敢恶于人、不敢慢于人的实在表现。

"孝治天下"，通过宣扬孝道，推行孝道，从而能够和谐民众、协和上下、和睦邦国。"孝治"的深层智慧，其关键又在于得到民心，而且得到民众的欢心。如果能够得民心，且还能得到民众的爱戴拥护的愉悦之心，这是何等的大治境界！

孝心可以治理国家吗？不用怀疑，因为它有巨大的感染力！人皆父母所生，每一个人的天性中都有无法泯灭的良知，而孝行是唤起这种良知的最大动力。以至诚的孝道来治理国家，收到的效果绝对要比冷酷的刑罚好得多。赖禄孙的孝行能够感动冷酷的强盗，更加能够感染寻常的百姓。

古人“以孝治天下”，现代也可以批判地继承借鉴这种“孝治”的历史经验与智慧。尽管孔子所说的历史背景、事物的内容都已经全部改变了，但是仍然可以抽取出其中核心的一条，那就是尊重对方、爱戴对方、关怀对方、友好对方，从而得到别人的认同。

【解读】

以孝方能治天下

《孝经》中明确提出“以孝治天下”，这显然是当时统治阶级为了巩固自己的统治地位而提出的一种治国方式，但对世人来说也不无一定的启发作用。

“以孝治天下”具体包括以下内容：

1. 孝治的地位

《孝经》把“孝”提高到与天道、地道规律相平等的地位。天有它的必然规律，地有它必然的规律，人的孝行也像天和地的规律一样也是必然的，孝顺父母是天经地义的事情。把天道、地道和人道这“三才之道”融会为一体，并按照这个规律去治理天下，天下、国家就可以得到大治。其核心是“教化”，所以，先王就用“先之以博爱”“陈之以德义”“先之以敬让”“导之以礼乐”“示之以好恶”（《三才章第七》）等道德和方式去进行教化，人民就不会遗弃自己的双亲，就能主动实行德义，就不会为了利益而争斗，人民之间就会和睦相处，也就不会违犯禁令了。在“天经地义”的基础上，教导人民孝顺父母，使之成为任何人都不能违背的道德标准。

2. 孝治的目标

“治天下”、“治国”、“治家”的最终目标是要取得诸侯各国、百姓和家人的欢心，从而使天下安定和谐。“明王以孝治天下，得万国”之欢心，他们就能来参加天子祭祀先王的典礼。这样，所有子孙便都尽到了祭祀的义务。诸侯治理自己的国家，得到百姓的欢心，百姓都会来参加诸侯祭祀其先父、先祖的活动。卿大夫治理自己的采邑，得到妻室、儿女以至妾婢和奴仆的欢心，全家人上下都会协助他事奉父母亲。这样，就能使得父母在生时过得安乐，死后得到祭祀。天子、诸侯、卿大夫都对自己的双亲尽到孝道，就会出现“天下和平，灾害不生，祸乱不作”的美好局面。

3. 孝治的方式

《孝经》中强调古代圣人治理天下，是根据人的尊崇和敬爱父母的本性去教育和引导人民的。《孝经·圣治章第九》中说：“人之行，莫大于孝。孝莫大于严父。严父莫大于配天。”“孝”这种德行是最伟大的德行，父子之间的感情是一种天然的感情。圣人应用这种天然的感情对民众进行教化，很容易取得良好的效果。儿子对父亲的顺从，也体现了君臣之间的关系。在“孝”这个伟大的德行中，尊敬父亲又是最伟大的。父亲对儿子具有君王和父亲的双重身份，在人伦关系中，没有比这个更厚重的东西。如果儿子对父亲不尊敬，则既悖德又悖礼。君子不能做“悖德”和“悖礼”的事情，要做到“言思可道，行思可乐，德义可尊，作事可法，容止可观，进退可度，以临其民”。只有“其民畏而爱之，则而像之”，才“能成其德教，而行其政令”。这就叫作“其政不严而治”，对人民的统治不需用严厉的办法，就能获得理想的效果。

古代的人民对孝道是很重视的，他们的尽孝并不局限于自己的父母，而是把这种孝敬的心推广到比较疏远的、不熟悉的人群之中去，使人人都能享受到孝心的待遇。像这样以孝德感召，使人人尽孝，在社会上形成一种良好的风气，还愁国家不强盛吗？但是，不提倡以仁孝治理天下，那爱敬之道将拘于狭隘，到时候家也不能保，国更不能治。即使科学再发达、武器再精良，也不是长治久安之道。孟子曾说：“天时不如地利，地利不如人和。”如果以孝道治理天下，先得了人和，有了人和自然会国泰民安。

孝是明理之源

《孝经》中说："士有争友，则身不离于令名；父有争子，则身不陷于不义。故当不义，则子不可以不争于父，臣不可以不争于君；故当不义，则争之。从父之令，又焉得为孝乎！"这段话的意思是：士人身边有敢于直言劝谏的朋友，那么他就能保持美好的名声；为父亲的有敢于直言力争的儿子，就能使父亲不会陷身于不义之中。因此在遇到不义之事时，如系父亲所为，做儿子的不可以不劝争力阻；如系君王所为，做臣子的不可以不直言谏争。所以对于不义之事，一定要谏争劝阻。如果只是遵从父亲的命令，又怎么称得上是孝顺呢？

可见，直言秉正是孝子必须具备的品质，无论对父母，还是对国家，都需要有这种无畏的精神。

想做一个孝子，做事情就要有原则、是非分明，在这一点上，包拯就是一个优秀的榜样，很值得我们学习。

包拯（999—1062年）之名天下闻，他曾写诗自勉："清心为治本，直道是身谋。"他一生敢于犯颜直谏，不谋私利，执法如山，铁面无私，不畏权贵，坚持为民除害，深受百姓的爱戴。

包拯很小的时候父母就去世了，他是由年长他很多岁的兄嫂养大的，所以他对兄嫂一直很孝顺。此外，包拯办案更是铁面无私、刚正不阿，备受赞誉。

话说开封城里有一条惠民河，河两岸的居民，既有平民，也有达官贵人。包拯任开封府尹的时候，天下大雨，河水泛滥，淹没了街道，许多平民无家可归。

经过调查，包拯知道河水泛滥是因为河道不通，不能排水，而这都怪贵族们在河上筑起了堤坝，将坝内的水面据为己有，和住宅连成一片，简称水上花园。要为民造福，就必须将这些堤坝挖掉，疏通惠民河。

但贵族们能答应吗？包拯画了地图，拿出有关证据，下令将所有堤坝与花园拆毁。有人自恃权大位显，告到宋仁宗那里。包拯毫不畏惧，拿出证据证明他们是非法建造水上花园。宋仁宗也只好睁一只眼闭一只眼，不能为皇亲贵戚们说话。

这样，惠民河很快被疏通。包拯不畏权势，维护百姓利益，为老百姓做了许多好事，成为历史上的名臣，人称“包青天”。

是非分明的人时刻都会坚持自己的原则，不管对方是谁，他们都能公正地对待，而不是像那些溜须拍马的人，一见了大人物就忘了自己的原则。在人格上平等才能在精神上对话，这是求真务实的人一贯尊崇的理念。

清朝名臣于成龙（1617—1684 年），素有大志，44 岁接受清廷的委任，到遥远的边荒之地广西罗城担任县令。罗城地处偏远，天朝威严鞭长莫及，因此罗城境内盗贼蜂起。于成龙到任时，罗城遍地荆棘，城中只有几户居民而已，堂堂县衙也不过三间破茅屋。于成龙只得寄居在关

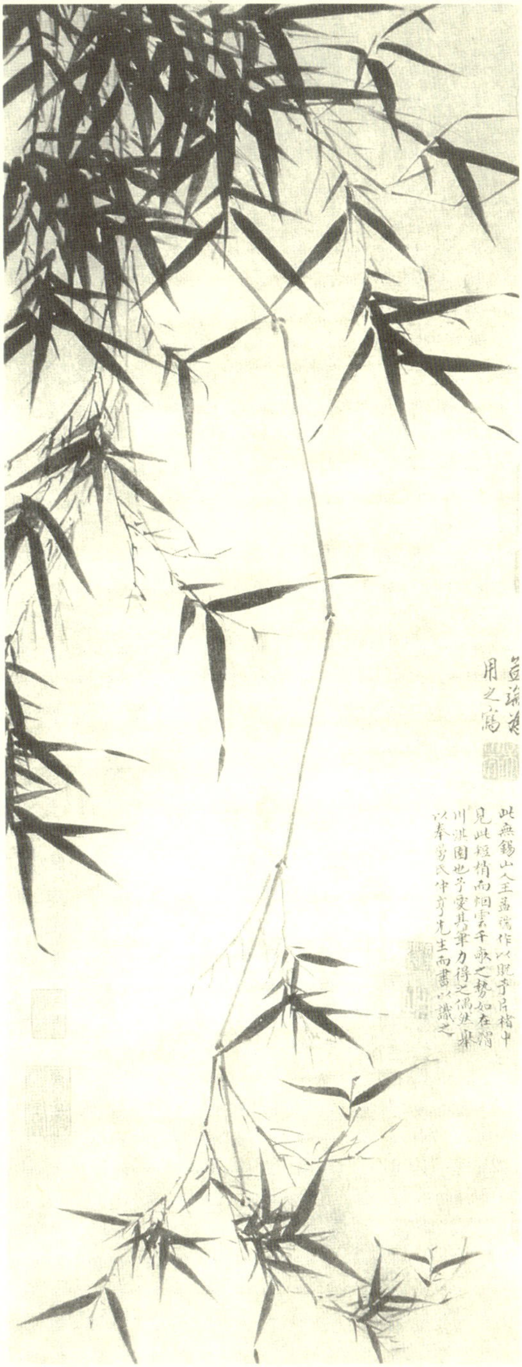

帝庙中，以荆棘做门，以土堆为案儿。后来身边的随从或死或逃，于成龙孤身一人，危机四伏，夜晚睡觉时都要头枕着刀，并在墙边放置一杆枪，用以防备盗贼。于成龙殚精竭虑，终于肃清了匪盗，数年之后，罗城大治。

于成龙在罗城的生活异常清苦，每天只吃两顿甚至是一顿，生性嗜酒的于成龙夜里用四钱沽酒一壶，却没有下酒菜，于是边饮酒边读唐诗，每至痛哭流涕，不知道喝下的是泪还是酒。有时候酒瘾作祟，经常接济穷苦百姓的于成龙无钱买酒，只好将清水倒入酒壶，喝着略带酒味的清水来解解酒瘾。

一年，于成龙的儿子从远在千里之外的山西来到罗城探望父亲，告知祖母病重，要父亲告假回乡探母。儿子从家乡带来了一只腊鸭，给父亲下酒，时值中秋，父子二人没钱买菜，于是将那只腊鸭割下半只，草草过了中秋节。节后，于成龙请假获准，于是父子上路回家，但是盘缠不够，路上吃饭没钱买菜，于是又将另外半只腊鸭当菜。此事传回罗城，当地百姓深受感动，并称之为“半鸭知县”。

康熙六年（1667 年），政绩卓著的于成龙被两广总督金光祖举荐为“卓异”，之后被擢升为四川合州（今四川合川市）知州。在离开罗城时，于成龙竟然连赴任的路费都没有。当地百姓齐来路上送别父母官，百姓呼号：“现在您要走了，我们再无天日了。”追送数十里，然后才哭着回来，场景十分感人。

在合州任职的两年间，于成龙招民开垦荒地，政绩显著，于康熙八年（1669 年）被擢升为湖广黄州府同知。在黄州的四年间，于成龙政绩突出，再次被举为“卓异”。

之后，于成龙又升任湖广下江陆道道员。在此期间，各种条件都得到了提升，但是于成龙清苦节俭的作风不减当年。在灾荒岁月，于成龙以糠代粮，把节省下的口粮和俸禄全部用来救济灾民，他甚至把身边仅剩的一匹代步的骡子也卖了，将所得的十余两银子，在一日之内施舍给了灾民。因之百姓在歌谣中唱道：“要得清廉分数足，唯学于公食糠粥。”

康熙十七年（1678 年），于成龙升任福建按察使。离开湖北时，依然只有简单的一个行囊和两袖清风，赴任途中只以萝卜充饥。康熙十八年（1679

年），于成龙第三次被举荐为“卓异”，升任省布政使。福建巡抚吴光祚还专疏向朝廷举荐于成龙，称其为“闽省廉能第一”。此后，于成龙得到康熙帝破格招用。康熙十九年（1680年），康熙帝“特简”于成龙为畿辅直隶巡抚。第二年，康熙帝召见于成龙，当面褒赞他为“今时清官第一”，并“制诗一章”表赐白银、御马以“嘉其廉能”。

两年之后，于成龙被擢升为总制两江总督。据载，当他出任两江总督的消息传出后，南京布价骤然上涨，南京全城百姓全部换上布衣，士大夫则减少奴仆，全城一改奢靡景象。

于成龙仕宦20余年，历任知县、知州、知府、道员、按察使、布政使、巡抚和总督、加兵部尚书、大学士等职。尽管他的官阶越做越大，他的生活作风却越加清廉俭朴。在直隶做巡抚时，于成龙用屑糠杂米做粥，与奴仆同食；在江南做总督时，每日粗茶淡饭。只以青菜下饭，终年不知肉味，因此被江南百姓称为“于青菜”。总督衙门的官吏在于成龙的约束下，也难以吃到蔬菜，于是把衙门后槐树上的叶子采来生吃，槐树因此变秃。

于成龙天南地北为官20余年，只身天涯，从来不携带家眷。在老家的结发妻子，与之阔别20余年后才得以相见。于成龙清廉俭朴的节操为世人敬重，逝世时，其家中除了冷落的菜羹和破旧简单的衣物，此外一无所有。于成龙逝世后，南京城内的百姓，无论男女老少皆痛哭流涕，并为之罢市。每日手持香火去拜祭于成龙的百姓多达数万，贩夫走卒、和尚道士也为之伏地而哭。

为了表彰其清苦廉洁的一生，康熙帝破例亲笔为于成龙撰写碑文，赞之为“天下廉吏第一”。

廉洁作为一种道德标准，价值取向，始终在社会中占据着主导地位，从古至今，但凡清廉的人都能得到人们的尊敬。因为他们常常以身作责，清廉在世，所以才会有天下太平之盛世。

有人说，孝顺只要孝顺父母就行了，不需要是非分明。然而，如果没有这种品质，那么孝从何来呢？是非分明是明辨是非的能力，如果我们不具备这些能力，那么就会有愚孝、不正当的行孝等行为。所以，作为孝子，我们应该具备有明辨是非的能力。

【典例】

大禹十三年未入家门

尧在位的时候，黄河流域发生了很大的水灾，庄稼被淹，房子被毁，老百姓只好往高处搬。尧召开部落联盟会议，商量治水的问题。他征求四方部落首领的意见：派谁去治理洪水呢？首领们都推荐鲧。

尧对鲧不大信任，首领们说："现在没有比鲧更强的人才了，你试一下吧！"尧才勉强同意。鲧花了九年时间治水，没有把洪水制服。因为他只懂得水来土掩、造堤筑坝，结果洪水冲塌了堤坝，水灾反而闹得更凶了。

舜接替尧当部落联盟首领以后，亲自到治水的地方去考察。他发现鲧办事不力，就把鲧杀了，然后又让鲧的儿子禹去治水。

禹新婚不久，为了治水，到处奔波。他吸取了父亲的经验教训，采取了疏导的办法，带领百姓开渠排水，疏通江河，兴修水利，灌溉农田。

传说禹在治水的十三年当中，三次经过自己的家门，都没有进去。第一次，妻子生了病，他没进家去看望。第二次，妻子怀孕了，他没进家去看望。第三次，他妻子涂山氏生下了儿子启，婴儿正在哇哇地哭，禹在门外经过，听见哭声，仍然没有进去探望。

他一直想着老百姓仍在遭受洪水的祸害，庄稼被淹，房子被毁，于是，三次经过家门都顾不上进去探望家人。他和老百姓一起劳动，戴着箬帽，带头挖土、挑土，累得磨光了小腿上的毛。经过十三年的努力，禹终于治好了水患，把洪水引到大海里去，地面上又可以供人种庄稼了。

舜年老以后，也像尧一样，物色部落联盟首领。大禹因为治水有功，就被舜选定为自己的继承人。舜死后，大禹继任了部落联盟的首领，在他的治理下，部落和平，九州安定。

大禹率领民众与洪水作斗争，最终获得了胜利。他“三过家门而不入”的事迹更是其忧民、为了大家不顾小家的最好体现。

国孝就是对国家有一颗崇高的责任心，人们从来不会指望一个游手好闲、没有责任感的人能够成为国家栋梁。只有在真正懂得了责任的意义和内涵，并为国付诸行动时，才真正诠释了国孝。

刘邦治天下从孝道开始

刘邦（公元前256—公元前195年）是西汉的开国皇帝，他马上得天下以后，就有点得意忘形了。这时，有一个臣子上奏说，马上得天下，却不能在马上治理天下。刘邦听闻后，结合秦朝暴政亡天下的道理，反其道而行之，开始推行孝道来治理天下，并且自己率先树立了典型，尊奉父亲为太上皇。

刘邦的父亲虽然被奉为太上皇，住进了皇宫，但却“时凄怆不乐”。刘邦问左右此中的缘故。左右答道：“因为太公平生所喜好的都是‘屠贩少年，沽酒卖饼，斗鸡蹴鞠，以此为乐’，如今这些却都没有了，因此闷闷不乐。”于是，刘邦就兴建丰地。建好以后把太公原来结交的那些老朋友都接过来住在那里，太公这才高兴了。

刘邦还每五天就去朝见一次自己的父亲——太公，行礼还是和普通人家的父子一样。太公的管家劝太公说：“您不应该让君主来拜见臣子。”以后高祖刘邦再来时，他的父亲——太公就提前抱着扫帚，扫干净门口的路面，一见到刘邦到来，就倒退着来迎接刘邦。刘邦见状大惊，忙下车扶起太公，追问究竟。太公说："帝，人主也，奈何以我乱天下法！"于是，刘邦便下诏："人之至亲，莫亲于父子。故父有天下，传归于子；子有天下，尊归于父，此人道之极也。"

后来，未央宫落成，刘邦置酒庆祝，还捧起玉杯为父亲"太上皇寿"。太上皇在栎阳宫逝世，刘邦还因此赦免了栎阳的囚徒，并把郦邑的名称改为新丰。

刘邦推行的孝治政策，对汉初社会关系的稳定、促进经济发展起到了一定的作用，刘邦之后的子孙也悟出其中的道理，很会用孝来治理天下。汉武帝时，开始举孝廉，把孝治进一步地推广开来，使得刘汉的天下变得更加巩固。这些做法还被后来的朝代所模仿，如：隋文帝曾下诏说"孝悌有闻，人伦之本；德行敦厚，立身之基"；唐代从高祖李渊开始就宣扬孝道；宋太祖赵匡胤在征战之中，也不忘召见太原孝子刘孝忠；明代的朱元璋称《孝经》是"孔子明帝王治天下之大经大法，以垂万世"……几乎汉朝以后的每个朝代都推行了以孝治国的政策。

汪廷美因赦减租

汪廷美，宋朝婺源（今江西省婺源县）人。

汪廷美是一个老实厚道的人，对父母孝顺有加，和族人相处得也非常融洽。他们族人一共二百多人，一起生活了数十年，关系都非常和睦。每天早上晚上吃饭的时候，如果有的族人没能按时前来，其他的族人也都不会先吃，而是一起等他来了之后一块享用。

汪廷美生活节俭，为人朴实不慕虚荣。他常穿粗布衣服，没有祭祀活动是不吃肉的；为亲人办丧事时，他遵守丧礼，竭尽哀痛，也拒绝见客；每当祖父的忌日，他都不出家门，在屋里斋戒纪念祖父。后来朝廷减了老百姓十分之二的赋税，他也随即减去佃户十分之二的地租。村里有人把他们家的鹅偷走了，他问那个人为什么要偷，那人说是夏天快到了，要用鹅来祭祀祖先。他听后，认为此人很有孝心，不但没有把鹅要回来，而且还送给他很多美酒。后辈人犯了什么错误，他不会打骂教训，而是耐心地给他们讲古今做人的道理，启发他们自己醒悟过来。

或许，汪廷美以爱己之心爱人的行为，不是源于他从小的孝行。但是孝行对他做人做事的重要影响却不可小觑。同时，族人间融洽的人际关系，也是他孝行产生必不可少的因素。

“孝子皇帝”朱元璋

朱元璋（1328—1398 年），明朝开国皇帝。原名重八，后取名兴宗。汉族，濠州钟离人。25 岁时参加郭子兴领导的红巾军反抗元朝暴政，元至正二十一年（1361 年）受封吴国公，十年后自称吴王。元至正二十八年（1368 年）于南京称帝，国号大明，年号洪武，建立了全国统一的封建政权。朱元璋统治时期被称为“洪武之治”。

朱元璋是中国历史上以农民出身登上大宝的位数不多的几位皇帝之一。朱元璋在孝道上做得的确还是非常不错的。这主要体现在他对朱家先人陵寝的建造和对孝道的推崇。朱元璋的孝道观不仅对明清两代颇有影响，就是在今天也还有积极的认识作用、社会价值和研究价值。

朱元璋对于真正的孝子是很爱护的，也是很重用的。当时，推荐人才讲孝道，科举考试讲孝道，官员选拔讲孝道。因此，“由布衣而登大僚者不可胜数”。朱元璋重孝道，甚至重到了孝道可以屈法的程度。在明人余继登辑录的《皇明典故纪闻》卷三中有这样一段记载：

“山阳民有父得罪当杖，而子请代者，太祖谓刑官曰：‘父子之亲，天性也。然不亲不逊之徒，亲遭患难，有坐视而不顾者。今此人以身代父，出于至情，朕为孝子屈法，以劝励天下。’其释之。”

这位山阳民所犯何罪？书中没说明。既然只是“当杖”，显然还不是死罪。孝子请代父受罚，他就以孝屈法，免了杖责，释放归家。其目的是倡导“父子之亲”的“天性”，教育世上那些亲遭患难坐视不管之徒。

朱元璋曾经啮指滴血，寻找母亲指骨。他登基以前自称“孝子皇帝臣元璋”。他称帝以后于洪武三年（1370 年）九月诣太庙时，则自称“孝子皇帝”。他命令在乾清宫左边建奉先殿，供奉四代神位衣冠，每天焚香，初一、十五及节日、生日、忌日等都前往祭祀。

朱元璋登基的第二年，就下诏书，规定皇帝只能够称为孝子，至于皇太子要称为孝元孙皇帝或孝曾孙嗣皇帝。朱元璋每年都要参加主持太庙的祭祀活动，有一次，朱元璋不能自持，在大臣面前流下了眼泪，参与祭祀活动的其他大臣受到感染，也不自觉地流下了眼泪。朱元璋为了教育子孙，便叫人绘制了《孝行图》，让子孙朝夕观览，牢记前辈的孝思孝行。

朱元璋讲孝，竟至于把两千多年来的丧礼给修改了。洪武七年（1374 年），朱元璋的妃子成穆贵妃孙氏去世，死时年仅 32 岁，无子。按照《礼仪》的规定，孝子的父亲若是还活着，孝子只能够为母亲服丧而不能够为庶母服丧。依照这个规定，穆贵妃就没有孝子为她服丧。朱元璋认为这个规定不合理，就叫来太子师傅宋濂在历史上去找依据。宋濂不愧学富五车，他很快就在历史资料中找到二十四个孝子自愿为庶母服丧的例子。

明律规定："若祖父母、父母为人所杀，而子孙擅杀行凶者，杖六十。"对"即时杀死人者，勿论"。而对于不属于"即时"杀死仇人的情况，如子孙不告官杀死在逃的仇人，杖六十；凶犯遇赦或减等发配后，子孙擅杀的，杖一百，流三千里；对于凶犯遇赦后回籍，子孙复仇杀害的，"入缓决永远监禁"。

基于"为治之要，教化为先"的治国理念，朱元璋将灌输孔孟的仁义道德作为教化的核心。因而，作为中国古代宗法社会所滋生的一切伦理道德中最基本、最重要的德目之一的孝文化，自然成为其教化的重点。

正因为朱元璋如此重孝道，故于洪武三十一年（1398 年）闰五月驾崩后，安葬于孝陵，谥号高皇帝，庙号太祖。永乐元年（1403 年）六月，谥"神圣文武钦明启运俊德成功统天大孝高皇帝"。朱元璋虽然没有像唐明皇和清顺治帝那样亲注《孝经》，但他是用他自己的孝心、孝行、孝道观而成为封建帝王重孝道的杰出代表从而名垂青史。

另外，朱元璋推崇孝道，颁布《慈孝录》，注重推举孝廉制度，甚至其遗诏也依然念念不忘阐发孝道。在朱元璋的首倡下，对孝道的褒扬一直伴随至明王朝统治的终结。

朱元璋还提出臣民行孝的行为规范：孝顺父母，恭敬长上，和睦乡里，教训子孙，各安生理，无作非为。这一行孝"圣谕六言"随后便颁令全国实施。

在南京有一座明孝陵，据说马皇后死后，谥号"孝慈"，葬于此，故叫"孝陵"。但是也有专家根据朱元璋推崇"以孝治天下"，认为孝陵的孝来源于此。孝陵也是明朝崇尚"孝道"的一个缩影。

许国佐忠国孝母

许国佐（1605—1646年），字钦翼，号班王、旧庵，自署百花堂主，广东省潮州府揭阳县在城（今榕城）人。许国佐性格豪爽，天资聪敏，酷爱诗酒，侍奉双亲至孝。

明朝天启七年（1627年），许国佐省试考中举人。崇祯四年（1631年），许国佐荣登进士，选授四川叙州府富顺县县令。

任职期间，许国佐千方百计兴利除弊，广施善政，尊重乡贤，体恤民情，一设议局、均税赋、废奴制、严惩横行霸道之土豪劣绅，百姓大为赞颂，也使邻县相互仿效。一时间，轰动巴中、巴西、川南等地区。由此也就得罪了不少祸害地方之权贵，他们便暗中勾结，买通了川军提督洪文峰、巡抚牛兆山，捏造“私调兵马剿山灭寨，草菅地方烧杀无度和撰题反联、欺君罔上”等罪名，将许国佐革职查办，囚禁天牢。

后来，幸得朝中诸多知情的忠良和川南百姓极力为国佐申诉辩诬，两年之后，冤案终于澄清昭雪。朝廷便将这位公正廉明、抗暴治县的许国佐调任贵州省遵义县县令。

在此期间，正值朱明王朝阶级矛盾和民族矛盾激化、江山摇摇欲坠之时，关外满清皇太极和多尔衮统帅十五万满、蒙大军再度扑向山海关，试图破关之后攻取北京；李自成等十三家农民军蜂起于四川、陕西、河南各省，到处攻城略地；朝内百官又结党营私，明争暗斗，狱中人满为患；崇祯皇帝刚愎自用，处处疑忌，滥杀功臣良将；满朝文武百官人人自危，忠良之士纷纷隐退……

值此多事之秋，崇祯十年（1637年）春，皇帝急召政绩卓著的许国佐入京，升任兵部主事，协同刚从狱中释放的兵部尚书傅宗龙统领边军三十万，开赴燕山御敌。

许国佐建议从战略上倚仗险要地势，利用敌军常胜的骄气，从战术上采取“据险设伏，诱敌人网，施行火攻，分割围歼”，傅尚书依计而行。结果，几经激战，竟用五万边军就大破强敌十五万精悍之兵，使敌兵伤亡过半，大败退回了辽东。而后，许久未敢轻举妄动。

燕山大捷，皇帝大喜，升许国佐为兵部员外郎，兼督九江饷务。

就在许国佐为国家力挽狂澜之时，突然接到一封家书，告知父亲许有丰身患重病，卧床不起。许国佐顿时放声大哭，哭毕之后他踌躇了：论忠，他必须为国而死；论孝，他必须请假而归。倘若不归而父死则极为不孝，不孝之臣则天下切齿，何以辅助朝政？在他万般苦请之下，崇祯皇帝终于恩准他回乡尽孝，命其尽孝之后即速回朝辅政。

崇祯十七年（1164 年）三月十八日，甲申国变，李自成攻陷北京，崇祯皇帝自杀。国佐在家闻讯，即刻昏厥过去，醒来失声痛哭。于是便披麻戴孝，光着脚板率领知县吴煌甲及一众官吏，跪哭于揭阳孔庙。其后，他带头在县衙为崇祯设灵祭奠，持续七七四十九天，竟瘦了十多斤。

此时，明室旧臣马士英等拥立福王朱崧在南京即位，意图复国，召许国佐到南京复职勤王。许国佐因父亲病重侍奉汤药而未能赴任。次年，清兵攻破南京，杀害了福王。明室遗臣黄道周、郑芝龙等又拥立唐王朱聿键在福州即位，诏令许国佐复职兵部侍郎，速到福建辅政。此时，恰逢父亲去世又未能成行。等到许父安葬之后，闽粤到处已经兵荒马乱，道路不通，无法赴任。

清朝顺治二年（1645 年）六月九日，揭阳县龙尾乡石坑村武生刘公显，因官场失意，便聚众造反，自称“大明镇国大将军领九天都督”；召集江西流民首领曾诠、福建流民帮丰马麟等人马，号称“九军十八将”，先后攻占揭阳城外各处乡寨。

次年初秋，九军设计占领了揭阳城，捕杀了知县谢嘉宾、都司黄梦选，推官刑之桂等官吏七十八人，只留下许国佐之母余氏老夫人作为人质，谦恭礼待，用车马送往桃山都九军大营，以此胁逼许国佐入伙。此时，许国佐正和罗万杰在潮州府衙与潮惠巡抚程峋等人策划募兵勤王，抵御清兵，护卫福建小朝廷；另一方面对揭阳九军施行剿抚之事。许国佐闻知母亲被扣，立刻辞别众官，飞身上马，快马加鞭，直奔揭阳，准备强行救母，事若不成则宁死不从。

刘公显得知许国佐到来立刻恭身出迎，厚礼相待，百般劝其归顺，共举反旗，国佐誓死不屈。刘公显深知国佐乃辅国贤臣，忠孝驰名江南。若欲号令百粤，非此人莫属，便把国佐囚禁起来，厚礼款待，意图慢慢瓦解他的意志。后来，揭阳百姓聚众密谋劫狱救出国佐，不料计策被九军密探侦破。于是刘公显先将国佐杀害，国佐被害时年仅四十二岁。

许国佐一心为国，同时也不忘尽孝双亲，其感人事迹一直激励着后人。

圣治章第九

——圣人治国，以孝化民政令通

【原文】

曾子曰："敢[①]问圣人之德，无以加于孝乎？"

子曰："天地之性[②]，人为贵；人之行，莫大于孝，孝莫大于严[③]父。严父莫大于配天[④]，则周公其人也。昔者，周公郊祀[⑤]后稷以配天，宗祀文王于明堂[⑥]以配上帝。是以四海之内，各以其职来祭。夫圣人之德，又何以加于孝乎？故亲生之膝下[⑦]，以养父母日严。圣人因严以教敬，因亲以教爱。圣人之教，不肃而成，其政不严而治，其所因者本也。父子之道，天性也，君臣之义也。父母生之，续[⑧]莫大焉。君亲[⑨]临之，厚莫重焉。故不爱其亲而爱他人者，谓之悖德；不敬其亲而敬他人者，谓之悖礼。以顺则逆，民无则焉。不在于善，而皆在于凶德[⑩]，虽得之，君子不贵[⑪]也。君子则不然，言思可道，行思可乐，德义可尊，作事可法，容止可观，进退可度，以临[⑫]其民；是以其民畏而爱之，则而象之[⑬]；故能成其德教，而行其政令。《诗》云：'淑人[⑭]君子，其仪不忒[⑮]。'"

【注释】

①敢：谦辞，冒昧之意。

②性：指万物得诸自然的禀赋。

③严：尊敬。

④配天：祭天时以祖先配享。配：配享，以他神附于主神一同祭祀。

⑤郊祀：古时帝王于冬至之日在都城南方郊外祭天。

⑥宗祀：祭祀祖宗。明堂：天子的太庙，也是宣布政教的地方。

⑦膝下，指父母身边。

⑧续：指传宗接代。

⑨君亲：指君臣之义、父子之亲。

⑩凶德：指不爱敬其亲而爱敬他人之亲。

⑪贵：重视。

⑫临：治理。

⑬则而象之：取法而仿效。象：仿效。

⑭淑人：善良的人。

⑮仪：仪态。忒：差错。

【译文】

曾子说："我很冒昧地请教老师，圣人的德行，没有比孝道更大的了吗？"

孔子说："天地万物的本性，以人所禀受的最为尊贵。人的行为，没有比孝道更为重大的了。在孝道之中，没有比敬重父亲更重要的了。敬重父亲，没有比天子在祭天的时候，将祖先配祀天帝更为重大的了，这一点只有周公做到了。当初，周公在郊外祭天的时候，把成王始祖后稷配祀天帝；在明堂祭祀，又将成王的父亲文王配祀天帝。因为他这样做，因此天下的诸侯依各人的职位，前来协助他的祭祀活动。可见圣人的德行，又有什么能超出孝道之上呢？所以为人子者，对于父母的敬爱，在年幼相依父母亲膝下时就产生了，待到逐渐长大成人，则一天比一天懂得了对父母尊敬的道理。圣人就是依据这种子女对父母尊敬的天性，教导人们对父母孝敬；又因为子女对父母天生的亲情，教导他们爱的道理。圣人的教化之所以不必严厉地推行就可以成功，圣人对国家的管理不必施以严厉粗暴的方式就可以治理好，这都是因为圣人所凭借的是最根本的孝道。父亲与儿子的亲恩之情，乃是出于人类天生的本性，也体现了君主与臣属之间的义理关系。父母生下儿女以传宗接代，没有比这更为重要的了。父亲对于子女又犹如尊严的君王，又是慈爱的亲人，没有比这样的恩爱更厚重的了。所以那种不敬爱自己的父母却去爱敬别人父母的行为，叫作违背仁德；不尊敬自己的父母而尊敬别人父母的行为，叫作违背礼法。君王如果不顺从人类的天性，敬爱父母，竟然违逆天意，使得民众无从取法。不由善行，而由凶德所得到的崇高地位，君子并不重视。君子的作为则不是这样，说话必须考虑到要让人们所称道奉行，做事必须想到可以给人们带来欢乐，立德行义可使人民尊敬，所作所为使民众效法，容貌仪表可使人民仰望，进退举止可做人民榜样。从以上各方面来治理人民，所以民众敬畏而爱戴他，仿效而取法之。所以君子能够成就其德治教化，顺利地推行其法规、命令。《诗经·曹风·鸤鸠》中说：‘善人君子，其仪态端正而没有差错。’”

【简析】

本章进一步说明圣人以孝治天下的道理。圣人之治天下，以出自人类天性的孝道感化民众，所以德教能够成功，政令能够顺利推行。孝治主德，圣治主威，德威并重，方成圣治。

孔子认为，人是天地万物之中最尊贵的，但“人之行，莫大于孝”，孝的教化是治理社会、国家的一个重要的方面。社会上人虽有高下不等，但是人人都应该行孝，不可“悖德”、“悖礼”。孝道不仅要从自我做起，更要管理者做出表率，然后上行下效，形成风气，达到一种“不肃而成”、“不严而治”的理想境界。

【解读】

尽孝八道

“孝”的本意是“善事父母”。“事”的内容是全方位的，包含从养到葬、从精神到物质的各个方面。

1. 对待父母要有敬爱之心

儒家倡导对父母首先要“敬”，所谓“事之以礼”。礼的核心便是“敬”，要尊敬父母。父母年轻时，含辛茹苦把儿女们抚养成人；年老体衰了，他们不求有太多物质享受，只求儿女们有一颗孝敬的心，能够愉快地安度晚年。

“敬”和“爱”是联系在一起的，要尊敬父母，最重要的是要爱父母，要发自内心的真诚的爱。对待父母时时都应该以和颜悦色的态度，不能以生硬的方式对父母说话；更不能大声地训斥父母，使他们保持精神上的愉悦。

2．日常奉养要保证充足

奉养父母是做儿女的重要义务。所谓“养”，就是要保证父母的物质生存条件，使他们饿不着冻不着。有条件的儿女要使父母的物质生活过得更好一些，使父母所需的物质得到满足。

3．父母生病要精心照顾

父母生病了，要及时为父母治病；要精心的熬药、喂药；熬的汤药和送药丸的水，一定要亲口尝一尝，看温度是否合适，以免烫伤父母。父母重病的时候，除非极为特殊的情况之外，儿女们一定要随时守候在父母的身旁，多给父母一些精神上的关怀。

4．要继承父辈大志

子承父志，是中华民族的文化传统，也是儒家提倡的孝的内容之一。陆游的《示儿诗》中写道：“王师北定中原日，家祭无忘告乃翁。”陆游希望他的后人一定实现国家的统一，这种充满高度爱国热情的父志，是完全应该继承的。父母未完成的事业，需要儿女们去完成，这是儿女们不能推卸的责任。一般来说，这样的“父志”往往都是大事情，是大有利于国家的事业。

5．建功立业光耀门庭

《孝经》中云：“立身行道，扬名于后世，孝之终也。”要想成就一番事业，首先要立志，要有自己的理想，要为理想而不断地、勤奋地学习各种知识和本领；要磨炼自己的意志，要有百折不挠的精神；要爱护好自己的身体，使之保持健康，这是造就一番事业的基本条件。儿女有了事业上的成就，父母会感到高兴，感到光荣，感到自豪。凡为国家民族建了功、立了业的人，给父母带来了荣耀，这也就是对父母最大的孝。古人说的人生“三不朽”，即“立德，立功，立言”，也应该是我们当代人的价值追求，也是对父母应该奉行的孝道。

6. 父母有错要勇于谏诤

孔子主张子女要顺从父母，但不是绝对的服从，父母有过错还得要谏诤。如果父母做了不道德的事情、犯法的事情或者与常理相背谬的事情，一定要进行劝谏，劝其改正；否则，无原则的顺从使父母陷于不义或违法的境地，就是不孝。

7. 父母亡故要妥为安葬

汉民族多实行土葬，叫作入土为安。通过一定方式把亲人安葬起来，是人类良知、理性的表现。因此，送葬是十分必要的。古代，整个送葬过程伴随着严格的礼制与仪式，做子女的都要严格遵守。将亲人的遗体火化后存入塔陵或埋入公墓，是现代文明的安葬方式。

8. 祭祀追念不可少

儒家强调，对父母的孝顺还要“祭之以礼”，而“祭则观其敬而时也”。祭祀父母关键是要“崇敬”和“守时”，其核心是要以崇敬的态度时时记住父母和祖先。追念父母和祖先，其形式就是祭祀。儒家强调追念父母、祖先，就是不要忘记他们。如今那种烦琐的祭祀仪式以及带有迷信色彩的祭祀活动已经不宜提倡，可采取适当的文明方式追念父母和亲人。

9. 最早为孝子立传的正史

中国古代正史中最早专门记载孝子、孝义的大概应属于《后汉书》，作者是南朝刘宋时期的范晔（396—445 年）。

书中虽然没有直接采用《孝子传》这一名称，但是三十九卷的《刘赵淳于江刘周赵列传》中所涉及的人物均为孝子。这一卷专门记载了许多以孝子、孝义而有名声的人物，如毛义、薛包、刘平、王望、王扶、赵孝、王琳、淳于恭、江革、刘般、刘恺、周磐、蔡顺、赵咨等。

我们可以从书中记录的孝子情况，了解当时重孝的社会风气。

汉安帝（107—125 年在位）时期，汝南有一个叫薛包的人，好学笃行，以至孝而有名。其母早丧，父亲娶了后妻以后，开始厌恶薛包，逼他分家而居。薛包日夜号泣，不愿离开，以至于被其父殴打。不得已，薛包就在老宅外搭建了一间小屋住下。他每天早上仍到父亲院中洒扫，其父又发怒驱赶他。于是他只好在远一点的乡里之门处搭建了一间小屋住下，但从不忘记早晚去父亲那里问安。这样过了一年多，父亲和继母自己都感到十分羞愧，就让他搬回来居住。后来父亲和继母相继过世，薛包为之守丧六年。

不久弟弟要求和他分家，薛包劝止不住，只好答应了他。分人的时候，薛包专门要那些年老的奴婢，说："这些人与我在一起的时间长，而你使唤不了。"分田地房产时，他又专门要那些荒废破旧的，说："这些都是我年轻时经营过的，对它们有感情。"分器物家具的时候，他又专门要那些破旧损坏的，说："这些是我一向所使用的，已经用惯了。"后来他的弟弟数次家产破败，每次薛包都加以救济。

汉安帝建光年间，公车官署特地征用薛包，官拜侍中。但薛包生性恬淡，不愿做官，遂称病宁死不去。于是朝廷下诏，优准他保留官职而告归养病。

薛包所为，让我们看到了一个实实在在的孝子形象。他的孝行，不仅在父母的生前表现出来，在父母的死后依旧表现出来，在兄弟分家的时候再次表现出来。另一方面，足见汉代统治者对孝子非常重视，对其加以提拔，委任官职，甚至为成全孝子的心志而予以优待。这种做法，对营造和谐的社会风气大有裨益。

【典例】

赵娥手刃杀父仇人

赵娥，东汉酒泉郡禄福县（今甘肃肃州）人。赵娥的生活十分不幸，生下儿子没多久丈夫就因病去世了，赵娥只好独自承担起抚养儿子的重任。不久，赵娥的父亲也被同县豪强李寿所杀，而赵娥的三个弟弟又相继不幸死于瘟疫。李寿得知后，高兴地对众人说："赵家强壮的人全死光了，只剩下一个女人，我还会怕她来复仇吗?"赵娥听此狂言，悲愤交加，发誓道："我一定要亲手杀了李寿!"赵娥经常在夜间磨刀，扼腕切齿，悲涕长叹。

李寿从此更加飞扬跋扈，整天骑马带刀，众人都躲着他走，但其对安全问题也没敢掉以轻心，防卫很是森严。一天早晨，赵娥跟踪李寿到了都亭前，跳下驴车，上前抓住李寿的马头，大声叱骂。李寿十分害怕，慌忙掉转马头逃跑。赵娥哪肯放过，挥刀奋力朝李寿砍去。这时马因为受到惊吓，连蹦带跳，将李寿摔倒在路边的泥沟里。赵娥赶上前去，再次用力砍去。因用力过猛，刀砍到了树干上，但李寿也受了伤。李寿挥刀抵挡，赵娥随即挺身奋起，以左手抵住他的额头，右手卡住他的喉咙，直到李寿断气。赵娥用李寿的刀割下李寿的头颅，主动到官府自首。

当时的禄福县长官尹嘉，不忍心给赵娥定罪，就主动辞去了官职，没有受理此案。继续受理此案的官员也没有定她的罪，而且想私自放走她。赵娥却视死如归，坚决不做贪生怕死之人。恰好此时朝廷大赦，赵娥便被名正言顺地放回家中。后来，凉州刺史周洪、酒泉太守刘班等人一起向朝廷上书禀奏赵娥的书烈行为，朝廷下令为其刻石立碑予以表彰。

赵娥的确是一位刚烈的女子，她不顾自己的安危，一心为父报仇，报仇后又主动承担后果，不逃避罪责。虽然赵娥这种过激的行为于国法不容，却是情有可原，所以受理此案的官员才都不愿意治她的罪。朝廷大赦天下表现的是一种宽容，也是为了给犯错的人一次机会，体现的是一种恩威并施的统治手段。

孙棘兄弟争相受罚

在中国，孝悌是不分家的，孝道并不仅仅止于孝敬父母，还包括兄友弟恭，兄弟间的相互扶持也是孝的一个组成部分。

孙棘，南朝宋武帝大明年间人。当时，朝廷征召壮丁到边疆戍边。孙棘的弟弟孙萨应征去参军，但是却没有如期到达。根据当时的军法，他要被判入狱。孙棘的妻子许氏对丈夫说："你身为一家之主，怎么能看着自己的亲弟弟受罪呢？婆婆临终时再三嘱咐，要你照顾好弟弟。可是现在他还未娶妻成家，却进了监狱。你赶快想想办法吧。"

于是，孙棘便来到郡里，向郡守表明，弟弟之所以会误了军期，全是因为他这个做哥哥没有做好，如今愿意代替孙萨受刑。孙萨从三岁起就和哥哥相依为命，一直蒙受哥哥照顾，因此对哥哥深怀感恩之心，当然不愿意让哥哥为自己受苦，便说犯法的人是自己，自己遭受刑罚理所应当，不应当怪罪哥哥。就这样，兄弟俩相持不下。

当时的太守张岱，一开始怀疑他们两兄弟不是真心的，便将孙棘和孙萨分开拘押，分别单独审讯，结果他们俩的态度还是那样坚决。当审讯哥哥孙棘时，主审人故意说："已经问好你弟弟了，他同意你替他受刑。"孙棘听后，感到很欣慰，甘愿替弟弟受罚。当问到弟弟孙萨时，弟弟也表示自己甘愿受罚，不要连累哥哥。审讯的官吏回报张岱说："准许他们请求的时候，他们都是一副同样的表情，足以证明他们都心甘情愿为对方受罚！"

于是，太守张岱写表章将此事禀告朝廷，皇上下诏说："孙棘和孙萨是普通老百姓，但却有如此高尚的品行，所以应该宽大处理。"最后特别赦免了他们。

故事的结局自然是皆大欢喜。可见，当时的统治者是提倡这种孝悌行为的。如果面对这样的孝悌行为仍然不通人情，这样的统治者自然无法得到百姓的爱戴。一个国家如果没有了温情，自然也就没有了生机，所以明智的统治者都能把握恩威并重的分寸。

杨成章半钱寻母

杨成章，明朝湖南道州人。父亲杨泰是浙江长亭巡检，因妻子何氏没有孩子，所以纳丁氏女为妾，并生下了杨成章。

杨成章四岁的时候，父亲杨泰就去世了。丁氏的父亲把小成章交给何氏，带走了女儿丁氏。丁氏走之前把一枚银钱一分为二，自己和何氏一人留一半，请求何氏等小成章长大之后交给他。

十年后，何氏不幸染上重病，临死前，她把半枚钱的来历告诉了杨成章，并将钱交给了他。杨成章含泪接过那半枚银钱。

长大成人后，杨成章婚后刚满一个月，他就拿着那半个银钱到浙江去寻找生母丁氏。

这时，生母丁氏已经改嫁到了东阳郭家，并生有一子郭珉。杨成章不知道后来发生的事，还按照原来的地址去寻找丁氏，自然是找不到。与此同时，丁氏也在四处打听杨成章的下落。后来，她终于知道杨成章中了秀才，就让郭珉带着自己珍藏的半枚银钱去找哥哥。兄弟俩终于在江西相遇，各自拿出半枚银钱合二为一。二人百感交集，拥抱相认。杨成章随弟弟去东阳看望生母，并欲接生母回自己家，但是母亲没有同意。后来杨成章又要求了多次，丁氏还是没有答应。杨成章没办法，他毅然放弃了求学的机会，到东阳与弟弟一起奉养母亲。

母亲去世后，杨成章和弟弟郭珉先后到京城考取了功名。当时的皇帝得知了这件事，特别下诏书封杨成章为国子学录，还赐给郭珉许多花红洋酒。

“父母在，不远游”，这是中国的一句古话，一个连自己父母都不孝敬的人又如何会对国家尽忠呢？建功立业尽管是重要的一环，但是在一个孝子心中，首先是要侍奉好自己的父母。所以，“孝”是一个人事业的起点，只有在家庭中尽到了孝的义务，才能更好地服务社会、成就自身。

鲁恭孝悌两全

鲁恭（32—113年），字仲康，东汉扶风平陵人（今陕西省咸阳西北）。父亲曾任光武帝时的武郡太守多年，后因病早逝。当时鲁恭只有十二岁，弟弟鲁丕仅七岁。兄弟俩伤心至极，拒绝接受官府的救济，把父亲的灵柩带回老家安葬之后，便全心全意地为父亲守丧。两人极尽礼节之备，甚至有很多事情比大人们想得还要周全，乡亲们都很佩服这两个孩子。

服丧期间，鲁恭和母亲、弟弟三人相依为命，闭门专心读书。兄弟俩学习认真、勤奋，因此，进步都很快，也受到人们的普遍称赞。官府得知鲁恭才华出众，屡次请他做官，但他都拒绝了。鲁恭有自己的考虑，他认为，弟弟年纪尚小，如果自己先奔赴功名，不能每日都在弟弟身边，那就不能每天鞭策弟弟进取，会影响弟弟的进步。所以他想等到弟弟成名立业之后，再考虑自己的前程，施展自己的抱负。所以，每次他都借口自己身体不好，不能胜任官府工作，予以婉拒。

母亲自然知道其中缘由，便极力要求他必须去当官做事。无奈之下，鲁恭便选择了去新丰教书。终于等到弟弟鲁丕被举为孝廉的那一天，鲁恭才改变以往的态度，到官府做了一名郡吏。

建功立业、功成名就、光耀门庭也是传统孝道的一个方面。鲁恭并不是淡泊名利之人，但他却是以另一种方式去追求他的名利。母亲让他做官，他则去当了教师，这并不是他不孝顺，也不是他不想当官，而是他以自己的行为来鞭策弟弟跟他一起进取的一种手段。鲁恭是一个目光长远的人，他知道只有他和弟弟两个人都功成名就了，才算是真正尽到了完美的孝道，才会真正地光宗耀祖，才能让老母亲没有任何遗憾。这里面既包含了他对母亲的“孝”，也包含了对弟弟的“悌”，意义非凡。

纪孝行章第十

——行孝必为，五备三除毋差池

【原文】

子曰："孝子之事亲也，居则致①其敬，养则致其乐，病则致其忧，丧则致其哀，祭则致其严②。五者备矣，然后能事亲。事亲者，居上不骄，为下不乱，在丑③不争。居上而骄则亡，为下而乱则刑④，在丑而争则兵⑤。三者不除，虽日用三牲⑥之养，犹为不孝也。"

【注释】

①居：日常家居。致：竭尽。

②严：端庄严肃。

③丑：同类。此指同僚，同事。

④刑：遭受刑罚、刑戮。

⑤兵：以兵刃相残杀。

⑥三牲：指祭祀用的牛、羊、猪。

【译文】

孔子说："孝子侍奉父母亲，在日常居家的时候，要竭尽对父母的恭敬；在饮食奉养时，要保持和悦愉快的心情；父母生病时，要带着忧虑的心情去照料；父母去世时，要竭尽悲哀之情料理后事；祭祀的时候，应尽严肃的心去祭祀。以上五点完全做到，才算是尽到了孝亲的责任。侍奉父母的孝子，还要做到身居高位而不骄傲蛮横，身居下层而不为非作乱，在同事之间，应和顺处众而不与人争斗。身居高位而骄傲自大者势必要遭致灭亡，在下层而为非作乱者免不了遭受刑罚，在民众中争斗则会引起相互残杀。这三项恶事不戒除，即便对父母天天用牛、羊、猪三牲尽心奉养，仍算是不孝顺啊！"

【简析】

本章是介绍孝子平日事亲的行为，有五项是应当做到的——致敬、致乐、致忧、致哀、致严；有三项是必须戒除的——骄、乱、争。此"五备三除"

之事，虽然时隔数千年，仍属实用。去除古人那种烦琐的礼仪，其他仍应奉行无误，仍是尽孝之人所时刻谨记力行的。

俗话说“家和万事兴”。家是否“和”，就是看一个家的融洽程度，而其中起主要作用的就是孝的运用。试想如果儿子尊敬父母，那么儿子的儿子也会是一个孝顺的人，他们构成的团体，必然是相互尊敬的，一切干戈、争吵都能够被调节，家庭成员之间的关系都将非常和谐。

儿女永远都是父母在这个世界上最为关心的人，父母的喜怒哀乐大半与儿女有关。因此，为人子女者应当懂得如何才能让父母安心。而不让父母为自己担心，为此就要正直地做人，少犯错误。没有哪一位父母不希望自己的孩子出人头地，但前提是他们能够平安、快乐。照顾好自己，让父母少操心，也是给父母最好的礼物。

【解读】

与孝行有关的词汇

中国的孝文化异常丰富，查看一下古代与“孝”或孝行相关的词汇，从中就可见一斑：

【孝敬】指孝顺父母，尊敬亲长。此词语出现较早，《左传·文公十八年》中说：“孝敬忠信为吉德，盗贼藏奸为凶德。”两汉时期诗学的重要文献《诗大序》中说：“先王以是经夫妇，成孝敬，厚人伦，美教化，移风俗。”一直到今天，我们还常用“孝敬父母、亲人”等说法。有意思的是，后来人们把用钱物贿赂、讨好上司与其他有势力的人，也谑称为“孝敬”，其实在心里却是既不“孝”也不“敬”的。

【孝顺】指对父母的奉养和顺从，原指爱敬天下之人、顺从天下人之心的美德。此词语出现也很早，《国语·楚语上》中说：“勤勉以劝之，孝顺以纳之，忠信以发之，德音以扬之。”今天也还在广泛使用。

【孝子】指孝顺父母的儿子，也特指父母去世后居丧的人。这个词早在

《诗经》中已经出现。《诗经·大雅·既醉》中说："威仪孔时，君子有孝子。孝子不匮，永锡尔类。"孝子，一直是一个旌表孝行的荣称。

【孝行】指孝敬父母的德行。《周礼·地官·师氏》中说："教三行：一曰孝行，以亲父母；二曰友行，以尊贤良；三曰顺行，以事师长。"

【孝道】指以孝为本的理法规范，是儒家伦理的核心。《吕氏春秋·孝行》中说："行于亲重，而不简慢于轻疏，则是笃谨孝道，先王之所以治天下也。"

【孝悌】指孝顺父母、敬爱兄长，也写作"孝弟"。汉代以其为乡官名。有意思的是，"孝弟"在流传中也发生了意义的扩大。如弟弟继承其兄的帝位，享祀宗庙时候也称为"孝弟"。《续资治通鉴·宋仁宗嘉祐八年》中说："故太祖之室，太宗称孝弟，真宗称孝子，大行皇帝称孝孙。"

【孝廉船】，古代典故，对有才识之士的美称。出自南朝宋刘义庆的《世说新语·文学》：晋代吴郡人张凭被推举为孝廉，自负其才，认为一定能加入到当时的社会名流中去。他去拜见丹阳尹刘惔。刘惔当时正忙着事情，就让张凭坐在下座，只是寒暄了一下。正好长史诸贤前来清谈，主客之间有说得不流畅的时候，张凭就在下座为他们评判，言约旨远，一座皆惊。刘惔就延请张凭上座，跟他清谈整日，至晚留宿。第二天一早，张凭才告辞。张凭回到船上，不久，刘惔就遣人来寻觅张孝廉的船，同伴都很吃惊。刘惔与张凭同车去拜见抚军大将军司马昱，向其推荐说："下官今得一太常博士。"抚军即任命张惔为太常博士。后来，"孝廉船"就成了一个典故。郁达夫《留别沈涛青》诗中写道："醉来情易动，泣上孝廉船。"

【孝竹】一种竹子的名称，又称为子母竹、孝顺竹、慈孝竹、义竹。丛生，一丛或多至数十百竿，根窠盘结，四时出笋。竹高至二长许。新竹旧竹密结，高低相倚，若老小相依，所以有这些名称。这里面还有一个"哭竹生笋"的典故。三国时江夏人孟宗，少年时父亡，母亲年老病重，医生嘱用鲜竹笋做汤。适值严冬，没有鲜笋，孟宗无计可施，独自一人跑到竹林里，扶竹哭泣。少顷，他忽然听到地裂声，只见地上长出数茎嫩笋。孟宗大喜，采回做汤，母亲喝了后果然病愈，故名"慈孝竹"。

孝心要体现在行动上

我们能孝敬父母、孝养父母的时间一日一日地递减。如果不能及时行孝，会徒留终身的遗憾。孝养要及时，不要等到追悔莫及的时候，才思亲、痛亲之不在。

作为子女，一定要抽出时间，多陪陪父母，不要等到想要孝敬时，父母却已经亡故而让自己空留遗憾，对于“孝”这个字，孝行比说孝更加重要。

欧阳守道（1208—1272 年），字公权，一字迂父，南宋教育家，吉州（今江西省吉州县）人。他是文天祥的老师，和蔼可亲，人品极好。小时候家里穷，没有钱上学，只能自己在家里苦学，进步非常快。乡里人见他学识渊博，便聘请他为私塾的老师。

欧阳守道侍奉母亲非常周到，每当学生家长请他吃饭，他自己不吃肉菜，而是拿回家去奉养母亲。请他吃饭的人见状，就特地准备了食具以便他装饭菜带回家。他每次都是先派人把饭送到母亲面前，自己才肯食用。邻居们都被他的孝道所感动。

欧阳守道兄嫂早逝，遗下两个孩子，大的才五岁，小的出生才几个月，欧阳守道毫无怨言地抚养这两个侄子。由于没钱雇请奶妈，他急得日夜抱着两个孩子哭泣。邻人见他如此孝悌，都感叹不已。

给父母锦衣玉食未必就是孝，孝是一分发自内心的至诚之情。一个真正的孝子对父母有一种发自内心的牵挂，他们懂得把自己最好的东西留给父母。如果在贫寒时能够做到“每食舍肉”，相信即使以后飞黄腾达了也不会忘本。

孝顺父母不仅在日常生活中，要时时照顾好父母的饮食起居，还体现于在外人面前不嫌弃父母的卑微。

裴秀（224—271 年），字季彦，西晋时期河东闻喜（今山西省闻喜县）人。他的父亲裴潜，曾在曹魏时期担任过尚书令，裴秀是父亲的小妾所生，这个小妾身份卑微，常常受到正室宣氏的歧视，但是裴秀从来没有因为这个

不孝顺母亲，相反，他从小就聪明好学，而且对母亲的服侍十分周到。因此大家都知道裴秀的母亲有个孝顺的儿子。

有一次，宣氏让人在家里大宴宾客，她又想给裴秀的母亲难堪，故意让她为客人上菜。但是让人没想到的是，大家一看竟然是裴秀的母亲在为他们端菜，都纷纷站起来，接过饭菜，并对她行尊重之礼。而躲在后面屏风里的宣氏看到这个情况十分不解，因为裴秀母亲的身份如此卑微，实在不应该受到如此的礼遇和尊重。后来，她终于想明白了：宾客这么做是因为裴秀的孝道让他们尊重。后来，宣氏也有感于裴秀是个孝子，从此再也没有轻慢过裴秀生母。

后来，裴秀凭借着自己的才华和高尚的情操，一直做到尚书令，并且被封为济川侯，成为西晋时期的一代名臣。

在封建时代，小妾身份低微，但是裴秀丝毫不嫌弃自己的母亲，反而用实际行动使母亲得到了众人的尊重。

《三字经》中有“香九龄，能温席”一句，说的是东汉时一个人名叫黄香，很小的时候就知道亲近、孝顺父母。在他九岁时，母亲去世，父亲一人养育他。他深知父亲的辛苦，对父亲备加孝顺，一切家务活都由他一个人承担。别的小孩子在玩耍时，他在家里劈柴做饭，好让父亲有更多的时间休息。

夏天的时候，天气炎热，黄香的父亲干完活，坐在院子里乘凉。黄香就用扇子把床扇凉，然后伺候父亲上床就寝。冬天，天寒地冻，他先用自己的身体把被窝暖热，才让父亲躺下睡觉。日久天长，黄香对父亲的孝道得到乡邻们的称赞。

在黄香十二岁时，江夏的太守称他为“至孝”，汉和帝也曾嘉奖过他。

长大后，人们推举黄香当地方官。黄香担任太守时，体恤百姓们的饥苦，爱护子民，为百姓谋利。有一次，黄香出任太守的地区遭受了特大水灾，他毫不犹豫地拿出自己历年的俸禄，赈济受灾的百姓；同时上奏皇帝，请求减免百姓当年的税务。百姓们都十分爱戴这位爱民如子的好官。在当时流行着这样的一句话："天下无双，江夏黄香。"

有句古语说得好："百善孝为先。"意思是说，孝敬父母是各种美好品德中最为重要的品德。人生在这个世界，长在这个世界，都源于父母。父母给了我们生命，哺育我们成长。因此，孝敬父母，尊敬长辈，是做人的本分，也是各种优良品德形成的前提。

【典例】

缇萦上书救父

淳于意（约公元前205—公元前150年），汉文帝时的太仓长，同时也是一个精通医道的名医。后来他回家专门行医，治好了不少疑难病症，不论病人有钱没钱，他都给细心地瞧脉看病，因此，远近求医者络绎不绝。

一天，淳于意要出门办点急事，就在大门外贴了一个告示，说自己这两天有事出门，暂不看病，请大家谅解。不巧有个地方大官得了急病，从很远的地方慕名而来，发现淳于意竟不在家，便立即派人去找。谁知差人刚走不久，那大官就在淳于意的大门外病死了。这可吓坏了那大官的几个手下人，为了推卸责任，他们竟编了一个故事，回禀说："淳于意看错了脉，耽误了病，把老爷治死了。"这可气坏了病人的家属，他们仗着官势，不问青红皂白，第二天便领着县里的公差登门抓人。淳于意到家还没来得及看一眼妻室，就被公差抓走了。公堂上不容申辩，硬说他行医害人，判他"刖刑"（古时一种砍脚的刑罚）。因为淳于意当过太仓长，是朝廷命官，判罪需得到皇帝的批准，才能最后定罪行刑，这样就得把淳于意押解到京师去。

淳于意没有儿子，只有五个女儿，临行时都去送父亲，相向悲泣。淳于意看着五个女儿，长叹道："生女不生男，遇到急难，却没有一个有用的。"听完父亲的哀叹，十五岁的小女儿缇萦决定随父进京，一路照顾父亲的生活起居。临淄相距长安两千余里，一路上父女俩风餐露宿，尝尽人间辛酸。好不容易到了长安，淳于意被押入狱中。

到京后，小缇萦就给皇帝写了状子，诉说父亲的冤屈，要求免除父亲的"刖刑"。信中说："我父为官清廉，行医有术，现被人诬告受'刖刑'。人一受'刖刑'，不死也得残废。有罪，则失去了改过自新的机会；无罪，则无法弥补了。我甘心情愿卖身为奴，替父亲赎罪。请皇帝明察。"汉文帝见缇萦年纪轻轻，对父亲的却有此孝心，说得道理也挺深刻，深为感动，就赦免了淳于意，让父女二人回家了。

后来，汉文帝也发现"刖刑"的不妥之处，常常会冤枉好人，而又无法纠正，就下令废除了"刖刑"。说起来，这也是缇萦的一番功绩。

为此，班固有诗赞缇萦曰：

三王德弥薄，惟后用肉刑。
太仓令有罪，就递长安城。
自恨身无子，困急独茕茕。
小女痛父言，死者不可生。
上书诣阙下，思古歌《鸡鸣》。
忧心摧折裂，晨风扬激声。
圣汉孝文帝，恻然感至情。
百男何愦愦，不如一缇萦。

缇萦上书救父的孝行，万古流芳，成为后世孝道的典型。

孔奋奉母节衣食

孔奋，字君鱼，汉代扶风（陕西凤翔）人，孔子的第15世孙。他从小就懂得事理，听从父母的教导，帮父母干力所能及的活，从不惹父母生气，不叫父母为自己操心。所以他少年时就以孝敬父母闻名州里。

父亲去世之后，孔奋为了减轻母亲的思念、悲痛和孤独感，侍奉母亲更加周到，待人接物、为人处世更加谨慎，以免母亲为自己操心，或觉得生活不便。每天早晨起床后，第一件事就是到母亲屋里去请安，嘘寒问暖，问睡问食。直到母亲说“你去忙吧!”才肯离去。之后，他便和妻子一起安排好母亲一天的饮食。总不忘嘱咐妻子把饭菜做得香甜可口些，好让母亲吃得高兴。每天晚饭后，不论忙或闲，都要到母亲房里去坐坐，谈谈家务，说说见闻，为母亲解闷，听母亲教导，了解母亲起居和身体情况。邻里们常在孔母面前夸孔奋孝顺，孔母听在耳里，乐在心里。

孔奋对母亲的孝心在当地影响很大，他在当地的名望也越来越高。后来，孔奋当了地方官，他廉洁奉公，崇尚节俭，使当地形成了很好的社会风气。

他虽然当了官，身价高了，但对母亲的孝敬不但没有减弱，反而更加无微不至，细心周到。他把每月领到的薪俸，首先给母亲买足食品和日常生活用品，保证母亲吃得可口，穿得舒适，余下的钱，全家才能动用。因此，他和妻子、孩子经常吃粗食淡饭。孔奋节衣缩食孝敬母亲，博得了乡里、亲友和同僚的普遍称赞。人们议论道：“孝敬老人，让老人吃好穿暖，很多人都有这样的愿望。但各个人的情况不同，一家人生活的物质条件又是人人有份的，像孔奋那样，从家人身上节俭下来钱去孝敬母亲，确实是很难得的啊!”

鲍出追贼救母

鲍出，字文才，三国时京兆新丰人（今陕西西安市临潼区）。他天生魁伟，生性至孝。他和母亲以及四个兄弟一起居住。鲍出虽为人豪放，对母亲却照顾得无微不至，兄弟之间也是兄友弟恭，一家人的日子过得和乐美满、其乐融融。

有一天，兄弟五个人都外出，只有母亲一人在家里。两个哥哥和弟弟先回到家，看到一伙强盗把他母亲用绳子绑住手，劫走了。他们很是惊慌，但又不敢去追。等到鲍出回来后，听说此事，怒发冲冠，抄起一把刀就不顾一切地追了出去，沿途杀了十多个贼人。最后，终于追上了劫掠他母亲的强盗，同时他还发现邻居家的妇人也被一道劫。众贼见这人来势凶猛，锐不可当，

他们的同伙也已经有好几个死在了他手里，都不敢和他正面交锋，无奈之下就放了他母亲。鲍出指着邻居家的妇人说："这是我嫂子，快放人！"贼人不敢造次，乖乖地把人放了。就这样，母亲和邻家妇人都得救了，鲍出也因此名声大振。

后来战乱纷起，他就陪同母亲到南阳避难。天下太平后，他们回到家乡。一路跋山涉水，母亲行走不便，鲍出就亲手编了一个竹笼，请母亲坐在笼中，把母亲背回家乡。鲍出对母亲的照料可谓无微不至，天冷加衣，天热扇席，母亲生病便寸步不离、衣不解带；母亲心情不好，就想方设法逗母亲开心，总之事事按照母亲的意愿行事，从来不敢怠慢。在他的悉心照料下，母亲活到了一百多岁才逝世，那时他也已经七十多岁了，但依然为母亲守丧礼，无所不备。

鲍出的孝行真正做到了孔子所说的"孝子之事亲也，居则致其敬，养则致其乐，病则致其忧，丧则致其哀，祭则致其严"，为后世做出了榜样，他的后代继承了祖先的遗风，成为孝悌治家的楷模。

花木兰代父从军

花木兰（412—502年），中国古代巾帼英雄，忠孝节义兼具，代父从军击败入侵民族而流传千古，唐代皇帝追封为"孝烈将军"。

花木兰是一位极具传奇色彩的女子，因正史记载不详，对她的生卒年和故里都有很大争议，但花木兰的故事却流传广远，一千多年以来盛传不衰。

花木兰的父亲从小就把木兰当男孩来培养。木兰十来岁时，他就常带木兰到村外小河边练武、骑马、射箭、舞刀、使棒。空余时间，木兰还喜欢看父亲的旧兵书。

有一天，衙门里的差役送来了征兵的通知，由于父亲是一个后备役军官，朝廷要征他去当兵。衰老的父亲怎能去远征杀敌？木兰不忍老父再上沙场，枉送性命，她便女扮男装，在集市配好马鞍，替父亲出征。她依依不舍地告别爹娘，开始了自己从军的艰辛历程。

花木兰虽是女儿身，但她性情洒脱，活泼勇武，尽管一路上很艰苦，但她还是坚持着随队伍到了北方边境。她担心自己女扮男装的秘密被人发现，因此处处加倍小心。白天行军，木兰紧紧地跟上队伍，从不敢掉队。夜晚宿营，她从来不敢脱衣服。作战的时候，她凭着一身好武艺，总是冲杀在前。从军十二年，木兰屡建奇功，同伴们对她十分敬佩，一至认为她是一个好汉，都赞扬她是个勇敢的好男儿。

因为有很多像花木兰一样英勇的战士勇猛作战，所以朝廷最终取得战争的胜利。皇帝召见有功的将士，论功行赏。然而，木兰既不想做官，也不想要财物，只是请求皇帝能让自己返乡，去补偿和孝敬父母。皇帝欣然答应，并派使者护送木兰回去。

父母听说木兰回来了，非常欢喜，立刻赶到城外去迎接。弟弟也在家里杀猪宰羊，以慰劳为国立功的姐姐。木兰回家后，看到这一切，顿时感觉十多年的出生入死是值得的。她脱下战袍，换上女装，梳好头发，出来向护送她回家的同伴们道谢。同伴们见木兰原是女儿身，都万分惊奇，没想到共同战斗十多年的战友竟是一位漂亮的女子。

这段感人的代父从军的故事很快就传开了，举国的百姓都佩服她的勇敢，都为她的孝顺之心所感动。

花木兰的故事得以流传，应归功于《木兰辞》这一首民歌：

唧唧复唧唧，木兰当户织。
不闻机杼声，惟闻女叹息。
问女何所思，问女何所忆。
女亦无所思，女亦无所忆。
昨夜见军帖，可汗大点兵。
军书十二卷，卷卷有爷名。

阿爷无大儿，木兰无长兄。
愿为市鞍马，从此替爷征。
东市买骏马，西市买鞍鞯，
南市买辔头，北市买长鞭。
旦辞爷娘去，暮宿黄河边。
不闻爷娘唤女声，但闻黄河流水鸣溅溅。
旦辞黄河去，暮至黑山头。
不闻爷娘唤女声，但闻燕山胡骑鸣啾啾。
万里赴戎机，关山度若飞。
朔气传金柝，寒光照铁衣。
将军百战死，壮士十年归。
归来见天子，天子坐明堂。
策勋十二转，赏赐百千强。
可汗问所欲，木兰不用尚书郎。
愿驰千里足，送儿还故乡。
爹娘闻女来，出郭相扶将。
阿姊闻妹来，当户理红妆。
阿弟闻姊来，磨刀霍霍向猪羊。
开我东阁门，坐我西阁床。
脱我战时袍，著我旧时裳。
当窗理云鬓，对镜贴花黄。
出门看伙伴，伙伴皆惊惶：
同行十二年，不知木兰是女郎。
雄兔脚扑朔，雌兔眼迷离。
双兔傍地走，安能辨我是雄雌？

全诗讲述了花木兰女扮男装，替父从军，在战场上建立功勋，回朝后不愿作官，只求回家团聚的故事，热情赞扬了这位女子勇敢善良的品质、保家卫国的热情和英勇无畏的精神。

五刑章第十一

——五刑三千，不孝为大须尽心

【原文】

子曰："五刑[1]之属三千，而罪莫大于不孝。要君者无上[2]，非[3]圣人者无法，非孝者无亲。此大乱之道[4]也。"

【注释】

①五刑：指古代以脸上刺字的墨刑、割鼻的劓（yì）刑、砍脚的剕（fèi）刑、男子去势女子幽闭的宫刑、杀头的大辟五种刑罚。

②要：要挟。无上：眼里没有君王。

③非：非议，诽谤。

④道：根源。

【译文】

孔子说："五刑所属的犯罪条例有三千条之多，其中没有比不孝的罪行更大的了。用武力胁迫君王的人，是眼中没有君主的存在；诽谤圣人的人，是眼中没有法纪；诽谤孝道的人，是眼中没有父母双亲的存在。这三种人都是招致大乱的根源。"

【简析】

本章旨在说明不孝是最大的罪行。五刑的罪虽多，但没有比不孝更重大的，所以人人都应当尽心行孝。违反孝行，必受法律制裁。

如前所述，居致敬、养致乐、病致忧、丧致哀、祭致严五项，这是孔子指出的顺的道理；居上骄、为下乱、在丑争三项，这是孔子指出的逆的道理。顺德而做，就是最完全的孝子；逆道而行，自然会受到社会法律的制裁和得到不幸的结果。这个道理，很显然地分出两个途径，：前一个途径，是正大光明的道路，可以行得通而畅达无阻；后一个途径，是崎岖险境，绝崖穷途，万万走不得。圣人教人力行孝道，免除刑罚，其用心之苦，至为深切。

为人子女的，都应该向良知良能、敬爱父母的孝行方面努力，切忌不知悔改，走到最荆棘丛生的歧途中去。

【解读】

《弟子规》中的孝论

《弟子规》原名《训蒙文》，作者李毓秀（1647—1729年），字子潜，号采三。山西省新绛县龙兴镇周庄村人，是清朝康熙年间的秀才，在山西绛州做教书先生。历史上对他的记载很少，我们所知道的就是他一生都在钻研《大学》、《中庸》等儒家典籍，《训蒙文》就是他的研究成果之一。

《弟子规》的名字是一个名叫贾有仁的人对李毓秀的《训蒙文》加以修订之后定名的。它以《论语》“学而篇”中“弟子入则孝，出则悌，谨而信，泛爱众，而亲仁，有余力，则学文”为中心，分为五个部分，具体陈述幼童在家、出外、待人、接物与学习上应该恪守的守则规范。

《弟子规》主要是从言行上对孩子有所要求，更加具有操作性。该书把“孝悌”放在首要的位置，告诉孩子们要通过哪些规矩来体现“孝悌”之道。

父母呼　应勿缓　父母命　行勿懒
父母教　须敬听　父母责　须顺承
冬则温　夏则清　晨则省　昏则定
出必告　反必面　居有常　业无变
事虽小　勿擅为　苟擅为　子道亏

物虽小　勿私藏　苟私藏　亲心伤

亲所好　力为具　亲所恶　谨为去

身有伤　贻亲忧　德有伤　贻亲羞

亲爱我　孝何难　亲憎我　孝方贤

亲有过　谏使更　怡吾色　柔吾声

谏不入　悦复谏　号泣随　挞无怨

亲有疾　药先尝　昼夜侍　不离床

丧三年　常悲咽　居处变　酒肉绝

丧尽礼　祭尽诚　事死者　如事生

以上是从对待父母的态度和自我要求上讲如何行孝。

兄道友　弟道恭　兄弟睦　孝在中

财物轻　怨何生　言语忍　忿自泯

或饮食　或坐走　长者先　幼者后

长呼人　即代叫　人不在　己即到

称尊长　勿呼名　对尊长　勿见能

路遇长　疾趋揖　长无言　退恭立

骑下马　乘下车　过犹待　百步余

长者立　幼勿坐　长者坐　命乃坐

尊长前　声要低　低不闻　却非宜

进必趋　退必迟　问起对　视勿移

事诸父　如事父　事诸兄　如事兄

以上是由孝延伸到如何对待长辈与兄长。

从此可以看出，《弟子规》着重从问答、请安、见面、行礼等细节处来给孩子们立下规矩。

在后文各章节中，虽然看起来与“孝”的关系不大，更多的是侧重于待人接物，但实则是由“孝悌”推而广之，也就是一个孝子应该在哪些方面自我要求、自我约束。所以说，整本《弟子规》从开头到结尾都是写给中华孝子的一本行为指南。

中国古代对不孝的量刑处罚

在中国封建法律中，不孝是一种独立的罪名。历朝标榜以孝治天下者，莫过于有唐一代。“唐受命二百八十八年，以孝悌名通朝廷者，多闾巷刺草之民，皆得书于史官”（《唐宋白孔六帖》卷25）。高祖以降，唐朝诸帝，无不以继承“孝理天下”为职志。突出者如，唐玄宗于开元十年（732年）六月，“训注《孝经》，颁于天下”。天宝三年（744年）十二月，又“诏天下民间家藏《孝经》一本”。统治者对《孝经》、“孝行”的尊崇推广，由此导致“孝”之观念深入人心。一些官吏在书写有关伦常案件的判词时，也不断广泛引用“人伦所重，孝为百行之原”之类话语。早在北朝北齐时，不孝已被列为十恶之首。隋朝正式有了十恶罪名后，不孝赫然位列其中。在《唐律·名例律》“十恶不赦”的重罪中，“不孝”名列第七。除“恶逆”罪之外，“不孝”罪是侵犯家庭成员犯罪中最为严重的一种。

《唐律·名例律》规定，不孝罪包括：“谓告言诅詈祖父母父母；祖父母父母在别籍异财；供养有缺；居父母丧身自嫁娶，若作乐，释服从吉；闻祖父母父母丧匿不举哀；诈称祖父母父母死。”就是：检举告发祖父母、父母犯罪行为的；骂祖父母、父母的；背地里诅骂祖父母、父母的；祖父母、父母生存期间自己另立户口、私攒钱财的；对祖父母、父母不尽最大能力奉养，使其得不到生活满足的；父母丧事期间自己娶妻或出嫁的，父母丧事期间听音乐、看戏的；父母丧事期间脱掉丧服穿红挂绿的；隐匿祖父母、父母死亡消息，不发讣告、不举办丧事的；祖父母父母未死谎报死亡的，这十种情况，都属于不孝的犯罪行为，都应受到严厉的惩罚。

古人犯了不孝之罪，不论身分高低都要受到惩罚。国家对贵族官吏的特殊人物加以特殊优待的议、请、减、赎制度，但对于犯了不孝罪的人是不适用的。

孝敬父母、赡养双亲是中国人的传统美德，古语“百行孝为先”，便说明了这一点。现在报刊报道的社会新闻中，经常有子女不赡养父母的事情，这种有悖伦理的行为会受到社会公众的指责。而在封建社会，对不孝顺父母者、尤其是对母亲有不孝行为的，父母可以到官府告子女“忤逆”，子女会受到最严厉的刑罚惩处，也就是说“忤逆”是一项罪行。在无锡，多年前还能听到母亲申斥儿子时，会说“告你的忤逆”的警告，现在这句话已随着时代的变迁而消失。

在过去，如儿子对母亲不孝，做母亲的便有权利到县衙门去状告儿子，这就是所谓的“告忤逆”。但是，“忤逆”绝大多数是告不成的，母亲只是为了吓唬吓唬不孝儿子罢了。很少有真去告状的因为被确定为逆子的罪犯，所领的极刑比凌迟还要残酷，即是“剥皮揎草、磨骨扬灰”。剥皮是将罪犯的头顶头皮剥开，灌入水银，于是一张完整的人皮会剥落下来，然后将人皮内塞满灯草，制作成人样，送到邻县去游街，以教育民众，千万要孝敬父母。而脱去人皮的罪犯，据说一时不会死去，在失去了人皮的保护后，微风吹上去便是剧痛，罪犯死亡后要将骨头磨成粉，随风四散，所以这种刑罚就叫“剥皮揎草、磨骨扬灰”。

况且忤逆案是仅次于谋反叛乱的大案，一旦县里出了忤逆大案，首先县官要撤职待参，甚至会获充军发配的罪，县“教论”（俗称“学老师”，相当于现在的教育局长）因教化不力，以致出了逆伦大案是要判斩刑的。同时，县衙门的鼓楼要被截角，因为县里出了逆子，是一县老百姓的耻辱。要等今后县里出了孝子，申报朝廷获得旌报，方能将被截的鼓楼角恢复。

还有就是，告忤逆的母亲上衙门去告状，必须有娘家兄弟作陪，逆子的父亲是没有资格的。因为旧社会父亲有教育儿子的职责，如《三字经》所说：“养不教，父之过。”因此，父亲去告的话，反而会受到官方申斥其“管教不严”。

《宋书》卷五十四中，记载着一个典型的因不孝而加重刑罚的例子。

宋孝武帝大明年间，安陆应城县（今湖北应城市）人张陵和他的妻子骂自己的母亲，说叫她死了算了。没有想到的是，他的母亲被儿子、儿媳一骂，想不开，就真的上吊死了。因为骂母亲而致母亲自杀，当时的法律没有明确规定要处以死刑。况且，这时正好是皇帝大赦天下，也就是说于情于理，张陵都会被免去责罚，起码罪不至死。然而，当时的孔渊之在讨论这件事的时候，认为张陵骂母亲实属不孝，已经是最大的罪行了。对于不孝的子孙，就要严加处罚，以正风气，不该将其列入赦免的行列。同时，量刑的时候就要比照最重的刑罚执行。最后，张陵被处以枭首，他的妻子吴氏因为孩子还小的缘故被免去了死刑。

在明清两代的法律条文中，竟然一字不差地照录唐朝对不孝的规定。而在中国两千多年的封建社会中，不孝的刑罚最高至死刑，从中可以看出中国古人对孝的重视程度。

颜光衷论不孝恶习的养成

颜光衷（1644—1911 年），清代学者，于孝悌伦理颇有研究，著有《孝悌论》一书。其中对子女不孝的分析尤为透彻。现照录如下：

天下那有不孝的人？虽有不孝的人，而称之孝则喜，名之不孝则怒且愧。充此良知，便是大孝根苗，只是习心习气不能自化，所以依旧不孝也。

夫不孝之所以习成者，约有数端：

一曰骄宠。为父母怜爱过甚，常顺他性子，让他便宜，任他佚豫。骤而拂之，则便不堪。人前出言稍有差错，父不忍唐突于子，而子乃敢唐突其父。积此骄纵，他人处展不得手，独父母处展得手。遂真谓老年人无闻知矣！

一曰习惯。语言粗率惯，便敢冲突；动作简易惯，便敢放肆。父母分甘绝少惯，遂不复忆其甘旨；父母扶病任苦惯，遂不复忆其痛痒。

一曰乐纵。见同辈不胜意气，对双老而味薄。入私室千般趣态，映高堂而机窒。甚且明以父母兄弟为俗物，不乐相对，则岂有孝弟之念由中而出也？

一曰忘恩、记怨。夫恩习久愈忘，怨习久愈积，人情然也。故一饭见德，习久则餍（yàn）嗛（xián）起；一施感恩，常济则多寡生；一迎面见亲，累日则猜嫌重。况父母兄弟，生而习之。以亲爱为固常，且有忧我而获拂者矣！以训迪为聱牙，且有誉我而被厌者矣！以任劳庇护，极念经营为平等，且有强与吾事而怒耽者矣！眼前大恩，恬然罔识，况能推及胎养之劳、襁哺之苦、弱质惊魂之痛者哉？

一曰私财。财入吾手，便为吾有；而在父母手者，又谓应以与吾也。财足则忘亲，财乏则觊亲，求财不得则怨亲。亲不能自养，而待养吾财，则益厌亲。甚且以单父只子，而因财相夷者矣；少长互推，而弃亲不顾者矣！亦思身谁之身，财谁之财？我不带一钱来，而襁哺无缺以至今日，谁为者乎？

一曰恋妻子。有美味钱财，欲以娱妻宠子；有良辰佳会，欲以拥妻抱子，而悦亲之念遂微也。不思子为我子，而我为谁子？亲子我，而我不顾，则我亦何赖有子哉？夫妻和好，固是一家乐事，然当呱呱待哺，便溺未分时，妻能顾复我耶？父母看得子成人，娶得媳妇，不胜终身之喜；乃有妇而亲，反不得有子耶？

一曰争妒。天之于物也无私盖，而栽培倾覆，物自为分；父母之于子也无私爱，而顺我逆我，子自为异。若顺我者爱多，逆我者爱少，此亦天下之大公也。人子而失爱于父母，便当自怨自艾，平心静气，深思何以失爱之由。纵使大节未尝有异，而语言气度、声音颜色，必有大不妥者。但能起敬起孝，久之自然和顺。若见兄弟之得爱，而耽耽侧目，龉龁不平；父母知之，岂不益加嗔怒？因而桀骜怨怼，其不流为大不孝者几希矣！

数者，为人子者所当时时醒惕、事事检点、念念克治。勿以亲心之慈，我可自恕；勿以世道之薄，我犹胜人。日谨一日，至孝岂远是乎！

若夫前后嫡庶之间，父母或有偏向，而为子者亦易生猜怨。期于以至诚格之，必得欢心而后已，大略销化最急。凡人亲生儿女，虽有时呵让，有时忽略欠缺，过则忘矣！而异生者，一言之忤、一事之左，便觉辗转难化。心既不化，则气色间不觉拂怒，虽百般调娱，不能恬如无事时也。卑幼尚不能化，何况尊长交相责备，嫌隙益生。左右近习，又或构斗其间，即欲消遣而不能矣！暂时摆脱，触则复起矣！猛力遏住，发乃愈甚矣！此仁人于弟，所以不敢曰无怒无怨，而曰不藏不宿也。

古云："天下无不是的父母。"父母人子之间，原不可一概论理。乱臣贼子，其始皆见君父有不是处，微根不除，遂至横决耳。岂惟怨怒不可使有宿物，即要父母兄弟从天理上行，要父母兄弟亲我爱我，此是好意，亦不可肚肠太急、着手太重。太急太重，则窒而不转矣！故化人者，化其心而已。化人之心者，先自化其心而已。于至亲尤所重云。

【典例】

江革背母逃难

江革，东汉临淄（山东临淄）人。他家里很穷，父亲又去世得早，江革总是想方设法侍奉好母亲，宁可自己忍饥挨饿，也要让母亲吃饱穿暖。汉章帝时，临淄地方很乱，从山里流窜来的土匪到处抢劫杀人，山民人心惶惶，经常外出逃难。连日逃难，四处奔波，常常饥无食，渴无水，江革的母亲经不住忧劳，病倒了。时值黑夜，上哪去找医生呢？江革跑了半夜，好不容易才找到个医生，抓了服草药。母亲吃过一剂，病情稍有好转。天刚亮，江革就给母亲煎第二服药，药还没有煎好，就听有人喊："土匪来了，快跑啊！"江革出门看时，只见逃难的人流，在飞扬的尘土中流去。江革忙回到屋里，提起药壶，背好母亲，便连跑带颠地朝逃难的人群赶去。跑着，跑着，江革母子就被逃难的人群给落下了，不一会儿，土匪们就追上来，拦住了江革，只见江革手里提着一个药壶，背上背着一个面如土灰的老太太，累得上气不接下气，就问是怎么回事。江革说："我是个穷百姓，母亲有病，我不能扔下母亲，自己去逃命，就背着母亲，带药壶逃难。

我们身上没带什么钱财，就开开恩，放过我们母子二人吧！"土匪们听他说的是实话，见他提着药壶，背着母亲，累得疲惫不堪，确实是个大孝子。江革的孝心，竟打动了土匪，土匪们一时良心发现，不但没有杀害江革母子，而且还指给了平安的去处，孝心使江革幸免于难。为了挣钱供养母亲，江革给人当了长工。有时入不敷出，还得借钱。但不管生活怎么困难，江革总是让母亲吃饱穿暖。有时怕母亲天天倒在床上苦闷，就用车拉着母亲村里村外走走。他关心体贴母亲，说话总是和颜悦色，让母亲愉快地度过晚年。乡里的人都称赞他，给他送了个外号："江大孝子"。

班固孝继父业

班固（32—92年），字孟坚，东汉扶风安陵（今陕西咸阳市东）人，是中国古代著名的史学家、文学家。

班固出身于封建官宦家庭，同时也是声名显赫的儒学世家。其父班彪，字叔皮，为人性情沉静稳重，博学多才，善于著述。班固之所以能成为一个著名的历史学家，与班彪的教导和影响是分不开的。班固在父亲的教导与影响下，自幼聪明伶俐，9岁就能作文，16岁入洛阳太学读书。他青年时期博览群书，对于诸子百家各种学术流派的观点，细心加以研讨。班固治学注重了解文章大意，而不在分析字义、章句上下功夫。他为人宽厚、谦虚，从不以自己才学过人而自恃，因而深为时人所敬慕。

班固二十三岁的时候，父亲不幸去世。当时他正在洛阳太学读书。当他听到父亲病逝的消息后，悲痛至极，匆匆赶回家中为父居丧。他一面缅怀父亲生前对自己的教诲，一面潜心阅读父亲遗作。在通读《史记后传》之后，他发现很多地方记叙得还不够详细，于是，他决心完成父亲未竟的事业，以尽孝道。班固开始大力搜集材料，改订体例，准备在《史记后传》的基础上编撰《汉书》。

可就在他埋头编撰的过程中，有人诬告他私自改作"国史"，班固因此被捕入狱，书稿也一并被抄去。班固的弟弟班超闻讯后连忙上书才救了班固。当时明帝看了他的书稿，不但赞赏他的史学才能，而且召他到京师任兰台令史，掌管宫廷藏书，并进行校勘工作，第二年被提升为秘书郎。班固充分利用这个有利条件，典校秘书，编著国史。明帝非常高兴，命他继续撰写班彪未写完的《史记后传》。这是他完成父亲未竟事业的大好时机，于是他又继续着手撰写《汉书》。经过二十余年的不懈努力，到汉章帝时，《汉书》才大体完成。

忤逆不孝遭报应

孝顺，就是越孝顺的人人生就越顺。如果不孝呢？当然是有相应的恶报的。下面整理了几篇古代忤逆不孝遭报应的故事，虽不乏迷信果报思想，但希望大家以此为诫！

1. 逆子不孝罚变驴

明朝正德年间，平阳有个人叫周振。他自恃有几分才气，狂妄骄横，常常只为家中的小事就辱骂父亲。老父性格懦弱，只好忍气吞声。

有一天，周振无缘无故打骂儿子。他父亲看不过去，就来劝阻。他竟然发怒说："我打我的儿子，关你什么事？他又不是你生的！"气得老父亲含泪无语。

这天晚上，周振在梦中被抓到阴间，阎王要罚他变毛驴，周振急忙申辩无罪。阎王斥责说："你常常辱骂父亲，忤逆不孝，应该堕入畜生道；而且由于你狂妄自大，旁若无人，所以还要蒙上你的眼睛，使你推磨挨鞭打。"

周振从梦中醒来后，以为自己果真要变作驴子，惶惶不安，忧惧交加，不久就死去了。

2. 孝存逆亡两兄弟

杨璞、杨富兄弟俩与母亲在一块儿居住，俩兄弟都各有妻儿。杨璞忠厚孝顺，杨富却天性凉薄。

有一天涨大水，洪水将到。杨富不管老母兄长死活，先用船载着妻儿往北山逃命去了。杨璞无可奈何，危急之中急忙背着老母登上一座小土坡。刚到坡顶，四面洪水滔滔而来，许多房屋都被冲毁。杨璞正为来不及照顾妻儿痛心，忽然看见有个妇女抱着孩子，乘在一根大木头上漂了下来。他赶快尽力救上土坡，一看却正是自己的妻儿。

第二天水退了，他四处查问兄弟一家人，才知道他们的船刚到北山下，被一棵大树倒下来压翻，全家都被水淹死了。

3．不孝子食鱼化骨

长溪人陈元，被女方招赘上门后，靠捕鱼为生。有一天父母来探望他，他见父母来了就满肚子不高兴。母亲觉察到他的心思，怕他干出令人难堪的事丢人现眼，坐了一会儿就要告辞回家。媳妇心眼较好，苦劝公婆留下。

第二天陈元仍去打鱼，捕了一条大鱼。他得意之极，忽然想到有父母在家，一定会同吃他的鱼，就找个托词，打发老婆送父母回家。老婆、父母前脚刚走，他就急忙把鱼煮熟，大嚼起来。不想刚吃完，他的骨肉就全部化成血水，惨痛而死。

原来这鱼叫化骨鱼。逆子吃了它遭恶报，可称得上大快人心。

4．弃亲不养遭恶报

杭州人陈子乐，生有两个儿子。因为父母年纪渐大，眼看着就只能吃饭不能干活了，老大对老二说："我们不如分家好。"老二说："我早就想分了。"于是俩兄弟分开产业，各自开伙，谁都不管父母的饥饿寒冷。邻居们看不过，但怎么劝说都不管用。老父母生活无着，只得靠乞讨度日。

不久，老大生了儿子，没耳朵没鼻子，其丑无比；老二也生下儿子，浑身是毛，像是猴子。兄弟俩还不知悔改，怨天怨地，认为自己没做坏事，怎么生的儿子会这样？怨恨的话还没说完，晴天一声霹雳，把老大打死在地。又过几天，老二上山砍柴，被两只老虎分尸，血骨遍地。远近的人都说，这是不孝养父母的恶报。

5．久停父棺遭报应

大观人罗巩，把亡父装入棺材后，久久都不入土安葬。他只顾在外游学钻营，想捞个一官半职，由于一直没能如愿，便经常在神像前祷告。

有天晚上，他梦见神人怒气冲冲地斥责他说："你得罪了上天，竟还敢祷告求功名!”罗巩诉说无罪。神人说:“你久停父棺,不设法安葬,怎能说无罪!”罗巩忙说:“我还有兄长,没安葬父亲,为什么只怪我呢?”神人说:“你是读书人,当然应该明事理。你兄长贫穷又无知识,虽也有罪,但不能深责。”罗巩醒来后,对神人怪罪之事,仍然半信半疑。但不久,他就得了中风症,怎么也医治不好,终身潦倒不堪。

6. 忤逆还生忤逆儿

恩平县有个人叫伦芬,很小就死了父亲,母亲含辛茹苦抚养他成人。后来,伦芬到佛山做小生意发了财,买了房子,娶了老婆。他一直拼命赚钱,生怕饿着老婆、冻着儿子,却从没想到老母一人在家辛苦过日子。有朋友劝他:“你疼爱老婆孩子,可说是无微不至,但你老母亲一人在家,不知过得如何,你能放得下心吗?”伦芬竟然回答说:“我母亲虽老,身体还好。家中有两亩田,她可以自耕自食。老年人不用吃多少,穿多少,用不着我照顾。”朋友后来在背后感慨叹息说:“父母是树根树干,妻儿是树枝树叶。不顾老母只顾老婆儿子,就如坏了树根,还妄想开花结果呢!”果然,伦芬的老婆很早就死去了,两个儿子既无出息也不孝顺。到他年老的时候,以致冻饿而死。

广要道章第十二

——推广孝道，国家安定天下平

【原文】

子曰："教民亲爱[①]，莫善于孝。教民礼顺[②]，莫善于悌[③]。移风易俗[④]，莫善于乐[⑤]。安上[⑥]治民，莫善于礼。礼者，敬而已矣。故敬其父，则子悦；敬其兄，则弟悦；敬其君，则臣悦；敬一人，而千万人悦。所敬者寡，而悦者众，此之谓要道也。"

【注释】

①亲爱：亲近友爱。

②礼顺：礼貌和顺。

③悌：敬爱兄长。

④移风易俗：转移风气，变化习俗，使其更为美好，即改善社会风气与习俗。

⑤乐：音乐。

⑥安上：使在上位的人安于其位。

【译文】

孔子说："教导人民互相亲近友爱，没有比倡导孝道更好的了。教育人民礼貌和顺，没有比敬爱兄长更好的了。转移风气，改善习俗，没有比用音乐教化更好的了。使在上的人能安于其位，人民驯服，没有比礼节更好的了。所谓的礼节，也就是敬爱而已。所以尊敬他人的父亲，其儿子就会喜悦；尊敬他人的兄长，其弟弟就愉快；尊敬他人的君主，其臣下就高兴。敬爱一个人，就能使千万人高兴愉快。所尊敬的对象虽然只是少数，为之喜悦的人却有很多，这就是孝道的意义之所在啊。"

【简析】

本章是孔子对首章所讲"要道"二字的含义，进一步加以具体说明。

遵从父母的训导，这也是一个人孝的表现。也许，父母对孩子的期望可能会高于孩子的能力，但是有一点却是相同的，就是都希望孩子能够有出息。所以谨记父母的训导，对一个人来说很重要，尤其对还不能自己明辨事物的年轻人来说，无论父母、长辈，给你们的建议或者批评有可能都是为了你更好地成长。所以，我们对于父母、长辈应该恭敬地对待，虚心听取他们所说的道理。

兄弟姐妹和睦相处，一家人和和美美，是父母最大的心愿。因此，侍奉父母是尽孝，照顾兄弟也是尽孝。兄弟如手足，父母如身躯，身躯与四肢能互相搭配，这样才能构成健全的身体。所以，兄弟就要彼此友爱、相互提携，长大成人之后，更要相互地帮助。

如何教化民众？如何臻于和谐社会？如何移风易俗？这是任何一个王朝、一个时代都会遇到的话题、问题、难题，也是一个永恒的治政的主题。在孔子看来，如果能够推广先王的要道——即孝道，那么人民便会相亲相爱，天下和乐。

【解读】

由孝及悌兄弟情

悌，专指兄弟之间的感情，也是孝的一种延伸。身在一个大家庭之中，不仅要敬爱父母，也要与自己的兄弟姐妹相亲相爱。

《孝经》中说："孝悌之至，通于神明，光于四海，无所不通。"孔子认为，如果把孝悌之道发扬到极致，就可以通达神明，光照天下，在任何地方都可以感应相同。也就是说孝顺的人不但可以与父母心意相通，还可以与天地呼应，从而使天地垂怜，使之如愿。

兄弟同心，其利断金。在以农业为基础的传统社会里面，兄弟团结、妯娌和睦不仅仅可以帮助提高生产力，更重要的是让父母少一些琐事纷扰，颐养天年，也能够得到同族同村人的敬重。

我国历史上，情谊深厚的弟兄代表莫过于一门三苏中的苏轼和苏辙。他们之间的感情不仅为我们留下了感人的诗词，更为我们展示了兄弟之间不仅是血浓于水的亲情，也有高山流水遇知音般的友情。

苏辙说苏轼："抚我则兄，诲我则师。"苏轼说苏辙："岂独为吾弟，要是贤友生。"

苏洵在给两个儿子起名字的时候，特别有一番用心。“轼”意指车上的扶手，“辙”意为车碾过的痕迹。兄弟二人从小在一起读书，未曾一日相离。苏辙在《祭亡兄端明文》中写道：“手脚之爱，平生一人。幼而无师，受业先君。兄敏我愚，赖以有闻。寒暑相从，逮壮而分。”

苏轼的一些关于兄弟亲情的词，比之当时笼罩文坛的艳科词，不管在思想上还是艺术上，都给人以新鲜之感。《满江红·怀子由作》便是这类词中比较著名的一篇：

清颍东流，愁目断、孤帆明灭。宦游处，青山白浪，万重千叠。孤负当年林下意，对床夜雨听萧瑟。恨此生、长向别离中，添华发。

一尊酒，黄河侧。无限事，从头说。相看恍如昨，许多年月。衣上旧痕余苦泪，眉间喜气添黄色。便与君、池上觅残春，花如雪。

词的上阕即景抒情，抒发了对兄弟之间长期不得相见的深深感慨和对弟弟的深切怀念。下阕追忆从前，希望能有机会到京城与弟弟见上一面，并想象兄弟相会汴京的欢悦情景。全词苍劲淳厚，寄慨遥深，感情全自胸臆间自然流出。这首词感情真挚动人，词人以兄弟的情谊为主线来写景抒怀，情动于中而形于言，故而能感人肺腑。其中也夹杂着对官场的厌倦和人生不得意的感慨，是当时作者复杂心情的真实写照。

苏东坡最为有名的作品之一《水调歌头·明月几时有》，就是在中秋节怀念弟弟苏辙而作："丙辰中秋，欢饮达旦，大醉，作此篇，兼怀子由。"苏轼因为与当权的变法者王安石等人政见不同，自求外放，辗转在各地为官。他曾经要求调任到离苏辙较近的地方为官，以求兄弟多多聚会。熙宁七年（1074 年）苏轼差知密州。到密州后，这一愿望仍无法实现。公元 1076 年的中秋，皓月当空，银辉遍地，词人与胞弟苏辙分别之后，已七年未得团聚。词人面对一轮明月，心潮起伏，于是乘酒兴正酣，挥笔写下了这首名篇：

明月几时有？把酒问青天。不知天上宫阙，今夕是何年？我欲乘风归去，又恐琼楼玉宇，高处不胜寒。起舞弄清影，何似在人间？

转朱阁，低绮户，照无眠。不应有恨，何事长向别时圆？人有悲欢离合，月有阴晴圆缺，此事古难全。但愿人长久，千里共婵娟。

"但愿人长久，千里共婵娟"，这一句寄托了哥哥对弟弟的思念和对天下离别人美好的祝愿，成为千古传诵的名句。

苏轼被贬海南儋州，苏辙也因为哥哥而受牵连被贬雷州，两人一南一北隔海相望。苏轼的一篇《西江月》正写于此时：

世事一场大梦，人生几度新凉？夜来风叶已鸣廊，看取眉头鬓上。

酒贱常愁客少，月明多被云妨。中秋谁与共孤光？把盏凄然北望。

除此之外，两人还留下了大量唱和之作。一唱一和间，兄弟间互相珍重的心情跃然而现。苏东坡生活出现困难的时候，苏辙总是第一个帮助哥哥；当苏东坡在外漂泊无着的时候，也总是将家人托付给弟弟代为照顾。

是什么让兄弟之间能够维持如此美好的感情？当然一方面是哥哥苏东坡的才华，另外一方面也是弟弟对"悌"之道的诚心践行。当然，这其中也有父母教育的功劳。

为兄长的自然应该多一分气度，对兄弟多一点忍让和照顾；而做弟弟的，更加应该对兄长多一分尊敬，正所谓"长兄如父"。

从孝到悌，看似是一步小小的跨越，其实正是泛孝的开始。

古代孝道教化的途径与方法

古人在孝道的教育方法、途径上提出了一些很有价值、很有特色的见解，形成了一套行之有效的强化、褒奖措施。

1. 家族日常训诫与奖惩约束

孝道教育是孝亲敬长、家道隆昌的保障。清初学者冯班在《家戒》中说："君子之孝，莫大于教。子孙教得好，祖宗之业，便不坠于地。不教子弟，是大不孝，与无后等。"明代官吏姚舜牧在名为《药言》的家训中规定："族有孝友节义贤行可称者，会祀祖祠日，当举其善告之祖宗，激示来裔。其有过恶者，亦于是日训戒之，使知省改。"

明清时期，族规、族法对族人的处罚方法日渐增多，这些惩罚计有如罚跪、记过、锁禁、罚银、不许入祠、出族等11种之多。订立于清道光二十八年（1848年）的太平（今安徽黄山北）《李氏家法》，载于李氏宗族的族谱之中，家法共有十六篇，第一篇就是"尽子道"。该篇对严重不孝行为作了法律性质的强制性惩罚规定，对违犯家法严重者予以自尽或削谱的惩罚。令其自尽的是对极为不孝甚至殴伤父母者；削谱则是对那些"不孝不弟，渎伦伤化，作奸犯科及娼优仆隶，寡廉鲜耻，有玷祖宗清白者"的子孙。

2. 朝廷重视树典型垂范

历代统治者大都实行"以孝治天下"政策，十分重视社会的孝道教化，举孝廉，重三老，树典型，不遗余力。唐代江州（今江西德安）陈氏，制订《陈氏家法三十三条》，以孝义治家，昭宗时皇帝诏赐立义门。到宋至道三年（997年），宋太宗又赐御书33卷，题词"良家"，予以大力表彰。明太祖朱元璋基于"为治之要，教化为先"的治国理念，极为重视社会的孝道教化。他说："孝弟之行，虽曰天性，岂不赖有教化哉！"洪武三十年（1397年）九月，朱元璋还亲自制定、颁布了《教民榜文》（也称《圣谕六言》），将"孝顺父母"排在"圣谕"第一，足见朝廷对孝道教化的重视。这些都对社会孝道教化产生了很大的影响。

3. 官僚士大夫积极传布

除了封建统治者的倡导之外，饱受儒家思想浸润的官僚士大夫的积极宣传也是传统孝道教化成效斐然的一个重要原因。比如明代的儒士王相和清代的官吏陈宏谋、张师载等就是其中的代表。王相编辑的《女四书》，成为流传甚广的女教尤其是家庭女教读本。陈宏谋在地方做官期间，编辑刊印了许多社会教化读物，影响最大的是《五种遗规》。正因为这些官僚士大夫及民间饱受传统孝道熏陶的知识分子的积极传播，使得孝道教化更加卓有成效。

4. 编写劝孝歌诀警语熏陶

古人利用撰写的诗词、歌诀、警语进行训诫引导，这些形式大多对仗工整，押韵整齐，通俗易懂，便于记诵，具有很强的感染力。这些歌诀警语形式活泼，深受儿童、青少年的喜爱，比板着面孔的说教更能为他们所接受，可于潜移默化中进行孝道熏陶。

父慈子孝与兄友弟恭

父子、兄弟是古代家庭孝道文化的主角，父慈子孝、兄友弟恭的关系是相辅相成、互为促进的。

1. 父慈子孝的亲子恩

由于封建经济是以家庭为单位的自然经济，家庭财产的继承、家庭权力的转移都是由父辈决定的，因此，在封建社会中，最根本的家庭道德规范便是晚辈要绝对地服从、孝顺长辈。《袁氏世范》中说："子之于父，弟之于兄，犹卒伍之于将帅，胥吏之于官曹，奴婢之于雇主。"值得提出的是，尽管家训的作者们无不将"子孝"作为处理父子关系的主要方面，有的甚至宣扬"愚忠"、"愚孝"，但也有不少家训同时提出了"父慈"的要求，希望家长在不失权威的条件下，要宽容地对待自己的子女家人。如明仁孝文皇后所言，

"上慈而不懈，则下顺益亲"，否则"父不慈则子不孝"，于己于家都不利。许多家训还对家长提出了正身率下、爱子贵均的要求，认为假如家长持心不公，家庭必然不和。"父慈子孝"的伦理要求体现了父子间自然亲情的互动，但又不止于此。作为亲子间的伦理规范，"父慈子孝"是对自然亲情的伦理升华和文化再造，它包含了父对子的"爱教结合"及子对父的"孝敬统一"这一双向伦理规定。

（1）父慈而教。在传统的齐家伦理中，"父慈而教"是对父母的基本伦理要求。传统家训认为，父母对子女的慈爱，是基于天然血缘亲情关系上的本能表现，它不仅能让子女感受到亲情的温暖，并让他们在温馨和谐的氛围中健康成长，而且还能对子女起到伦理表率作用，有助于子女养成对父母爱戴和尊敬之情，长大后能自觉地孝敬父母。父慈包括以下三个方面的道德责任。

首先，生而养之。对于未成年子女，父母有抚养他们、使他们能够健康地长大成人的责任和义务。父母生育了孩子，就应该担负起对孩子的养育职责。

其次，养而爱之。为人父母，不仅要在衣食住行上满足子女的生理需要，还要对其进行精神上的关怀，以殷殷爱心使子女的人格和情感世界因得到爱的滋润而健康成长。只养不爱是不利于子女心理和情感健康成长的，甚至还有可能造成子女个性发展的不健全。

再次，爱而教之。父母对孩子慈爱的同时还要关注孩子的教育问题，不要溺爱孩子，"爱子当教之以义方"。几乎所有的传统家训作者都将教子视作生活中的头等大事，认为教子是为人父母者义不容辞的道德责任。

（2）子孝而敬。传统家训齐家伦理中与"父慈"相对应的伦理要求是

"子孝"。传统家训认为"孝"是为人子女者应具备的首要的伦理品性，它包含孝养、孝敬、孝顺三个层面的伦理要求。

首先，老有所养。父母为子女倾注了毕生的心血，付出了深厚的爱，为了回报父母的生育之恩、养育之情、教育之泽，子女就必须尽孝。

其次，奉老以敬。除了赡养父母外，子女也要孝敬父母。因为禽兽也会有养亲的举动，所谓"羊有跪乳之恩，鸦有反哺之义"。人若对父母只养不敬，则与禽兽无异。

再次，孝顺父母。孝顺就意味着以父母为权威，遵从父母之命，即使父母之命有不合适之处，只要无伤大雅，就应自觉体谅并遵从。当然，孝顺父母并非无原则地绝对盲从父母，对于父母的过错和过失理应委婉耐心地力谏。从这个意义上说，劝谏也是孝子的义务和责任。

最后，继承父志。向父辈学习各种经验和知识，"秉父辈之志，了父辈之愿，行父辈之道"，是承教继志的基本内涵。而子承父业，发扬光大父辈的事业和精神，则是承教继志的根本方面。

传统家训关于父慈子孝的伦理规范建立在封建专制的家长制基础上，因而几乎所有的家训都侧重强调家长的权威，片面强调子辈的义务，或多或少地渗透着封建专制主义、尊长本位主义的腐朽思想，这种家训中的封建毒素和糟粕是一定要摒弃的。传统家训父子之伦的精华在于对养育、抚育、教育、亲子之爱、爱要均等的强调，在于对孝养、孝敬、孝义的提倡，在于对父慈子孝的对等要求。

2. 兄友弟恭的手足情

传统齐家伦理认为，兄弟之间虽然形体相分离，但是在血缘和精神上是相通的，天然具有的血缘关系和长期的共同生活使他们之间存在着割不断的手足亲情。《颜氏家训·兄弟》中说："兄弟者，分形连气之人也，方其幼也，父母左提右挈，前襟后裾，食则同案，衣则传服，学则连业，游则共方，虽有悖乱之人，不能不相爱也。"这种血浓于水的骨肉亲情决定了他们的关系应该是友善、团结、互助的。兄弟妯娌间的和睦相处甚至是"齐家"更为重要的条件，妥善处理兄弟之间的关系是妯娌之间团结和谐的保证。

（1）同居共财。在传统社会，一般都是聚族而居或几代共居，所以，兄弟子侄几世共居的情况并不鲜见，“同居共财”也因之成为中国传统家庭生活方式的一大特征。在几世同居共财的传统大家庭中，男性家庭成员共同享有家庭财产，除了房间的分配有长幼尊卑之分外，日用钱物一般按人头分发。这种兄弟同居共财的伦理要求，是源自于传统家庭经济的内在要求及家庭家族长期稳定发展的需要。在小农经济的生产方式之下，家庭财富的积累并不容易，有限的家庭财产的积累往往需要几代人的努力。而兄弟同财共居，对于防止来之不易的家产的分割和流失无疑具有重要意义。并且兄弟同居共财，有利于相互扶助，防止家庭、家族的分化，防止子孙没落，以使整个家庭、家族长享富贵，至少不至于贫困沦落，衣食无着。何况子孙众多，如果有人能跻身仕途，那么整个家族便“鸡犬升天”，都会跟着分享荣华富贵。因此，家训作者们都极力主张兄弟之间同居共财，并从正反两面论证维护好兄弟关系的重要性。兄弟同居共财的伦理观，对于发展农业生产、强化家庭成员的亲情、维护家庭和社会的稳定，具有积极的意义。

（2）兄友弟恭。在传统家训倡导者看来，兄弟之伦是五伦之中最为珍贵的伦理关系。兄弟关系先于夫妻关系，久于父子关系，只有兄弟关系才是五伦之中持续时间最长的。因而，家训倡导者大都十分注重兄弟关系对家庭和睦及其生存发展的影响，强调兄弟双方都要遵守相应的伦理义务：兄友弟恭。

兄友不仅指兄对弟要亲仁宽厚，友好相待，还指兄长要以身作则辅助父亲教育帮助其他兄弟成才。因此，我国自古以来就有长兄如父的说法。弟恭指为人弟者要尊敬、爱戴兄长。兄弟之间，兄有职责教育弟，弟也可以在发现兄长的过失的时候加以规劝。传统家训总是把“父父子子，兄兄弟弟，元气团结”视为家道隆昌和家庭幸福的必不可少的条件，极力强调兄弟之间的手足之情，褒奖兄弟间的友爱；并通过对大量典型事例的宣传、褒奖，强化手足情谊，把兄弟友爱的道德观念灌输到家人子弟心中，成为后人处理兄弟关系的日常行为规范。

但在推行“长幼有序，尊卑有别”的宗法制度大背景下，兄弟关系实际包含着“幼”对“长”的恭顺和服从。当然，兄弟关系毕竟不像父子关系那样有一种严格的辈分之别，也不像夫妻关系那样具有从属的性质，它是一种与生俱来的平辈关系。因此，与父子关系和夫妻关系这两种关系相比，兄弟之间的交往在一定范围内还是具有一些平等因素的。

【典例】

廉范笃孝行仁义

廉范，字叔度，后汉京兆杜陵（今西安东南）人，大将廉颇之后。

廉范年少时，父亲在四川遭遇丧乱，客死在异乡。等到他十五岁时，就去四川迎接父亲遗骨归乡安葬。当时的蜀郡太守，原来是他父亲的部下，拿出很多钱来资助他迎丧。廉范婉言相拒，认为用别人的钱迎骨，是对父亲的不敬。他背着父亲的遗骨步行到了葭萌（今四川省广元市境内），后又乘船于白水江（今四川昭化县西北），不幸小船触礁，别人都弃物逃命，他却抱着遗骨不放，眼看就要被淹没于水中。其他船上和岸上的人被他的孝行所感动，便七手八脚地用绳索铁钩将他捞到岸上。经多方抢救，他才脱离生命危险。历尽艰难险阻，他终于把父亲的遗骨安葬在了家乡的土地上。

后来，廉范当了公府的文书。他的老师薛汉因参与楚王谋反而被杀，没有人敢出面收尸。廉范左思右想，感到无论如何也不能让自己的老师暴尸荒野，就冒着杀头的危险前去收尸。后来他因此事被人告发，汉显宗大怒，责问他为什么去收尸。廉范回答说：“薛汉谋反应该杀头，但他是我的老师，学生怎能让自己老师的尸体弃于荒野呢？收尸只是师生之情，绝没有其他任何原因，我甘愿领受处分。”显宗知道他是廉颇的后代，也知道他和谋反无关，便没有追究。从此，他好义的名声便传了开来。

汉明帝永平初年，廉范应陇西太守之请，当了公曹。到任不久，他就断定太守要蒙难入狱，便果断辞职，隐姓埋名，到洛阳去当了一名狱卒。不久，陇西太守果然被解到洛阳下狱。在狱中，太守得到了廉范的保护和无微不至的关照，少受了很多罪，内心十分感激。廉范说：“你聘请我是情，我照顾您是义，人应该有情有义呀。”后来直到太守死去，将他安葬完毕，廉范才离开洛阳。

廉范以孝义而出名，当了云中太守。这时正赶上匈奴入侵，他带领本部少数人马，孤军奋战，机智勇敢地打败入侵的匈奴。为此，廉范因功调迁蜀郡太守。到任后，他顺从民意，兴利除弊，使蜀地百业俱兴，廉范也得到了百姓的拥护和颂扬。

廉范急功好义，忠勇报国，所以当时人们都说：“孝是做人的根本。廉范孝敬父母，对朋友竭尽忠诚；在国家有难的时候，机智勇敢，不怕牺牲，报效国家；在看到百姓痛苦的时候，施恩于民，兴利除弊。这都是他笃行孝道的具体表现啊！”

庾衮不畏疠疫照顾兄长

庾（yǔ）衮（gǔn），字叔褒，晋代颍川鄢陵（今河南省鄢陵县）人。他是明穆皇后的伯父，地位显赫，备受尊崇。然而他之所以受人尊敬并不是因为他尊贵的身份，而是来自于他“事亲以孝友闻”的高尚情操。

庾衮年轻时学习努力，喜欢提问，并且非常孝顺。有一年遇到灾荒，瘟疫蔓延，他的两个哥哥都被瘟疫折磨而死。还有一个哥哥也不幸染上了瘟疫，眼看就不行了。他的父母见瘟疫如此可怕，就带着剩下的几个没有染病的孩子逃亡到外地避难。庾衮不愿离去，提出要留下来照顾重病的哥哥，父母担心他会因此受连累，坚决不同意。他就对父母说：“我身体很好，不会染上瘟疫。只要哥哥还活着，身边就不能没有人照顾。你们要走我不反对，但不要阻止我留下来照顾哥哥。”无奈，父母只好带着其他孩子走了。

此后，庾衮不分昼夜地守在哥哥身边，端茶送药，从不间断。父母临走前曾为哥哥准备了棺木，庾衮每次看到棺木都偷偷地流泪。皇天不负有心人，在庾衮的悉心照料下，过了一百多天之后，奇迹出现了，不但哥哥身体好了起来，瘟疫也退去了。后来家人都回来了，见此情景，十分欣慰。

在中国，孝悌是不分家的，孝道并不仅止于孝敬父母，还包括兄友弟恭，兄弟间的相互扶持也是孝的一个组成部分。庾衮在灾难面前对于兄长无微不至的照顾正体现了这一点。瘟疫不会因为一个人的身份显赫而退避三舍，然而人间的真情却可以驱散病魔。

王祥以孝感化继母

王祥（180 年或 184—268 年），字休征，汉末晋初琅琊人，魏晋时先后任太尉、太保等职。

王祥以孝敬父母著称于世。父母有病，王祥不分昼夜，衣不解带，侍奉于床前。汤药煎好后，用口吹凉，再亲自尝过，然后毕恭毕敬地送至父母床前，等待父母喝完后才肯离去。

王祥生母薛氏因病过早去世，继母朱氏性情乖戾暴躁，心胸狭窄。继母背地里后屡次向王祥的父亲告状，说王祥的坏话，因此王祥经常受到父亲的斥责以至怒骂。王祥对此从无怨言，对继母敬爱有加。

继母朱氏爱吃新鲜的鲤鱼，不管什么样的天气，王祥都要千方百计去抓鲤鱼。正值数九隆冬的季节，王祥赶到村外河边，正准备用斧子凿开坚冰，解开衣带进入寒冷的河里去捉鲤鱼，寒冰竟突然裂开，两条鲤鱼跃出，王祥急忙捉住，回家做好“鲤鱼烩”，给继母送去。

继母又想吃“黄雀炙”，王祥几次进入深山也没捉到一只黄雀，后来竟有十几只黄雀突然飞入室内，王祥喜出望外，把捉到的黄雀送给继母。

王祥家的庭院里有一棵果树，结的果子很多，怕被虫鼠和他人偷吃，继母让王祥寸步不离地守着果树。一次夜里，刮大风了，下大雨了，王祥也不敢跑回屋子里，抱着树，被雨淋了整整一夜，身上又湿又冷。朱氏虽感过意不去，但仍然寻衅找碴无理刁难王祥，甚至起了歹心。有一天半夜，朱氏估计王祥睡着了，就拿了把菜刀潜往他的卧室。刚好王祥外出小解，继母在他床上连砍几刀，以为王祥必死无疑，便非常得意地走了。

王祥回来后，看到被子上的刀痕，心里便明白了几分，但他没有声张。第二天，继母见到他，惊恐不已，但王祥神色如常，对待继母仍然很恭敬。

王祥父亲去世后，家庭重担落在王祥肩上，他每天起早贪黑操持家务。王祥为人厚道，品行端庄，见义勇为，誉满乡里。王祥弟弟王览系继母朱氏所生，继母爱之如命。王览六七岁见母亲经常打骂王祥，王览哭着用身体遮护哥哥，十几岁时就经常劝说母亲不要虐待哥哥，朱氏有所收敛。朱氏嫉恨王祥，暗里将毒药放入酒里，使人送给王祥。弟弟王览知道底细，径起取酒。王祥也怀疑酒里有毒，争而不与，朱氏只好夺下酒急忙跑了。从此朱氏送给王祥的饭菜，王览都抢先尝尝，朱氏怕误毒王览，就不再往饭菜里下毒了。王览深受哥哥熏陶感染，“孝友恭恪，名亚于祥”，在当时传为美谈。

王祥几十年如一日孝敬继母，有求必应，终于以孝心打动了继母的心，母子感情逐渐融洽起来。东汉末年，军阀混战，民不聊生。王祥“扶母携弟避地庐江”，隐居三十余年。魏国多次征召，他拒不前往就职。王祥小心谨慎孝敬继母，直至继母去世。丧葬完毕，他已年近六十，才去徐州任别驾，协助徐州刺史吕虔戡乱，使“州界清静，政化大行”，时人歌之曰：“海沂之康，实赖王祥，邦国不空，别驾之功。”王祥在西晋任太保之职，身居高职，但他仍旧“高洁清素，家无余宅”，为政清廉，勤俭持家，病重遗令子孙丧事从简，“家人大小不须送丧”，当时传为佳话。

王祥因孝名和功绩被加官晋爵，晋武帝时官拜太保，进爵为公，许以不朝之特权，寿终九十四岁。其孝名为历代所传唱，流传至今，妇孺皆知。

广至德章第十三

——至德为孝，上行下效堪表率

【原文】

子曰："君子之教以孝也，非家至而日见[①]之也。教以孝，所以敬天下之为人父者也；教以悌，所以敬天下之为人兄者也；教以臣[②]，所以敬天下之为人君者也。《诗》云：'恺悌[③]君子，民之父母。'非至德，其孰[④]能顺民，如此其大者乎！"

【注释】

①家至：到家，即挨家挨户去教导。日见：天天见面，指当面教导。

②臣：指为臣之道。

③恺悌：和乐安详，平易近人。

④孰：谁。

【译文】

孔子说："君子用孝道来教化人民，并不是挨家挨户去推行，也不是天天当面去教导。君子教人行孝道，是让天下为父亲的人都能得到尊敬；以悌道教人，是让天下为兄长的人都能受到尊敬；教人以为臣之道，是让天下为君主的能受到尊敬。《诗经·大雅·泂酌》中说：'和乐平易的君子，是天下民众的父母。'如果没有至高无上的德行，有谁能使得人民顺从归化，而有如此大的成效呢？"

【简析】

本章旨在阐发首章“至德”二字的义理，使执政的人知道如何推行孝道这一“至德”，希望君王能够以身作则行孝道，为天下做表率，从而使天下为人子、人臣者知道孝悌父兄、尊敬君王。

孔子主张在内容上抓住孝道、悌道、臣道，即是着眼于父子、兄弟、君臣之间的关系的融洽，因为这是最高的德行，能够顺应民心，且能由此层层推广开来。孝道教化不必耳提面命，只要自己做出榜样来、每家做出榜样来、上层的人做出榜样来，就会由内而流行于外，然后流行于全社会。这是最简单易行且高效的方法。

【解读】

孝敬父母体现在每一个细节中

赡养父母，是对父母养育之恩的回报。只要对造物主的敬重还没有消失，赡养双亲的律例将永无止境。不管你是十恶不赦的罪犯，还是遵纪守法的臣民，都得把孝敬父母看成是自己的天职，哪怕你是落魄天涯、衣食无着的人。

蔡顺，字君仲，东汉汝南人。在他很小的时候，父亲就过世了，只留下他们母子二人，蔡顺对母亲十分孝顺。

当时正逢王莽之乱，赤眉起义，战火连绵，而汝南地区又恰逢灾荒，当地百姓根本吃不饱饭。为了让母亲能吃饱肚子，蔡顺就去拾桑葚。他一边拾桑葚一边挑挑拣拣，他把黑色的、味道甘甜的放到一个容器里，而把那些看起来青涩的放到另外一个容器里。赤眉军看到他这一举动，感觉十分奇怪，就问他为什么这样做。蔡顺说，那些甜的是给母亲吃，这边不甜的是留给他自己吃的。赤眉军被他的孝心所感动，就送给他一只牛腿、三斗白米，让他带回去奉养母亲。

不管在哪个朝代，孝顺之人孝心都是类似的，文天祥的老师欧阳守道

“舍肉奉母”的故事，也证明了这一点。

欧阳守道是宋朝吉州人（今江西省吉州县人），字公权，一字迂父。由于家境贫寒，从小没有钱上学，但他天生好学，常常在家里刻苦自学，时间久了，学识变得非常渊博，加上他为人忠厚，乡亲们都很信任他，就推举他做私塾里的老师。欧阳守道教书十分尽力，深受学生及其家长敬重，常邀请他去自己家里吃饭。

每当这个时候，欧阳守道就会把肉菜留着，自己只吃素菜。吃完饭后，他会请学生家长把肉莱替他收拾好带回家。一开始，学生家长都感觉十分奇怪，日子久了，他们才知道原来欧阳守道是把肉菜带回家奉养老母亲了。了解此事之后，很多学生家长都为之感动，便主动在饭前准备好装肉菜的器具，以便于饭后欧阳守道携肉回家孝敬母亲。

有时候，孝顺不见得是给父母提供锦衣玉食，而是在即使贫寒的环境下，还能时时想着父母，并把最好的留给父母。相比于生活富裕时代的物质奉养，贫寒时期的这种孝心更值得人尊重和效仿。

孝顺父母体现在每一个微小的细节中。抓住一切和父母在一起的机会，比如吃饭的时候，看电视的时候，出外游玩的时候，了解他们的兴趣爱好。不要嫌父母的唠叨烦人，能听得进去父母的唠叨就能读懂父母，更能了解父母身上无私的爱。如果和父母有误会，多去了解和体谅父母的性格，了解了父母的个性，心里就会多一些对他们的宽容和谅解。

中国传统家训中的孝道教化

家训是中国传统文化的重要组成部分，可以说是家庭教育的百科全书。传统家训理论是中华传统文化在家庭层面的体现，在中华文化的传承中发挥了独特而重要的纽带作用。传统家训伦理以一种通俗易懂的传播形式，将博大精深、玄奥缜密的中国传统文化的精华传递给全社会。

孝道是传统家训的核心内容和重要价值导向之一，因此，家训就成了传统孝道传播、发展的重要载体和有效途径。

从子女的角度来看，孝是处理父子关系的道德原则。开创了中国帝王家训先河的周公，亦是首位以家训进行孝道教化的人。他在训诫康叔时不仅倡导孝道，甚至将“不孝不友”视为“无恶大憝”，规定绳之以法，“刑兹无赦”（《康诰》）。秦汉之间《孝经》问世后，汉代统治者不仅将该书规定为民众的必读书目，要五经博士兼通，而且皇帝还亲自讲授《孝经》，朝廷甚至推行“以孝治天下”的政策，由此可见，孝道成为家训的核心内容和重要价值导向之一。

1. 立身之本

古人早在《周易·家人》的卦辞中就已经明确提出了“教先从家始”、“正家而天下定”的主张，后来的《礼记·大学》篇更加明确地将修身、齐家作为治国、平天下的根本。古代家训中的孝道教化受此影响很大。如明代官吏姚舜牧在其家训《药言》中把“孝”放在了立身做人八个基本道德规范的首位：“孝悌忠信，礼义廉耻，此八字是八个柱子。有八柱始能成宇，有八字始克成人。”他还进一步强调“孝”德在子弟品德培养中的根本地位在于：“一孝立，万善从，是为孝子，是为完人。”在立身处世上，明代东林党领袖高攀龙在其《高子家训》中要求家人子弟做个好人，而“好人”的总要求则是：“立身以孝悌为本，以忠义为主，以廉洁为先，以诚实为要。”清代学者孙奇逢在《孝友堂家训》中也将“孝”作为四个做人的根本之一：“父慈、子孝、兄友、弟恭，本之本也。”由此可见，“孝”道在古人心中的地位是相当高的。

2. 敬为孝先

对父母予以精神赡养，以敬为先，是传统家训的孝道训诫尤其强调的方面。明仁孝文皇后《内训》认为“敬”是孝之本，而“养”则是孝之末：“孝敬者，事亲之本也。养非难也，敬为难。以饮食孝奉为孝，斯末矣。”（《事父母章第十二》）康熙也训诫诸皇子要孝敬父母，他认为孝主要“不在衣食之奉养”，而在“惟持善心，行合道理”，“诚敬存心，实心体贴”，早晚问安，以得父母君亲之“欢心”，这才是真孝子。

3. 扬名显亲

“显父母、耀祖先、重家声”是“至孝”的最高标准。以“卧冰求鲤”而位列“二十四孝”之一的晋代孝子王祥，在其《遗令训子孙》的家训中告诫子弟要以“信、德、孝、悌、让”为立身之本，而孝的最高标准就是“扬名显亲”。该遗训说：“扬名显亲，孝之至也；兄弟怡怡，宗族欣欣，悌之至也。”清代学者石成金在其《传家宝》中的家训《后事十条》中嘱咐子弟，“凡出言行事，俱守我之仁厚勤俭，不堕家声”，就是对他本人最好的悼念。明代官吏彭端吾在其《彭氏家训》中提出的“孝”的标准是“保此身”、“做好人”，并且认为这是最高的孝道。他认为：“保此身以安父母心，做好人以继父母志，便是至孝。”这种孝道思想至今仍然是值得肯定的。

4. 慈孝相应

尽管封建道德要求“父为子纲”，但家训的不少作者都要求慈孝对应，且尤其强调父辈率先以身垂范。南朝宋大臣、文学家颜延之家训《庭诰》强调指出，在处理

父子兄弟关系时，父兄应该以身作则，在子弟面前起表率作用。“欲求子孝必先慈，将责弟悌务为友。虽孝不待慈，而慈固植孝；悌非期友，而友亦立悌。”意思是说，慈、孝与友、悌是双向的，而且以上对下的要求在先。就连司马光这样极重封建礼教的保守派，也强调家长应依据礼法公正治家。他在《居家杂仪》中开篇讲的就是对家长的要求：“凡为家长，必谨守礼法，以御群子弟及家众。”他还指出：“为人父者能以他人之不肖子喻己子，为人子者能以他人之不贤父喻己父，则父慈而子愈孝，子孝而父益慈。”孙奇逢更在《孝友堂家规》中谈到了违背父慈子孝规范的严重后果。他说：“家之所以齐者，父曰慈，子曰孝，兄曰友，弟曰恭，夫曰健，妇曰顺。反此则父子相伤，夫妻反目，兄弟阋墙。积渐而往，遂至子弑父，妻鸩夫，兄弟相仇杀，庭闱衽席间皆敌国。”

5. 俭以祭亲

古人认为，生和死都是人生的两件大事，因此传统家训孝道教化的重要内容之一便是祭祀亲人。但家训作者大多嘱告子弟家人不必一定厚葬，薄葬亦孝。例如陆游家训中就极力反对厚葬，告诉家人棺材埋入土中没有什么区别，故不要买价格昂贵的木材做棺材；出殡时一律不要用纸人纸马、香亭魂亭之类，也不要花钱请僧徒引导；雇人守墓，一人即可。许汝霖的《德星堂家订》还提出祭祀从简的主张，提昌将节省下来的费用“济孤寡而助婚丧，扩宗祠而立家塾”。

以上所说的各个积极方面，虽是家训孝道教化的主要方面，但是由于时代的局限，家训中也有一些“愚孝”的消极内容。例如，班昭的《女诫》教育诸女出嫁后不仅要敬顺丈夫，而且要顺从甚至屈从公婆。“屈从”就是即便公婆说得再错，也不得“争分曲直”，必须一味顺从。再如司马光的《居家杂仪》中，尽管有“父慈而子愈孝”的合理思想，但也同时宣扬了愚孝观念，甚至将父子、夫妻关系的封建伦理道德规范推向了片面的极端。他认为，做儿子的应该绝对服从父母，唯父母之命是从。他说：“子甚宜其妻，父母不悦，出；子不宜其妻，父母曰：子善事我。子行夫妇之礼焉，没身不衰。”这就是说，即使夫妻非常和睦，感情很好，只要父母不满意，就必须将妻子休掉；反之夫妻关系再不好，只要父母满意，就得凑和一辈子。这种荒谬的说教对宋代特别是明清时期的家训产生了很大的消极影响。

【典例】

皇甫谧迷途知返

皇甫谧（215—282 年），字士安，魏、晋间安定朝那（今甘肃平凉县西北）人。皇甫谧从小就被过继给了叔父，叔父叔母对他十分宠爱娇惯，养成了他不肯读书的恶习，以至于到了二十岁还是游荡无度。

一天，皇甫谧在野外摘到一些瓜果，便回家送给婶母。婶母对他说："你即使每日三餐送肉给我，也算不上孝顺。你今年二十岁了，不走正道，不肯读书，整天游手好闲，用什么来安慰我呢？"婶母又叹气道："从前孟母为使孟子学习，先后搬了三次家，终于使孟子获得了成就；曾子为了教子而忍痛杀了小猪，以使儿子懂得诚信。难道是我择的邻居不好，或者教育方法有缺陷吗？为什么你这样不懂事呢？用功学习，得来的知识是你的，而不是我的！"说着就流下了眼泪。

听了婶母的劝导，皇甫谧很受感动，决心痛改前非，发愤读书。他跑到乡里一个读书人席坦那里去识字、读书，非常用功。由于家里穷，他就一边耕种，一边把书带在身边学。就这样经年累月，坚持不懈，几年后读完了百家典籍，成了一个知识渊博的人。

中年以后，皇甫谧得了风痹疾，导致半身不遂，但他仍然手不释卷，因而被旁人叫作"书淫"。有些好心的朋友劝他道："你太勤奋了！这样下去，必将损害健康，还是节制一下吧！"他回答说："'朝闻道，夕死可矣！'何况寿命的长短，并不决定于是否勤奋啊！"后来，朝中一再征召他做官，他都谢绝，却上表向皇帝借书。皇帝深受感动，就送了一车书给他。皇甫谧一生"以著述为务"，著有《帝王世纪》、《年历》、《玄晏春秋》等，并且教出许多有名的学生，如挚虞、张轨、牛综、席纯等，都成了晋朝名臣。

杨津扶持老兄

杨播，字延庆，北魏华阴（今陕西华阴市）人。他为人忠厚、谦虚、恭顺，非常懂得教育孩子的方法。在他的教育下，两个儿子杨椿和杨津都知书达理，品行俱佳。

杨椿和杨津兄弟二人感情深厚，相互敬重。每天清晨，他们起床后都相对而坐，专心读书，互不打扰对方。吃饭的时候，只要有好吃的饭菜，就必须等到两人到齐后，才一块吃。晚上就寝时，用一个帐子在中间隔开，兄弟俩一边睡一个，隔着帐子谈心。长大之后，虽然各自都成了家，却依然来往甚密，不分彼此。

杨椿老了之后，有一次喝醉酒无法回家，杨津便亲自搀扶哥哥回家。他怕哥哥睡醒后要召唤人伺候，于是躺在哥哥身边，却不敢真的入睡。

兄弟俩60多岁的时候都做了大官，杨津的官位还要高些，可杨津丝毫没有以自己的官位自居，反而更加关心哥哥，每天早上和晚上都要亲自过问哥哥的情况。当哥哥去郊游、很晚还不回家的时候，他是绝对不会先端起碗吃饭的。

杨津按照礼法，严格遵守长幼之序，他尊敬兄长的行为到如今也应该成为我们的表率。

李晟教女孝公婆

李晟（727—793年），字良器，洮州临潭（今属甘肃）人，唐朝宰相、军事家。他有个女儿，嫁给了刑部侍郎崔枢的儿子，按当时的习惯家人都称她为崔氏。

有一次，李晟过生日，大清早崔氏就赶回家来为父亲祝寿。酒宴刚刚开始，一杯酒还没喝完，崔家的一个使女就急匆匆地走了进来，凑在崔氏的身边耳语了一阵。崔氏听完微皱眉头，稍作寻思，挥了挥手，使女便风风火火地走了。

酒宴继续进行。正当众人酒兴正浓的时候，那使女又急急忙忙地转回来，向崔氏嘀咕了好一阵，好像很为难。崔氏很不耐烦地又把使女打发走了。

李晟十分细心，他在接受客人和晚辈敬酒的时候，注意到了女儿这边的动静。他找到机会，把女儿招呼到自己的身边，问她家里发生了什么事。崔氏开始不肯说，李晟再三追问，崔氏才说："婆婆昨天夜里犯了病，今天还有些不舒服。女儿怕扫宴会的酒兴，再说婆母的病也不太重，就没有回去，已打发下边的人去服侍了，若有什么情况会及时告诉我的……"

李晟听后很生气，严肃地说："你作为人家的儿媳妇，婆婆生病，你怎么能不去服侍照料，却跑来为我过生日呢！”

女儿委屈地辩解道：“您过生日，女儿不在也是不孝敬啊！况且满朝文武都在，女儿于席间离开，也不礼貌啊！”

李晟解释道：“在家敬父母，出嫁孝公婆，祝寿和服侍病人哪个更急啊？你听说婆母生病便急忙离去，客人只会夸李家的女儿有教养。相反，不回去别人倒会说闲话，因为爸爸的官职高啊！”说完，便让家人备车，送女儿回家去照料婆母。

女儿走后，李晟想到这与自己对她往日的教育欠缺有关，心里很不安。酒宴一撤，李晟便急忙赶到女儿家，问候亲家的病情，并且为女儿今天的失礼再三表示歉意。亲家母感动得流下热泪，因儿媳失礼而生的怨气，一下子全消失了。

李晟严格地要求自己，教育女儿孝敬公婆之举，也受到了满朝文武的称赞。

贞孝女宗李氏的孝行

贞孝女宗，原为李氏，唐代赵郡太守李叔胤的女儿，范阳（今河北涿州）人卢元礼的妻子。由于她生前对长辈异常孝顺，死后被追谥为“贞孝女宗”。

李氏女十几岁的时候，父亲就去世了。她虽然还很小，但对父亲的死却十分悲痛，恸哭失声，多次晕厥。母亲崔氏苦心劝慰，李氏女才停住了悲泣。她十分思念父亲，经常偷偷地哭，几年下来，瘦得连站起来都很困难。

后来，她嫁给了卢元礼，离开了家，也离开了母亲。她天天想念母亲，茶饭不思，身体更加瘦弱。丈夫一家人一齐劝解，仍是无用，只好暂时把她送回娘家。可是过几天回到卢家后，仍然像以前一样。卢元礼的母亲为了让她安心，反反复复来回送接了很多次，这在古代是很罕见的。

几年以后，丈夫卢元礼死了，李氏追思夫婿心情悲切，常常寝食难安。

但她从来没有忘记安慰婆婆，照顾婆婆。晨昏起居，适时问候，从来也不耽误。织布裁衣，煮饭做菜，从来不让婆婆伸手。婆婆身体不适的时候，她一定延医买药，直到婆婆康复她才安下心来。

不久，李氏的母亲崔氏病故。娘家派人把噩耗告诉她，李氏初闻凶讯，立刻恸哭起来，哭着哭着就晕过去了，到天亮才苏醒过来。她茶饭不思，夜不能寐，身体也日渐虚弱。婆婆担心她一个人回娘家有困难、有危险，就决定亲自送她回娘家奔丧。一路上历尽艰辛，跋山涉水，搭车乘舟，好不容易才回到了家。李氏见到母亲的棺木，摇摇晃晃地跑上去，伏在棺材上大哭起来，哭了一会便昏厥了过去。婆婆和她的兄嫂们急忙解救，她好一阵子才醒过来。

葬礼过后，婆媳俩回了家。从此以后，婆媳间更加亲近了。当时的官府为褒扬她的孝行，将她居住的地方更名为孝德里。

广扬名章第十四

——移孝作忠，声名显扬传后世

【原文】

子曰："君子之事亲孝，故忠可移于君；事兄悌，故顺可移于长[1]；居家理[2]，故治可移于官[3]。是以行成于内[4]，而名立于后世矣。"

【注释】

①长：长官。

②理：治理。

③官：为官。指处理政务。

④行成于内：在家里能把孝悌的德行表现得很完善。行：指孝悌的德行。成：有所成就。内：指家里。

【译文】

孔子说："君子侍奉父母亲能尽孝道，所以可以把对父母的孝心移作对国君的忠心；奉事兄长能尽悌道，所以可以把这种敬爱之心移作对上司的敬顺；在家凡事能治理得很好，所以可以把理家的道理移以做官处理政务。因此说在家里能把孝悌的德行表现得很完善的人，其名声也就会显扬于后世了。"

【简析】

本章进一步把首章"扬名于后世"的至德要道，分别讲解得清清楚楚。君子如果能够孝顺父母，而且移孝作忠，由内而外，一定可以使声名显扬于后世。

所谓“行成于内”，应指内在的品德、修养、素质、能力、本领、智慧等内在的素养、素质，不要忘记“事亲孝”、“事兄悌”、“居家理”。至于使“名立于后世”的途径与方法，即“移忠于君”、“移顺于长”、“移治于官”，必可臻于人生的成功，从而立名于后世。

俗话说：“名誉是第二生命。”所以，古人教育人们要立德、立功、爱护名誉，把忠孝大道都推行到极点。我国古代圣贤所讲的名誉，首推德行。德是“明之实”，君子视“无实而名”为可耻。不像西方所讲的名誉，是纯粹的名誉，所以有名誉的人，不一定有德行；有德行的人，必定有名誉。德是根本，名是果实。

孝换一种角度讲就是忠、悌，这说明，可以事亲孝悌的人，不仅能够处理好家庭关系，也一定能够整治好国家。

【解读】

戴名世的《孝子诗》

戴名世（1653—1713年），字田有，一字南山，安徽桐城人，清代文学家。康熙四十八年（1704年）进士，官至翰林院编修。后因所著《南山集》用明永历年号，左都御史赵申乔弹劾其“倒置是非，语多狂悖”，被定为谋逆之罪被杀，株连获遣者达三百人之多。

戴名世曾写过一首《王孝子诗》，叙述一位姓王的孝子如何克服艰难险阻，奔走于天南海北，寻找自己的父亲：

至道不在远，庸行翻成奇。
嗟哉王孝子，千秋仰芳规。
奉母至壮大，失父自婴儿。
家世本微贱，徭役困箠笞。
父乃顾妻子，一笑弃如遗。
以孤全子命，以寡全妻帷。

逃形荒莽门，孑身幽远陲。
亡命异张俭，乞食等鸱夷。
可怜骨肉恩，百岁成乖离。
茫茫日月逝，行行家国睽。
转眼数十载，飘萍任所之。
田园心已灰，诛求梦犹危。
已同无家别，不作生还期。
回首初去日，有雏在抱时。
世事难可料，长成安得知。
孝子告母言，世无父者谁。
父貌虽不识，父踪亦难追。
儿志立已坚，儿力敢厌疲。
誓将寻父处，誓将以父归。
妇能代我养，儿必宽母悲。
母闻抚膺叹，岁月久已驰。
人烟浩如海，物色从何施。
与梗昼夜流，随风东西吹。
恐无会合日，况怀存亡疑。
孝子再拜起，此愿更不移。
担簦竟前往，前路修逶迤。
缒险穷山巅，临深阻水湄。
搜求及四野，阅历遍九逵。
面目既黧黑，手足复胼胝。
有地皆可到，得亲岂嫌迟。
精诚感天地，辛苦动神祇。
一夕北海岛，异梦恍难窥。
有叟善占验，云往南求之。
父子当相见，相见在神祠。

果然如教往，浸寻渡漳淇。
野寺纡曲折，天雪纷霏微。
困卧寺门外，寺僧餔以糜。
问其何所苦，为陈寻亲词。
父适佣僧舍，析薪供晨炊。
闻说乡邑同，惊问平生为。
大呼孝子名，一应千泪垂。
相逢出意外，喜极转涕洟。
群僧共嗟异，相见果在兹。
遂乃奉父还，母父哭相持。
团栾如再世，举室同嘻嘻。
亲年臻大耋，孺慕仍依依。
子亦享上寿，天理岂有违。
慨自风教散，祸始在伦彝。
有亲不能事，膝下成参差。
愿作孝子传，大书付雕剞。
举以风浊世，先之以此诗。

这则故事讲述的是王孝子的父亲早在儿子幼小时即离家出走，浪迹天涯。王孝子长大、成家以后，自己也有了孩子，但决心千里寻父。他不知道父亲的长相，又不知道在哪里，但是向母亲发誓一定要将带父亲回来。他历尽艰辛，最后竟奇迹般地在一个寺庙中父子相逢，一同回家团聚。王孝子实有其人，名王原，直隶文安县人。诗人在朴素的叙事、抒情、析理中，讲述了王孝子感人至深的故事，读之使人心绪难平。

无独有偶，在安徽歙县棠越村，有一座建于清代嘉庆二年（1797年）的牌坊，是为了纪念一位名叫鲍逢昌的孝子。

据《歙县志》记载，明末天下大乱，鲍逢昌的父亲只身在外，久无音信。顺治三年（1614年），当时只有十四岁的鲍逢昌下决心去寻父。他历尽千难万险，沿途乞讨，花了三年时间，居然在甘肃雁门的一座古寺庙中找到了父亲。其父正生活在病痛之中，他为父亲背上的毒疽吮脓疗疮，又千里迢迢地护送父亲回到久别的家里。

然而不幸又接踵而至，一回到家里即见到母亲又病危在床上。医生说，只有浙江富春山有一种真乳香，可以治其母之病。因此他又不顾疲惫，兼程奔赴富春山，攀登悬崖，钻进荆棘，终于挖到了真乳香。其母服用后病就好了，族里的人都说：这是“天鉴精诚”“孝愈其亲”！

兄弟和睦表孝心

孝悌本是一体，所以对父母的孝顺还体现在要与兄弟姐妹互相关爱、扶持上，兄弟姐妹之间如果能够和睦相处，让父母放心，也是对父母孝顺的一种表现。

韩邦靖（1488—1523年），字汝度，一作汝庆，号五泉，明朝朝邑（今陕西省大荔县）人。明代官员，方志编纂家。

韩邦靖有一个哥哥名叫韩邦奇，两人从小都非常勤奋好学，后来一起考中进士。韩邦靖被派到大同，官任山西左参议。

韩邦靖在大同期间，为百姓办了不少实事，深受百姓爱戴和拥护。有一年，山西大同赶上了荒年，饿殍遍地。韩邦靖看到百姓们生活在水深火热之中，就上奏朝廷恳请赈济灾民，朝廷却对此置若罔闻。韩邦靖觉得自己没有为百姓尽到一份力，十分抑郁，于是就请辞回家归隐。当地的百姓听说之后，就自发组织起来，含泪挽留他。韩邦靖虽然不舍，但因为已经对朝廷失去了信心，所以还是含泪告别大同百姓，回到家中。

回到家中不久，哥哥韩邦奇生了重病，韩邦靖不分昼夜地伺候了哥哥一年多。他亲自给哥哥熬药，在端给哥哥吃之前，他都要先尝一下冷热。在他的精心照料下，韩邦奇的病慢慢痊愈了。

后来，韩邦靖因为担心哥哥的病，加上担忧山西大同百姓的疾苦，积劳成疾，也卧病在床。这个时候，韩邦奇顾不上政事繁忙，亲自照顾了弟弟三个月。后来，韩邦靖因病去世，韩邦奇穿了五个月的孝服，每天都只吃一些简单的饭菜。当地的百姓被这两个兄弟深深地感动了，就为他们立了一块孝悌碑。

后来，韩邦奇为了完成弟弟的遗愿，也请求朝廷让其到大同做山西参议，朝廷准许了他的请求。他来到大同之后，当地百姓知道了他是韩邦靖的哥哥，都激动地哭着出来迎接他。

清朝李毓秀在《弟子规》中写道："兄道友，弟道恭；兄弟睦，孝在中。"意思是说：作为兄长要善待弟弟，而弟弟就应该尊重兄长；兄弟之间和睦相处，对父母的孝心也就包含其中了。也就是说兄弟姐妹之间要互相关爱、扶持，这也是对父母表达孝心的方式。

【典例】

拓跋宏为父吸痈

拓跋宏（467—499年），后改名元宏。南北朝时期北魏第六位皇帝，杰出的政治家、改革家。

拓跋宏很小的时候，父亲魏献文帝就立他为皇太子。拓跋宏幼年丧母，是他的祖母冯太后将他抚养成人。冯太后是一个很能干的女政治家，但是极为霸道，在处理朝政的时候，常常与魏献文帝产生分歧。因此，魏献帝与冯太后的关系其实十分紧张，作为皇太子的拓跋宏有些事夹在中间就特别为难，但他很会处理复杂的宫廷关系。由于拓跋宏是由冯太后抚养成人的，他尊敬祖母，听从她的教导。专横的冯太后觉得拓跋宏这个年幼的小孙子比当皇上的儿子好控制，总想让小孙子早点继位当上皇帝。为了达到这个目的，甚至想谋害魏献文帝。

拓跋宏年纪虽小，却十分懂事，对父亲极为孝顺，从来不倚仗着祖母对他的恩宠对父亲施加压力。一次，在复杂的宫廷斗争中，魏献文帝一急之下，后背长了一个毒痈。太医们用了各种各样的药，病都不见好。冯太后见了很高兴，她想，要是皇上长的毒痈治不好，他一死，我就把皇孙扶上金銮殿当皇上。可她的孙子却不这么想，他天天跑到父亲的寝宫探视。父亲背上的毒痈越长越大，疼得魏献文帝额头上直冒冷汗，在床上翻来覆去地大喊大叫。拓跋宏很难过，他守候在父亲床前，宫女送来的药，他总是先亲口尝一尝，然后再让父亲喝下。可一连吃了几服药，毒痈仍不见消解。夜间，拓跋宏住在自己的寝宫中都能听见父亲的喊声，他心里十分难过，恨不得替父亲生病。第二天，宫中的太监们都在悄悄议论："皇上怕是活不了几天了!"拓跋宏听了，心中十分害怕。他赶快来到父亲的宫里，见父皇背上的毒痈隆起得更高了，毒痈的尖儿亮亮的，里面全是脓血，有的地方已经破了。拓跋宏想："是不是把痈里的脓血吸出来，父皇的病就会好了呢?"拓跋宏决定试一试，便把嘴对准了父亲背上的毒痈，像婴儿吸吮奶头那样用力去吸，吸出来好几口脓血。吸出脓血之后，皇上立刻感觉疼痛减轻松了许多。过了几天，魏献文帝的毒痈消失，病竟然完全好了。

一年以后，献文帝为了缓和同冯太后的矛盾，把皇位让给儿子拓跋宏，这时的拓跋宏才只有5岁。把皇位让给一个5岁的孩子，这种做法也许是很荒唐的，但是拓跋宏孝敬长辈的品质却从此传为美谈。

乞伏保真心事继母

乞伏保，是北魏献文帝时高车部（敕勒族）人。他的父亲乞居，曾做过散骑常侍，后被封为宁国侯。

乞伏保的生母死得很早，由献文帝赐给他父亲的宫女申氏作为继母来抚养他。继母申氏性情古怪，整天板着面孔，常发牢骚，耍性子，动不动就斥责别人。由于她出身宫女，极少接触小孩，所以对乞伏保十分苛刻。乞伏保根本看不到她的一丝笑容，也感受不到一点母爱的温情。乞伏保在她面前常常吓得两腿打哆嗦，继母骂他没有小侯爷的派头；乞伏保站直了，她又骂乞伏保不恭敬她。伏保写字、读书，她在旁边评头品足，时而拿起笔管敲伏保的脑门，诸如此类，不一而足，可乞伏保心里却连一句埋怨的话也没有，从来也没顶撞过一句。继母申氏以为伏保怕她，所以变本加厉，越发苛刻，几乎近于狠毒了。继母让他顶替仆人去干很重的活，打骂从不间断。父亲曾责问过申氏，可因为是皇上赐给的宫女，也拿她没办法。乞伏保知道后怕父亲为难，就跟父亲说："继母对我很好，没有她我怎么会长大成人呢？"为了不让父亲分心，为了家庭的和睦，乞伏保更加尊敬继母了。

长大以后，乞伏保继承了父亲的爵位。每次得了俸禄或赏赐，乞伏保全部都交给继母。偶尔晚归的时候，无论公事、私事他也都原原本本地告诉继母。后来，乞伏保出任大将军，因为住所离家太远，只好请继母跟他一起到住所居住，八十多岁的申氏说什么也不答应。乞伏保以真情相劝，申氏答应了。乞伏保亲自扶她上车，又怕她在车上受到惊动，一路上用手紧紧地扶着车辕，步行到了住所。继母申氏高高兴兴地在住所住了三年，从此安享晚年。申氏死后，乞伏保解官服丧。

一个人显赫的身份固然可以使人畏惧，但是高尚的品德和节操却更加能够令人敬佩。孝道是构成中华民族传统思想和人格一个不可或缺的部分，一个普通人的孝心可以感动身边的人，而一个位高权重的人的孝心却可以引导整个社会的正气。

吉翂击鼓救父

中国古代的“登闻鼓”制度是使民情上达的一种重要渠道，“击鼓鸣冤”成为百姓直诉的重要形式。《梁书》中便记载了南朝时期京城建康发生的孝子吉翂击鼓救父的故事。

吉翂（fēn）从小便很懂事，孝顺父母、友爱兄弟，在当地颇有名声。吉翂的父亲是吴兴原乡县令，为官正直，但招致了一些小人的不满，被人罗织罪名陷害后，押送到建康的廷尉候审。15 岁的吉翂得知此事后，决定赴京救父。在好心人的指点下，他鼓足勇气敲响了登闻鼓，申诉其父的冤屈，并恳请朝廷允许自己替父亲受刑。

这件事惊动了梁武帝，下令由廷尉卿蔡法度彻查此事。蔡法度对吉翂进行了声色俱厉的讯问。面对压人的气势，吉翂毫无惧色，据理力争，表达了坚决替父而死的决心。蔡法度见状不再逼问，他见吉翂身披成人用的沉重枷锁，心有不忍，便命人为其更换一副轻巧的刑具。但吉翂拒绝了蔡法度的好意，说道：“我今天求代父死，已是死罪之囚，刑具只能增加，怎能减少呢？”蔡法度将吉翂的言行向梁武帝作了汇报，梁武帝立即下令赦免了吉翂的父亲。

孝心可以治理国家吗？不用怀疑，因为它有巨大的感染力！人皆父母所生，每一个人的天性中都有无法泯灭的良知，而孝行是唤起这种良知的最大动力。以至诚的孝道来治理国家，收到的效果可能要比冷酷的刑罚好得多。

谏诤章第十五

——君父有过，直言劝谏莫盲从

【原文】

曾子曰："若夫[1]慈爱、恭敬、安亲、扬名，则闻命[2]矣。敢问子从父之令，可谓孝乎？"

子曰："是何言与[3]！是何言与！昔者天子有争臣[4]七人，虽无道[5]，不失其天下；诸侯有争臣五人，虽无道，不失其国；大夫有争臣三人，虽无道，不失其家；士有争友，则身不离于令名[6]；父有争子，则身不陷于不义。故当不义，则子不可以不争于父，臣不可以不争于君。故当不义，则争之。从父之令，又焉得为孝乎！"

【注释】

①若夫：发语词。

②闻命：聆听教诲。

③与：通"欤"，语尾助词，有疑问、感叹或反问之意。

④争臣：直言劝谏的臣子。

⑤无道：没有德行，不行正道。

⑥不离：不失。令名：美名。令：美好。

【译文】

曾子说："像慈爱、恭敬、安亲、扬名这些孝道，我已经聆听过老师的教诲了。我想再冒昧地问一下，做儿子的一味遵从父亲的命令，就可称得上是孝顺了吗？"

孔子说："这是什么话呀！这是什么话呀！从前，天子身边有七个直言相谏的臣子，因此，纵使天子不行正道，他也不会失去其天下；诸侯身边有五个直言相谏的臣子，即便诸侯不行正道，也不会失去他的封国；卿大夫身边有三个直言相谏的臣属，所以即使他不行正道，也不会失去自己的封邑；士人身边如果有直言劝争的朋友，就不会失去美名；父亲身边如果有敢于直言力争的儿子，就不会做出不义之事。因此在遇到父亲行不义之事时，做儿子的不可以不直言劝阻；君王行不义之事时，做臣子的不可以不直言劝阻。所以对于不义之事，一定要谏争劝阻。如果只是一味遵从父亲的命令，又怎么能称得上是孝顺呢？"

【简析】

本章是说明做儿子、臣子的应该勇于谏诤的道理。如果父亲、君主做事违反义理，做儿子、臣子的应该直言劝告，力行谏诤，以免陷君亲于不义，这才是真正的孝顺和忠诚。

《论语·卫灵公》中说："当仁不让于师。"虽然"师道尊严"，但面对着仁，就是对老师也不必谦让，这就是孔子的辩证"师道"观。同理，虽然要谨守孝道，但是"当不义，则子不可以不争于父，臣不可以不争于君"，这是孔子的辩证的"孝道"观。可见，孝，不是盲目地"愚孝"，而是有原则的。为此，孔子还告诫人们：

其一，对当权者的谏诤是必不可少的，而且越往高层越是需要众多的人来进谏，这是一种必需的监督机制。

其二，当权者可能会"无道"，但对于一个天下、国家来说，那还不是最可怕的，最可怕的是没有"谏诤之臣"。

其三，谏诤之臣的重大价值，在于可以挽救"无道"当权者的将要被倾覆、失去的"其天下"、"其国"、"其家"。再降层而言之，有争友，则使士"身不离于令名"。有争子，则使父"身不陷于不义"。

其四，在臣、在子这一方，固然要"当不义则争之"；而在当权者这一方，如天子、诸侯、卿大夫，也要接受谏诤，认识到谏诤的重要意义与价值，这是关系到天下、诸侯国、卿大夫之家存亡的大问题。

总而言之，遇见了不应当做的事，做人子女的、为人部属的、为人臣子的，都应当敢于直言，陈明是非利害，明切劝告。其实这也是忠诚和愚忠的不同。

【解读】

顺而不愚亦为孝

孝顺不等于无原则的顺从，有些时候不得已也要做一些"违逆"之事，这并不违反孝的宗旨。

《庶人章》的解说中举过一个关于曾参的例子，说曾参和他的的父亲一起去锄草，他因锄掉了禾苗而挨了父亲的打。为了让父亲消气，他不躲不避，主动挨打，当时人们都夸赞曾参是个大孝子。但这件事情传到孔子的耳朵里，孔子听了非常生气。他跟其他学生说，你们去转告曾参，说他不孝，我不再认他这个学生了。曾参听到同学的转达之后感到很奇怪，怎么说我不孝呢？我太孝顺父母了，你怎么能说我不孝呢？他就来见孔子，问他自己哪里做错了？孔子说，你父亲下这个狠手打你，当然有可能会把你打死。如果把你打死的话，你父亲就等于犯了罪，就会被官府给抓起来，你这样就是不孝。如果你孝顺父亲的话，你应该赶紧跑，别让你父亲犯这个错误。别让他因犯这个过错被官府抓起来，别让他承受丧子之痛，这才是真正的孝。

从孔子的这个逻辑来看，他并不主张孩子一味地顺从父母的意思，因为这不是孝顺，而是愚蠢。实际上这个故事就是要表达这样一个意思：作为一个真正的

孝子，阻止自己的父母犯错误，这也是孝。有人说，父母想干什么干什么，愿意干什么干什么，哪怕犯罪也可以，事实上并不是这样，儒家并不提倡这个观念。真正的孝其实是这样的：满足父母的合理要求，及时制止他们那些不合理的行为，阻止他们做一些不好的事情。

真正的儒家提倡的孝道不是对父母唯命是从，当父母做得不对的时候也要和颜悦色地提出来，不能眼睁睁看着父母犯错误。

同样，传统社会虽然提倡忠于君王，但也不是对君王的一切都全盘接受。当君王荒淫无度，或者是荒废正业的时候，为人臣子者要冒着杀头的危险给皇帝提建议。如果纵容皇帝犯错误，一味地顺从，就会留下“奸佞之臣”的名声。

无论是对父母还是长辈、领导，顺从的态度是好的，但是自己也应该有辨别是非黑白的标准。一旦明白自己所谓的顺从是在逃避责任，或者是在纵容错误发生，这样的顺从在任何时代都是不值得推崇的。

万事皆顺并非真孝

俗语云：“天下没有不是的父母。”也就是说，天下的父母做什么、说什么都对，做子女的必须无条件服从。把“孝”理解为对父母的百依百顺，一点也不违逆，其实是对孝之本意的曲解。儒家讲孝是为了满足父母的合理要求。作为一个孝子，在孝顺父母的时候应该注意不能不分是非地去孝顺父母，对父母的一些不正确的地方，应该恰当地处理。如果你一味迎合父母，对那些不正确的、不好的东西，你也去迎合，去恭顺，这恰恰是不孝。

在封建社会中，统治者为了让自己的江山稳固，就利用和歪解了孔子“孝”的思想。他们认为，一个人在家能愚孝，对统治者就能尽愚忠，就可以任意摆布，任意驱使。古代戏曲小说中经常有“君叫臣死，臣不得不死；父要子亡，子不得不亡”的说法，提倡愚忠愚孝。所以他们拼命提倡对父母百依百顺、根本没有自己主见的“孝道”，还说这就是孔子的教导，事实上根本不是这么回事。

曾参曾经问孔子：“儿女对父母的命令一概服从，这就是孝吗？”孔子说：“这是什么话！父母有敢于和自己争论的子女，就不会陷入不义。所以父母如果说错了，做错了，就应该与他们争论，没有自己的脑子，那能算是孝吗？”

那么，如果父母错了，该怎么劝说呢？孔子也告诉了我们办法：“事父母几谏。”意思就是委婉地劝谏。对父母要保持起码的尊重，但也不是看到错误坐视不理，而是要和颜悦色、耐心地一次次劝说，不要惹父母生气，直到父母听从了为止。要是不听呢？那就“劳而无怨”，不要放弃，要有耐心，不怕麻烦，反复劝谏，但是心里不能对父母怨恨。《礼记》里记载的劝谏方法更详细：“子之事亲也，三谏而不听，则号泣而随之。”这里的“三”是多次的意思，大意是说，子女劝谏父母，要是多次还没有听从，就哭着劝说，用真情打动父母。

在一般的情况下，不顺从父母固然是不孝，但是，当父母犯了错误时，怕指出或者故意不指出，会使父母犯更大的错误，这同样是不孝的表现。在向父母提出自己的意见的时候，一定要注意到自己的态度。所以，委婉劝谏是孝子们应该学习的，如果与父母的意见不统一，那么也不要直接顶撞，与父母沟通，也需要委婉的说话技巧。比如我们看到了父母身上的错误和缺点，但是作为子女不能直接指出来，而应该给予适当的暗示。只有这样，我们才不至于在与父母的沟通中，扮演“不孝”的角色，不要让父母觉得孩子在忤逆他们的权威。

【典例】

王览谏母护兄

王览（206—278 年），字玄通，汉族，琅琊临沂（今山东临沂）人，是《二十四孝》故事中王祥的异母弟弟。

王览的生母朱氏对他的哥哥王祥非常刻薄，总是伺机加害。王览生性善良，同情哥哥，每当母亲鞭打哥哥时，他都要拦着母亲。如果母亲让哥哥做那些不合理的事情，他总是帮着哥哥去做，替哥哥分忧解难。哥哥王祥成家之后，王览的母亲对王祥的妻子也是百般刁难。后来王览也娶妻成家，并向妻子说明情况，于是王览的妻子也像王览帮哥哥一样，主动帮助嫂嫂干活。

后来王祥努力学习，声名远扬，王览的母亲心生嫉妒，就让人偷偷地给王祥的酒中下毒。王览得知后，毅然端起酒杯要先喝下去。母亲怕自己的儿子被毒死，赶紧夺下酒杯。从此，只要王览的母亲让王祥吃饭，王览就先尝一口，这样，就打消了母亲毒死哥哥的念头。

由于王祥对待继母始终是礼敬有加，不管继母对他如何，从来没有什么怨言。最终，继母改变了对王祥的看法，并在王祥的照顾下终老天年。

王览对哥哥有情有义，名声仅次于王祥。后来，继哥哥做官之后，王览也做了清河太守。

对于父母的过激行为如果劝说没有效用，就不妨用实际行动去证明你的决心。人心都是肉长的，何况是生养自己的父母呢？总有一天他们会被你的真诚所打动的！

郑均为佣悟兄

郑均（？—约公元96年），字仲虞，东汉河北任县人。少年时喜欢黄、老学说，仗义而诚实。

郑均的哥哥是县衙里的官吏，经常收受他人的贿赂。郑均多次劝阻兄长，丝毫不起作用，于是他就到外地去给别人做佣工。

一年之后，郑均把挣来的钱带回家全部交给哥哥，并对哥哥说：“财物用完了，可以再挣回来；名声失去了，是永远也找不回来的。你做官却贪赃枉法，是会被人一辈子都瞧不起的行为，更为后世人所唾骂。哥哥你好好想想我的话有没有道理？”

哥哥听了，很受感动，终于觉醒，放弃了以前的不齿行为，重新做人，后来竟然以廉洁著称于世。

哥哥去世后，郑均又悉心照顾嫂子和侄子，没有一点儿怠慢。人们对他的品行都称赞不已，官府知道后也特召其为官。到建初年间，他担任了尚书一职。汉章帝非常敬重他，他因病告归后，章帝东巡时还专门到他家中，赐他终身享受尚书俸禄，当时人们称他为“白衣尚书”。

孝不是一味地顺从，而是建立在亲人走正途的前提下的。哥哥误入歧途，一意孤行，郑均苦劝无效，最后以自己的实际行动来打动哥哥，使其醒悟。这种孝心孝行已经完全超越了自我，起到了引导亲人的道德取向的作用。让一个人迷途知返本身的可执行性难度就很大，何况是自己的至亲，需要考虑到的因素和顾忌也就更多，所谓“知易行难”，郑钧的做法非常值得我们效仿。

孙元觉劝父尽孝

春秋时陈留（今河南开封东南）有个叫孙元觉的人，从小就很懂得孝道。他在十五岁的时候做了一件事情，赢得了当地人的称赞，当地人都夸他又孝顺又聪明。

他们那里流行着一种非常不好的风气，就是假如父母年老、生病，就把他背到山上放在那里不管了。元觉的祖父年纪大了，常常生病，身体又瘦又弱，他的父亲渐生嫌恶之心，也想要把祖父装在盛土的筐子里，用车子载着丢弃到深山里去，让他自生自灭。元觉流着眼泪苦苦劝阻父亲不能这样做，但父亲不听。

终于有一天，父亲把祖父用筐子背着到深山里去了。元觉哭哭啼啼，跟着父亲到了深山，又一次苦苦哀求父亲，但父亲还是不肯听他的。元觉于是仰天大哭，哭了一会儿，背着装过祖父的筐子回家了。父亲看见筐子，变了脸色，对他说："这是凶物，你带回来干什么？"

元觉就对父亲说："不行，我要带回去，以后父亲老了，我还要再用它把您背上山呢。"父亲听了这话，惊骇失色，颤声道："你是我的儿子，怎么能丢弃我呢？"元觉说："父亲教化儿子，就像水往下流一样。既然父亲常来教化儿子，又有示范在先，做儿子的岂敢违背呢？"父亲听了儿子的话，一下子醒悟过来。于是赶紧跑到深山里去把祖父接回来，全心全意地侍奉赡养他。祖父最后得以安享天年。

上行下效，在家中也一样。人常说家庭教育对孩子的影响最大，不难看出，一个不孝顺父母的家长是无法获得子女的孝顺的。身为人父人母，更应该时刻谨言慎行，为孩子立下一杆正影。同时，身为人子，对父母的规劝更应择机而行，尽量使用柔和的言语。

陈表劝母和嫡母

陈武，字子烈，三国时庐江松滋（今湖北松滋县）人。他在担任偏将军的时候，与儿子陈修英勇杀敌，一同战死沙场，朝廷因此追封他为乡亭侯。他的另一个儿子陈表，是他小妾生的孩子，后来也做了督尉。父亲和哥哥死后，陈表的母亲不肯与陈修的母亲和睦相处。于是，陈表劝说母亲说："哥哥本来想成就一番事业，但英年早逝，所以只能由我来当家。我心里其实是很难受的。这一大家子，事务繁多，担子沉重，家庭的和睦是很重要的。所以，敬奉哥哥的母亲也是我必须做的，而且要做好，否则，别人就会说闲话。如果您希望儿子能成大事的话，就和嫡母好好相处吧。如果您做不到，那我只好搬出去住了，请恕儿子不孝！"母亲听后，深受启发，于是主动与陈修的生母言归于好。后来，陈表为国家立功，被任为偏将军，死后也被追封为乡亭侯。

父母的行为不一定都是正确的，一个人难免会犯错误，作为一个孝顺的子女并不代表就一定要言听计从。在他们犯糊涂的时候要耐心劝诫，做父母的哪有不希望自己的孩子好呢？只要是委婉真诚的劝谏，每一个父母都是深明大义的。

感应章第十六

——天人感应，孝通神明天下安

【原文】

子曰："昔者明王事父孝，故事天明①；事母孝，故事地察②；长幼顺③，故上下治④。天地明察，神明彰⑤矣。故虽天子，必有尊也，言有父也；必有先⑥也，言有兄也。宗庙致敬，不忘亲也；修身慎行，恐辱先⑦也。宗庙致敬，鬼神著⑧矣。孝悌之至，通于神明，光⑨于四海，无所不通。《诗》云：'自西自东，自南自北，无思⑩不服。'"

【注释】

①事天明：天子祭天，能够明白上天庇护万物的道理。

②事地察：天子祭地，能够明察大地孕育万物的道理。

③顺：有序。

④治：有条不紊。

⑤彰：彰明，显现。

⑥先：此处指比他先出生的人。

⑦先：祖先。

⑧著：显现。

⑨光：照耀。

⑩思：语助词。

【译文】

孔子说："从前贤明的帝王奉事父亲能尽孝道，所以在祭祀天帝时能够明白上天庇护万物的道理；奉事母亲能尽孝道，所以在祭祀后土时能够明察大地孕育万物

的道理；推孝为悌，长幼有序，所以上下尊卑有条不紊。像这样能够明察天地哺育万物的道理，神明感其至诚，就会彰明功能、降临福瑞来保佑。所以虽然尊贵为天子，也必然有比他更尊贵的人，那就是他的父亲；必然有先他出生的人，那就是他的兄长。到宗庙里祭祀表达敬意，那是不敢忘记自己的亲人；修身养性，谨慎行事，是因为恐怕因自己的过失而使先人蒙受羞辱。到宗庙祭祀表达敬意，神明就会出来享用祭品并赐予福佑。孝敬父母、敬爱兄长，做到至高的境地，即可以通达于神明，光照天下，什么都可以感应相通。《诗经·大雅·文王有声》中说：'从西到东，从南到北，没有人不心悦归服的。'"

【简析】

本章旨在说明孝悌可以感通神明的道理。天子以孝事父母，祭祀天地，那么神明感其至诚，降下福佑，天下人也都心悦诚服。此指能尽孝悌之道，则至诚可以感通神明，使天下安宁。

"孝感"就是孝行的感应。正史上也多有记载，如王祥卧冰得鱼、黄雀入帷。《北史·孝行传·王颁》中记载：孝子王颁"夜中睡，梦有人授药，比寤而疮不痛。时人以为孝感"。《宋史·孝义传·易延庆》中记载："延庆居丧摧毁，庐于墓侧，手植松柏数百本，旦出守墓，夕归侍母。紫芝生于墓之西北，数年又生玉芝十八茎。本州将表其事，延庆恳辞。或画其芝来京师，朝士多为诗赋，称其孝感。"

"孝感"一说虽然虚妄，是对孝行感染力的渲染和夸大，但其深层的目的是告诉人们：行孝是会得到意想不到的回报的，是充分利用其能"感应"的道理，来感化人们，和谐社会。

【解读】

孝顺的三个层次

孝顺的行为可以分成三个层次：最高一等的是言语、行为和内心都能尊敬父母；其次一等是不打骂侮辱父母，对他们好；再下一等的是能给他们养老送终。当然，连养老送终都做不到的就是不孝了。

首先，孝敬老人，不是一句关于美德的空话，而是行为和内心都要孝顺父母。作为儿女，对老人心存不敬，甚至怀有恶意，其实也是在为自己的将来埋下祸根。将心比心，用你期待子女对待你的方式来对待老人，才能避免悲剧的发生。

其次，莫要让等待的父母等候，及时献上你的心意。可怜天下父母心！父母为儿女考虑得是那么周到，我们又为他们做了些什么呢？我们对自己的生日念念不忘，却忘了向至爱的亲人献上一句我们的问候。

再次，要孝养父母。我们从出生到成年，一生受过父母太多的恩情与照顾，而我们对父母的回报，与他们的爱比较起来实在是微乎其微，微不足道。学着做一点力所能及的事，学着孝敬父母，孝顺不是光有心就足够了，还要用行动来表明。

一个名牌大学毕业生应聘于一家大公司。经理审视着他的脸，出人意料地问："你替父母洗过澡、擦过身吗？""从来没有过。"青年很老实地答道。"那么，你替父母捶过背吗？"青年想了想，说："有过，那是在我读小学的时候，那时母亲还给了我10块钱。"在诸如此类的交谈中，经理只是安慰他别灰心，会有希望的。

青年临走时，经理突然对他说："明天这个时候，请你再来一次。不过有一个条件，刚才你说从来没有替父母擦过身，明天来这里之前，希望你一定要为父母擦一次，能做到吗？"这是主管的吩咐，因此青年一口答应。

青年虽大学毕业，但家境贫寒。他刚出生不久父亲便去世了，从此，母亲便出去打工，拼命挣钱。孩子渐渐长大，读书成绩优异，考进名牌大学。学费虽令人生畏，但母亲毫无怨言，继续帮佣供他上学。直到今日，母亲还出去打零工。

青年回到家，母亲还没有回来。母亲出门在外，脚一定很脏，他决定替母亲洗脚。母亲回来后，见儿子要替她洗脚，感到很奇怪。于是，青年将自己必须替母亲洗脚的原委说了一遍。母亲很理解，便按儿子的吩咐坐下，等儿子端来水，把脚伸进水盆里。青年右手拿着毛巾，左手去握母亲的脚，他这才感到母亲的双脚已经像木棒一样僵硬，他不由得抱着母亲的脚潸然泪下。读书时他心安理得地花着母亲如期送来的学费和零花钱，现在他才知道，那些钱是母亲的血汗钱。

第二天，青年如约去了那家公司，对经理说："现在我才知道母亲为了我受了很多的苦，您使我明白了在学校里没有学过的道理，如果不是您，我还从来没有握过母亲的脚，我只有母亲一个亲人，我要照顾好母亲，再不能让她受苦了。"经理点了点头，说："明天你到公司上班吧。"

孝是中华民族的传统美德，也是一个人的良知，很多人为自己没有机会侍奉父母而引以为终身的遗憾。

有一些事情，当我们年轻的时候，无法懂得，当我们懂得的时候已不再年轻。世上有些东西可以弥补，有些东西永远不能弥补。

"孝"是稍纵即逝的眷恋，"孝"是无法重现的幸福，"孝"是一失足成千古恨的往事，"孝"是生命交接处的链条，一旦断裂，永无连接。

我们不要总想着向父母索取什么，要懂得孝顺他们。俗话说：千跪万拜一炉香，不如生前一碗汤。所以在父母的有生之年，孝顺他们吧！

真正的孝子，不会因为某种利益而让亲情变质，不会因为自己的感受而忽略了父母的感受，他们的心里只有父母，爱父母就如同父母爱自己一样深。

正确处理好亲情关系

世上最大的悲哀莫过于"树欲静而风不止，子欲养而亲不待"。父母总是无条件地给孩子爱，却往往忽略了对孩子"孝"的教育，很多"不孝"的悲剧便由此开始。不妨从现在起，直言不讳地告诉孩子："我们需要你来养老！""兄弟若手足，手足断了难再续。"告诉孩子，兄弟之间应当互相关爱。处理好亲情关系，可以让家庭和睦幸福。

虽然每个民族有着自己独特的文化，但是，总有一些东西是相通的。我们历来讲究“孝悌之义”，即孝敬父母和长辈，兄弟姐妹之间友爱和睦，推己及人，“老吾老以及人之老，幼吾幼以及人之幼”。犹太民族也非常注重孝道，他们同样主张孝敬父母，兄友弟恭。

有兄弟二人。哥哥已经结婚，有妻子儿女，而弟弟还独身。这两人都很勤劳。秋天时，兄弟俩将收获的苹果和玉米公平地分成两份，各自藏在自己的仓库里。

晚上，弟弟辗转难眠，他觉得哥哥家过得比较艰难，于是偷偷地把自己的一部分放进了哥哥的仓库里。

同时，哥哥觉得弟弟需要更多，因为他要为以后结婚做准备，所以把自己的一部分搬到了弟弟的仓库里。

第二天早上，他们醒来后，发现各自的仓库并没有少什么。

在以后的三天里，他们重复第一天晚上的行动。

在第四个晚上，兄弟俩在将各自的东西搬到对方仓库去的路上竟相遇了。两个人终于知道对方的心意，紧紧地抱在一起哭了。

孝敬父母、兄友弟恭是中华民

族的传统美德。无论是父母还是兄弟，他们都是亲人，在任何一个家庭里，处理好亲情，无疑是幸福家庭的保障。作为亲人，我们应该相互关心，一家人其乐融融。

颜含，晋代人，字弘都，父亲名叫颜默，曾经官拜汝阴太守。颜含还有两个哥哥，大哥叫颜畿（jī），二哥叫颜辇。一家人生活得还算和美，没有什么烦心事，直到颜畿生了病。

颜畿病了没多长时间，就去世了，于是入殓装棺，但是颜含的大嫂在丈夫装棺的当天晚上，做了一个奇怪的梦。在梦中，丈夫告诉她自己要复生，让他们打开棺材。

第二天，当颜含的大嫂说起来这个梦时，颜含的母亲和其他亲人都说自己也做了同样的梦，于是颜含就执意按照梦中大哥说的给他打开棺材，对此，颜含的父亲表示出了激烈的反对，最后，颜含还是耐心说服了父亲。打开棺材一看，发现颜畿果然还有呼吸，于是一家人又把颜畿弄出来，继续伺候他。

颜畿只有微弱的呼吸，每天只能喝点稀粥，他的家人和妻子在伺候了他一个月之后，他还是不能开口说话，除了颜含，大家都失望了，不愿意再伺候他。唯独剩下颜含一心一意地伺候他。为了伺候大哥的饮食起居，颜含每天都足不出户，更别说去参加什么社交活动了，直到大哥去世，这样的日子，颜含一过就是十二年。

后来，颜含的父母和二哥也相继去世，不幸的是，二嫂又生了病，虽然治疗的效果还算不错，疾病是痊愈了，她的眼睛却从此失明。颜含听别人说要想治好二嫂的眼睛必须用蛇胆才行，便让家人好好照顾二嫂的饮食起居，自己则四处寻访蛇胆，他的足迹几乎踏遍了半个国家，但依旧没有寻访到蛇胆。从外地回来之后，一日他正在闭目冥思苦想下次去哪儿继续寻访蛇胆，想着想着，忽然感觉到好像有一个童子递给他一个盒子，他睁开眼睛一看，盒子里装的就是蛇胆。

于是颜含马上用蛇胆做药，伺候二嫂服下，二嫂双目因此复明，而颜含的名声也被人所熟知。

对待家人像对待父母一样，这是可敬的，更是值得我们学习的。如果一个人能与家人共患难，那么再苦也是甜的，而对于父母而言，这样才是真正的孝顺。

虽然很多父母都知道这个道理，都希望自己的孩子长大成人后能够有孝心，希望孩子能够与自己的兄弟姐妹好好相处，然而在教育孩子的时候，却往往忽略这方面内容，如此造就了许多不懂得孝顺父母的孩子。如果在父母在世的时候没有尽孝道，父母走了之后，纵然悔恨，也于事无补了。兄弟姐妹之间也会因为友爱的缺失而反目成仇，各奔东西。这样的事情并不少见。

当然，像这样的事情是完全可以避免的。首先，父母自己要孝敬老人，这样孩子会不自觉地效法；其次在家庭里，长幼有别，不要娇生惯养出一个小皇帝，否则会造就啃老的孩子；最后，父母对孩子的良苦用心有必要让孩子知道，父母也可以直言不讳地告诉孩子："养老靠你们了！"

孝感天地，德播人间

对于我们来说，感动天地是只有在故事里才会出现的美好的幻想，而感动父母才是现实迫切的需要。

阮孝绪（479—547 年），字士宗，南朝梁陈留尉氏（今河南省）人，目录学家。他从小时候起，就特别喜欢学习，熟读并精通《五经》。他长年隐居，不去做官，写成目录学著作《七录》。

阮孝绪小时候被过继给他的堂伯父做儿子，照理来说，他可以得到伯父遗留下来的百万家产，可是他全部给了伯父的姐姐。

阮孝绪非常孝顺。有一次，他在钟山听人讲经说法，母亲王氏在家里忽然生了病，兄弟们就要去把他叫回来。母亲说："你们不必去叫他，孝绪有至性，心里会有感应的，他一定能自己回来！"果然，阮孝绪觉得心惊肉跳，想到可能是母亲有病，果真回到了家里。邻居和村里的人都觉得非常奇异。医生说，他母亲的病必须用一味新鲜的人参。阮孝绪听老一辈的人说，钟山出产人参。于是，他就亲自到山里去寻找，踏遍了幽僻和危险的地方，可却一无所获。数天后，他忽然看见前面有一只鹿，就跟着鹿走。不久，那只鹿不见了，面前则出现了母亲需要的新鲜人参。母亲服用了人参后，病也真的痊愈了。

所谓“母子连心”，如果你真的牵挂一个人，冥冥之中就会有一种力量将两人连在一起。这种奇妙的心理现象是无法解释的。然而那种无形的力量有时却可以感动天地，产生奇迹。

王荐，元代福建福宁人，父亲体弱多病，而且病得很严重。王荐每天晚上都向上天祈祷，宁愿减少自己的寿命，以延续父亲的生命。父亲在病入膏肓时突然醒过来，告诉朋友说：“在我生命最危险的时候，来了一位穿着黄衣服、手拿红帕子的神仙，告诉我：你的儿子非常孝顺，所以上天赐我再活十二年。”此后，父亲身体马上恢复了健康。十二年后，父亲果然去世了。

后来王荐的母亲也得了奇怪的病，口干舌燥，就想吃瓜。可正值严冬，大雪纷飞，根本没有瓜可吃。王荐想尽了办法，求助乡亲也是毫无结果。他只身一人来到了深山野岭，在树下避雪的时候，想到母亲吃不到瓜病就不能好，心里难受，就仰天长叹，痛哭不已。忽然，他看到对面的岩石之间冒出了几根青色的枝蔓，上面结着两个鲜瓜。他高兴得拿回家供母亲食用。母亲吃后，病很快好了。

其实，我们的父母对子女在物质上几乎是没什么索取的。他们不仅不希望为子女增添物质上的负担，甚至还想方设法支助子女。对子女的“索取”无非是一种心灵上的慰藉，一种精神上的归属，只要子女能够心里惦记着他们，时常来看看他们，甚至报一声平安。偶尔一个拥抱，他们就满足了。

【典例】

双鹤助哀吴隐之

吴隐之（？—414 年），字处默，是晋代濮阳鄄城人。他容貌很美，善于言谈，广泛涉猎文史，以儒雅著称。他小时候就很独立，有操守，绝不吃不属于自己的饭食。虽然家里很穷，但绝不拿不义之财。在他十多岁时，父亲就去世了。他悲痛的哭声，引得路过的行人都为之动容。此后，他侍奉母亲更加孝顺谨慎。

母亲去世时，他哀伤的表现甚至超出了礼制的规定，可见他的孝心之深。由于家里贫困，没有钱请人吹奏。但每当他哭悼母亲时，就有两只仙鹤飞来鸣叫。到母亲丧期进行祭祀的那天傍晚，又有一群大雁聚集在他家附近，当时人们都认为是他的孝心感动天地所致。

吴隐之的家与掌管国家祭祀礼乐的太常韩康伯为邻。韩母每听到吴隐之的哭声，也跟着难过得吃不下饭，并告诫儿子：“你以后当官，一定要推举像吴隐之这样的孝子啊！”果然，韩康伯后来做了吏部尚书，就引荐吴隐之做了辅国功曹。后升任中书侍郎、左卫将军、广州刺史等职，官至度支尚书。但不管身居何位，吴隐之仍洁身自好，勤俭不改，生活如平民。每得俸禄，留够口粮，其余的都散发给别人。家人以纺线度日，妻子不沾一分俸禄。寒冬读书，常身披棉被御寒。

天赐奇钱

宋代的都城，有一个守寡的孀妇吴氏。吴氏在很年轻的时候就死了丈夫，自己没有生儿育女，只有一个老婆婆和自己相依为命。吴氏对自己的婆婆非常的孝顺，冬天的时候外面冰天雪地，她害怕婆婆睡觉的时候冷，就一定为婆婆暖好被子再请她就寝，如果没有火种就亲自用自己的身体去温暖冰冷的被子。婆婆年纪大了而且眼睛也看不见东西，她觉得愧对吴氏，而且也觉得吴氏守寡这么多年很孤单，就想为吴氏招赘一个女婿，但是被吴氏坚决地制止了。

此后，吴氏更加尽心伺候婆婆，自己省吃俭用、辛勤劳作，将染布养蚕挣来的钱全部拿来孝敬婆婆。对于婆婆因为年纪大了所造成的过失极力掩饰，害怕婆婆知道后会伤心。有一次在做饭的时候，邻居将吴氏叫出去了，婆婆怕饭煮得太烂，想把饭倒在盆子里，可是却把脏水桶误当作盆子，将饭倒了进去。吴氏看到后赶忙到邻居家借来饭让婆婆吃，而自己却把脏水桶里的饭捞上来，用水洗过蒸熟后再吃。吴氏又想婆婆年纪大了，需要置办后事所需的东西。但是自己又没有钱买棺材，于是就将自己所有值钱的东西典当殆尽，托邻居去置备后事。

吴氏对婆婆的孝心真可谓无微不至。好心自有好报，有一天晚上吴氏做了一个奇怪的梦，梦中有一位白衣仙女对她说："你虽然只是一个村妇，可是却如此深明大义，能将婆婆侍奉得如此周到，现在上天赐给你一枚钱币。"早上起来后，吴氏果然在床头发现了一枚钱币，过了一晚上这一枚钱币居然变成了上千枚，等吴氏用完之后又会有新的钱币源源不断地生出来，人们将其称为"子母钱"。许多年以后，吴氏在没有受任何病痛的情况下平静地死去，她所住的地方生出一股奇异香气，几个月后才散去，而那枚钱币随着吴氏的去世也就消失了。

因不孝而遭雷劈

在中国有一句很狠的话就是"你被雷劈了"。这对于中国人来说就是遭天谴，就是做了不合天理的事情被上天惩罚了。

在中国文献中，因为不孝而被雷劈的事情有好几起。据南宋潘阳人洪迈在他的作品《夷坚志》中记载，南宋时期的兴国军（今湖北阳新）有个叫熊二的人因为不孝而遭到雷劈。

熊二的父亲熊明以前在军队上服役，年老之后就被除了兵籍。因为年老体弱，身子又不好，不能够谋生，妻子也去世了，熊明只好将所有的希望都寄托在儿子身上。但是熊二十分不孝，对待父亲如同路人一样，连饭都不给吃，熊明不得不外出乞讨过活。熊明多次含着眼泪找到自己的儿子熊二，恳求他收留自己，但是熊二每次都是大骂父亲一通，叫父亲滚远一点。熊明几次都想将儿子告官，但是又不忍心，只能是每天晚上在家里烧香祈祷，希望儿子能够回心转意。

就这样两年过去了。有一天，长空无云，熊二在外喝酒赌博，突然天空暗了下来，暴雨突至，雷电交加。在这时就听外面有人呼喊"熊二"，过了一会儿，云散雨住，天气转晴朗，但大家发现熊二不见了。于是大家分头去找熊二，最后在城门之外找到熊二的尸体。只见熊二的两眼暴出，舌头也断了一截，背上有“不孝之子”四字。

洪迈在记载这件事的时候，时间竟然非常具体，是在南宋孝宗皇帝淳熙三年（1176 年）九月初七发生的。

在时隔三百年后的明朝也有一件不孝子被雷劈的事件，被人记载下来。这件事记载在明朝人王文炳万历年间编修的《庆远府志》中。

当时的庆元府（今广西宜山县）有一个叫曾蛮的人，他对待自己的母亲非常不孝。每次吃饭的时候，总是给母亲很少的食物，因此他的母亲总是吃不饱。每年祭祀的时候，都会留下许多肉食，但是曾蛮就是不给母亲吃，并且他还经常和妻子一起骂母亲，甚至有时还打母亲，他的母亲只能忍耐着。

就在嘉靖年间的一天，突然风雨大作，雷电交加，击中了曾蛮住的屋子，奇怪的是左邻右舍的房子都安然无恙。打雷的时候，曾蛮母亲的发髻挂在了一个猪筐上，虽然竹筐烧了，但是她的发髻却是完好无损。曾蛮夫妇两个则悬挂在了半空中，头发直直向上。曾蛮所住的屋子地下有一个裂缝，形状如猪一样的雷电，就从缝隙中钻入地下。很快雨就停了，曾蛮夫妇两个人从空中摔下来，晕倒在地，几天后就死掉了。

历史上在民间流传最广的当数戏曲《清风亭》中被雷劈死的不孝子张继保了。戏曲取材于南宋孙光宪的《北梦琐言》，其中记载了唐朝张裼的故事。

张裼是河间人，有五个儿子都取得了功名。张裼的第五个儿子叫张仁龟，是张裼与一个妓女所生。张裼怕老婆知道，不敢将张仁龟带回家养大，就送给了他的一个朋友张处士。不过张裼还是很挂念这个儿子，常常在钱财上接济他们，并出钱供养张仁龟读书。张仁龟长大后，知道了自己的身世，于是就离开了养父，找到生父张裼的家里。这时生父已死，张裼的夫人经过一番考量，最后还是接纳了张仁龟。就在张仁龟走后，他的养父含恨去世了。张仁龟后来考中了进士，做了官，在他出使去江浙的途中，竟然莫名其妙地死了。当时的人们认为张仁龟是受到了老天的惩罚，认为他对自己的养父母不孝。

这个故事到了明清之时，经过好事者的一番修改，张仁龟就成了戏曲中的张继保，他的养父母则成了张远秀夫妇，故事的名称就叫《清风亭》，又叫《天雷报》。整个故事围绕孝而展开，情节非常感人。张继保考上进士之后，不再认自己的养父母，最后遭到雷击而死。

《清风亭》流传甚广，徽剧、京剧、川剧、湘剧、秦腔等剧种都有演出，成为宣扬孝道的重要曲目。

事君章第十七

——忠心奉上，君臣相得互亲爱

【原文】

子曰："君子之事上也，进[①]思尽忠，退[②]思补过，将顺[③]其美，匡救[④]其恶，故上下能相亲也。《诗》云：'心乎[⑤]爱矣，遐不谓[⑥]矣。中心[⑦]藏之，何日忘之。'"

【注释】

①进：指在朝中做官。

②退：退居在家。

③将顺：顺势促成，随势相助。

④匡救：纠正补救。

⑤乎：语助词。

⑥遐不，何不。谓，告诉。

⑦中心：在心里。

【译文】

孔子说："君子奉事君王，在朝为官时，要想着如何竭尽忠心图谋国事；退官居家时，要想着如何纠正补救君王的过失；对于君王的优点美德，要顺应发扬；对于君王的过失缺点，要匡正补救，因此君臣之间才能够相互亲敬。《诗经·小雅·隰桑》中说：'内心敬爱他，为什么不告诉他呢？心里永远存着敬爱君王的真诚，哪有一天会忘记呢！'"

【简析】

本章是进一步说明首章"中于事君"的道理。贤人君子在朝为官，应当忠心事上，图谋国事，然后君臣上下才能够相亲相爱。家孝是小节，忠君才是大道。

事奉长官，进见君主，知无不言，言无不尽，思虑以尽其忠诚之心。退下来后，就审视自己的职责，是否有未尽到的责任？言行是否有了过失？长官也就会做到亲善下属。这也是儒家理学对孝的另外一种解释，正所谓居庙堂之高则忧其民，处江湖之远则忧其君。

自古忠孝难两全。然而对于中国人来说，“忠”往往是“孝”的一种升华。舍小家为大家，这无疑是一种高尚的情操。

忠君之人未必会从统治者那里得到他应有的待遇，然而至少他无愧于自己的良心。他永远都会为自己的这种行为自豪，同时也永远会得到百姓真心的敬爱！

现代人其实也有“事君”的问题，只不过这个“君”不是某个具体的人，可以是国家，也可以是集体。另外，也有诸如领导与被领导、管理者与被管理者、下级对待上级、上下级相处等问题，也能从中得到许多启发：

一是“进思尽忠”。在一个单位里、企业里能够尽忠，如果不是“愚忠”，未尝不是一件好事。

二是“退思补过”。自己不被上级所用或不被领导重用，一要反思并补救自己的过失，二要去反思怎样补救领导的过失。

三是“将顺其美”。上级有美政、美言、美行者，则顺行之，助行之。

四是“匡救其恶”。对上级、领导道德上的问题当匡正、救止之。

通过以上这些做法，沟通联络，上下和谐，达到“上下相亲”的目的。

【解读】

廉洁自律为公孝

孝与廉首先是中国传统道德的两个主题。孝，指子女善事父母亲祖的伦理义务与行为；廉，指官员克己奉公、廉洁不贪的道德义务与品行。孝，是处理家庭家族关系的道德；廉，处理国家关系的道德，二者是相互支撑的关系。

1．孝是廉的基础

在中国古人看来，孝是为人第一德，是诸种道德的基础。在家能孝亲，在朝必能忠君。廉实际上是为官之人对公共财物的道德态度，它实际上体现为对君主、国家的忠诚之德。在孝德泛化的社会条件下，认为忠臣必出于孝子之门，人有孝德就会有别的一切道德，有孝德就必然有廉德。《孝经·诸侯章》说："在上不骄，高而不危；制节谨度，满而不溢。高而不危，所以长守贵也；满而不溢，所以长守富也。"这里的"制节谨度，满而不溢"具有廉德的内涵，也被看作是诸侯之孝；如果不具备这种廉德，不能长守富贵，是对祖先的不孝。

2．孝行催生廉德

在中国古代，孝亲不仅是能赡养父母，而且要立身扬名，以显父母，起码不能做辱没父母的事。中国古人的道德责任感产生于对父母亲祖的责任感，认为做了好事，成了功名能够光宗耀祖；相反做了坏事，就会辱没父母亲祖和门风家风。因此，一个守孝的人必然要在为官的过程中自觉遵守清勤慎德的为官道德，绝不能做贪赃枉法之事，受牢狱之灾辱没先祖。这种孝道责任感成了某些官员得以廉洁自律的精神动因。

3．廉德保证孝行

一个人在古代中国能为官，已经被看作是有出息有成就的人，但是权力是一种机遇也是一种风险，如果一个官员不能正确处理义利关系，在财利与权力面前不能保持清醒的头脑，既要当官又要谋财，那势必就会成为一名贪官，轻则被贬，重则受刑甚至丢命，这样肯定不能顾及父母之养，而且辱没家门家风，而成为不孝之逆子。因此，廉洁，不仅能保证官员长守富贵，一生平安，而且还能保证官员行孝，做到"大孝尊亲，其次不辱"。

孝与廉在中国古代虽有上述一致与相互支持之处，但它毕竟是属于处理家庭私人关系与国家政治关系的两种不同道德，而且其道德主体也是两种人伦角色即孝子与廉吏，或者说前者是对为人子者的要求，后者是对为人臣或拥有一定公众权利的人的要求。在中国古代两者的统一性之所以被看重，是因为社会是一种家国同构的社会结构。在汉代实现以孝治天下的国策，孝被全面泛化，当作一切道德的代名词，似乎有了孝，人就会有一切道德。不可否认，这种思维在中国古代有一定的合理性和客观性。

但是，孝与廉毕竟是两种不同领域的道德，本身是有差异的。随着家国一体的传统社会结构的解体，公民社会的形成，随着传统文化与孝道影响的衰落，随着现代社会私人领域与公共领域的日益分隔，我们更要充分看到孝与廉的差异和不同。在继承优秀传统道德资源时，既要充分肯定但又不要盲目夸大孝文化在加强干部队伍廉政与廉德建设中的作用。以为只要干部能孝其亲就必然会廉洁奉公，这种想法是简单化的，缺乏深入分析的。

弘扬孝道文化

所谓孝道文化，就是关于关爱父母长辈、尊老敬老的一种文化传统。孝道是中国古代社会的基本道德规范。一般指社会要求子女对父母应尽的义务，包括尊敬、关爱、赡养老人，为父母长辈养老送终，等等。

孝道是中国传统社会十分重要的道德规范，也是中华民族尊奉的传统美德。在中国传统道德规范中，孝道具有特殊的地位和作用，已经成为中国传统文化的优良传统。

中国传统文化是以孝敬父母为核心的孝道文化。把孝亲敬老视为最崇高的美德，作为选拔官员的标准，是自远古就沿袭流传下来的，并世代相袭，贯穿百代。孝道已成为了中华民族繁衍生息、百代相传的优良传统与核心价值观。

为了维护这个孝道传统，在周朝，每年要举行一次大规模的“乡饮酒礼”活动，旨在敬老尊贤。礼法规定，70 岁以上的老人有食肉的资格，享受敬神一样的礼遇。春秋战国时，70 岁以上的老人免一子赋役；80 岁以上的老人免两子赋役；90 岁以上老人，全家免赋役。在中国民俗中，还有隆重的老

年仪式礼。在民间60岁的老人可以接受儿孙的祝寿；在宫廷中，则有皇帝亲自主持的尊老礼仪。东汉时期，皇帝带头倡导养老敬老之礼。清朝年间还举行过大型的尊老敬老活动——千寿宴。康熙六十一年（1722年）正月初二，在乾清宫宴请65岁以上的老人，共有1020人。筵席上，老人和康熙平起平坐，皇子皇孙侍立一旁，给老人倒酒。康熙还即兴赋诗，名曰《千叟宴诗》。

为保障崇孝风尚固化，历代皇帝采取了褒奖孝行、劝民孝行的各种举措。汉文帝时，诏令天下郡守，推举孝廉之士，授以官爵；隋唐开始实行的科举制度中，均专门设立孝廉科名。在整个封建时代，《孝经》是国家规定的教材，开科取士的考评依据。小孩子从入学起便从童蒙教材《三字经》、《弟子规》中诵读"首孝悌，次见闻"。此外，严惩不孝。隋唐后的刑律皆将不孝列入等同谋反不予宽赦的"十大恶"之中，杀父母者历代皆凌迟处死。明律中，凡不顺从父母致使父母生气的事皆视为忤逆，可告于官，要打板子直至判刑。民间流传的

"打爹骂娘，天打雷劈"，表明不孝者皆为世人所不齿，天地所不容。

"百善孝为先"，"夫孝，德之本也"。孝道文化是中国传统文化的基本文化，和谐文化，是一份弥足珍贵的道德遗产。

【典例】

清廉俭朴的晏婴

春秋战国时期，奴隶主贵族生活腐朽，奢侈之风盛行。齐国丞相晏婴却清廉俭约，深为后人所称道。晏婴（公元前578—前500年），字仲，谥平，习惯上多称平仲，又称晏子。夷维（今山东莱州）人，春秋时期著名政治家、思想家、外交家。

晏婴平时只穿粗布衣服，一件狐皮大衣，也只是在出使他国或参加盛典时穿，并且一直穿了三十多年。他每日吃的是粗茶淡饭。一天，他正要吃午饭，齐景公派人来见他，他把自己的饭菜分成两份，请来人共进午餐。景公知道这件事后，立即命人给晏婴送去黄金千两，以供他接待客人的开支。不料晏婴不肯接受，景公命人送了三次，他还是执意不肯收下。他向景公解释说："作为一个大臣，将国君的赏赐用于百姓身上，是以臣代君治理百姓，忠臣是不这样做的；不用在百姓身上而收藏起来，那就变成一个装东西的箱子，仁义的人是不会这样做的；上对不起国君，下对不起百姓，守财奴所干的事，聪明的人是不会干的。所以，请您千万不要再赏赐臣下了。"景公不解，问："想当年，管仲不也接受了桓公封赏的五百个村庄吗？你为什么要推辞呢？"晏婴便以"圣人千虑，必有一失；愚人千虑，必有一得"的话相对答，并认为自己虽然愚笨，但在这件事的处理上可能是正确的。景公见他把话说到如此地步，也只好作罢。

晏婴平时上朝，总是乘坐一辆劣马拉的破旧车子，有时甚至步行。景公觉得他乘坐的车马与他的身份太不相称，便多次派人送去新车骏马，却都被他拒绝了。景公很不高兴，责问他为何不收。晏婴说："您让我管理全国的官吏，我深感责任重大。平时，我反对奢侈浪费，要求他们节衣缩食，以减轻百姓的负担。我若乘坐好车好马，百官们便会上行下效，奢侈之风就会流毒四方。假如真的到了那个时候，恐怕就再也无法禁止了。”晏婴的相府地处闹市，且阴暗狭窄。齐景公提出要为他修造僻静宽敞的新宅院，也被晏婴婉拒。齐景公并不死心，趁他出使他国之际，为他新建了一处豪华的府第。晏婴回国后，马上从新相府搬回了原来的住处，同时将新相府加以改造，分配给了原来住在那儿的人。

晏婴到了晚年，不仅不再接受任何新的赏赐，还向齐景公提出将原来赐他的封地退回去。晏婴一生以实际行动实践了他所大力倡导的勤俭节约的作风。司马迁曾发出这样的感慨：“假如晏子还活着，我就是为他执鞭驾马，也是心向往之啊！”

苏武矢志不变节

苏武（公元140—公元前60年），字子卿，汉族，杜陵人，西汉大臣。

汉武帝天汉元年（公元前100年），匈奴向汉朝求和，于是，汉武帝就派中郎将苏武出使匈奴。苏武接受任务以后，带着使团及丰厚的礼物出发到匈奴。

不料，反复无常的匈奴单于不但不感谢，反而受坏人挑唆，把苏武等人扣押起来，要苏武投降。金钱、高官厚禄、冻饿折磨，这些都没能使苏武屈服，他坚决不投降。

没办法，单于只好下令将苏武送到北海边上（现在的西伯利亚贝加尔湖一带）去牧羊，并且对苏武说：“等公羊何时生了小羊，就送你回汉朝去！”公羊怎么能生小羊呢？用意十分明白，单于是坚决不放苏武回汉朝了。

北海一带，荒无人烟，终年白雪覆盖，苏武只能以野鼠洞里的草籽充饥。每天，苏武一边牧羊，一边抚弄着出使时汉武帝亲手交给他的旌节，心中深深地怀念着自己的祖国。夜晚睡觉时，他将旌节紧紧抱在胸前。就这样，日复一日，艰苦地度过了漫长的岁月。

汉武帝死后，汉昭帝即位，匈奴又与汉朝议和，但单于仍不让苏武回汉朝，还谎称苏武已经死了。与苏武一起出使匈奴的常惠，千方百计把苏武的情况告诉了汉朝使者，还为使者想出了一个要回苏武的妙计。

汉朝使者去见单于，按照常惠的计策对单于说："你们匈奴既然要诚心跟汉朝结好，就不该再欺骗我们。我们知道，苏武明明没有死。有一天，我们皇上在上林苑里射猎，射下一只大雁，大雁的脚上系着一条绸子，那是苏武写给皇上的一封信。信里说他在寒冷的北海地方牧羊，你们怎么说他死了呢？大雁能带信，这是天意，你们怎么可以欺骗上天呢？"

单于听了，不觉大吃一惊，只好承认自己说了谎话，而后又说："苏武的忠心都感动了飞鸟，难道我们还不如大雁吗？"说完，他立即向汉朝使者道歉，并答应赶快派人把苏武从北海地方找回来。

终于，苏武回到了阔别近二十年

的京城长安。汉昭帝接见了他，还叫他到先帝庙里去拜见汉武帝的灵位，并把那根光秃秃的旌节供奉到汉武帝灵前。

《汉节操》（又名《苏武思君》）原刊于一六零九年《太古遗音》琴谱，是一首著名的琴歌，生动地表现了汉代苏武出使匈奴十九年，历尽艰苦凛然不屈的崇高气节：

蛮夷猾夏何多年，疾风劲草心悬悬。旌节持拳拳，忠彻天，心彻泉。成仁取义，衣带劳镌。烽烟外，戍楼边，心绝眼眸穿，梦魂飞绕孝武君前。头断膝不屈，九夏三冬节，严霜与烈日，此身挺然，若砥柱波中立，翠帐云中出。此身雪里，恰似青松长郁郁。执铁披钢，贞元却守从吾义。气存出没，不慕浮云富贵。指天为证，赤胆悬日月，拼取微躯，裹尸马革。饥餐天雪，唯有毡毛共咽，饔（yōng）飧缺，采山蕨，形容憔悴多凄切。匈奴讶有神仙诀。再迁海上，赤心愈烈。抬头遥望天边月，今古圆又缺，长使人成离别。秋风八月起胡西，淡烟衰草何离离！孤忠凛凛此身单，怯寒无衣，止宿居无庐。天地光昏，云惨尘迷，伤悲。孤臣有泪归无期，西风落雁空南飞。刺血封书，托那雁足因依，谁知汉臣诒虏方许归。故山寂寞人成非，关事业人臣分内所当为。洗腥膻，得归旋，满头风雪白盈颠，持节还乡十九年。眼望断，黑河边，孤忠两字，俯仰无愧于苍天。高风劲节，万古流传。高风劲节，万古流传！

历史学家吴晗曾写过一篇《谈骨气》的文章，其中提出做人不可有傲气，但不可无傲骨。所谓骨气就是做人要坚持原则，在大是大非的问题上明是非、知荣辱，不拿原则做交易。一边是高官厚禄，一边是赤胆忠心，苏武用不屈的铮铮傲骨作出了最完美的诠释。

诸葛亮鞠躬尽瘁

诸葛亮（181—234 年），字孔明，人称卧龙，徐州琅琊郡阳都县（今山东沂南县）人。

诸葛亮早年不得志，故结庐于襄阳城西隆中山中隐居待时。公元 207 年，思贤若渴的刘备三顾茅庐，请计于诸葛亮。诸葛亮精辟地分析了天下形势，提出了统一天下应走鼎足三分、联吴抗曹的道路，史称“隆中对策”。这是诸葛亮为刘备提出的一条正确的政治路线和军事路线，也是诸葛亮一生的行动纲领。从此，刘备的事业才出现了转机。

公元 208 年，曹操率三十万大军南下荆州，诸葛亮以其大智勇出使东吴，说服东吴抗击曹操，取得赤壁之战的胜利，为刘备取得立足之地。刘备称帝后，谙葛亮任丞相。公元 223 年，蜀后主刘禅继位，诸葛亮被封为武乡侯，领益州牧。他励精图治，赏罚严明，推行屯田政策，并改善西南各族与蜀汉的关系，促进了当地经济、文化的发展。他曾六次北伐中原。公元 234 年，因积劳成疾，病逝于五丈原，葬于定军山（今陕西勉县东南）。

诸葛亮的一生共两个二十七年。公元 207 年以前的二十七年，是他修身养性立志用世的准备阶段。他学有所成后没有北走曹操，也没有南归孙权，而是辅佐了“名微众寡”的刘备，这固然有客观原因，但也并非出于偶然。他之所以要选择兴复汉室的道路，说明他是一个维护封建纲常、崇尚儒家忠义道德的正统思想家。公元 207 年到 234 年的二十七年，是诸葛亮尽忠蜀汉的阶段，无论先主、后主都非常信任他。他没有恪守儒家教条，他尊王而不攘夷，进兵南中，和抚夷越，在三国中执行了最好的民族政策。他明法、正身、和吴、治军，以“鞠躬尽瘁，死而后已”的无私奉献精神战斗到生命的最后一息。他的忠公体国精神，生前就深受蜀人爱戴，死后更长期受到后人的敬仰，已成为中华民族传统文化的一份遗产 。

诸葛亮一直是智慧与忠诚的化身，其传奇故事为后人所宣扬。他“明知不可为而为之”的行为，“士为知己者死”的品质，“鞠躬尽瘁，死而后已”的忠诚，可谓前无古人，后无来者。

清代廉吏于成龙

于成龙（1617—1684 年），山西永宁人。为官二十四年，廉名传天下。康熙帝曰：“咸称居官清正，实天下廉吏第一”，是中国历史上的著名清官。

顺治十八年（1661 年），于成龙担任罗城知县。柳州罗城，地处万山丛中，偏僻荒凉，少数民族杂居，世代械斗。于成龙至罗城县时，居民仅六家，县衙草屋三间。他“插棘为门”，“累土为几”。后仆人死逃殆尽，于成龙“万里一身，生死莫主。夜枕刀卧，床头树一枪以自防”。他殚精竭虑，肃清匪盗，数年，罗城大治。

罗城民众怜悯于成龙独身一人滞留南疆，晨夕环集问安，并叹其度日过于清苦，间敛些微金钱跪进，以供其盐米等生活费用。成龙微笑答谢：“我一人何须如许物，可持归易甘旨奉汝父母，如我受也。”民众皆怏怏持去。罗城民众得知于成龙家人自北方来探视，大喜，“奔哗庭中”，言于公家人来，“好将物安家去”，又馈赠金钱。成龙含笑答谢说：“此去吾家六千里，单人携货，适为累耳。”挥手令去，民皆伏地饮泣，成龙亦为之感泣。

于成龙在回顾罗城七载生涯时说：“日二食或一食，读书堂上，坐睡堂上，首足赤露、无复官长礼。夜以四钱沽酒一壶，无下酒物，快读唐诗，痛哭流涕，并不知杯中为酒为泪也！”其苦可知，其情可想。因于成龙治绩斐然，康熙六年晋升为四川合州知府。

其后，于成龙后历任武昌知府、福建按察使、直隶巡抚，都是励精图治，竭心尽力，廉洁奉公，政绩斐然，在为官之地都留下了极佳的口碑。辞别罗城时，父老遮道呼号：“爷今去，吾侪无天矣！”竟追送数百里，痛哭而返。离黄州赴福建时，“民遮送至九江，凡数万人，哭声与江潮相乱”。得民心如此，古史罕见。

康熙二十年（1681年），于成龙受命为两江总督。成龙受命之日，即自直隶启程，直赴江宁，与幼子租驴车一辆，各袖钱数十文，自投旅舍，从未烦扰沿途府县。将抵江宁时，官吏畏其严明，出城远迎，至黄昏时犹不见人影。正在惊疑打探之际，逻卒来报，新总督早已单车入府了。

于成龙到任后，断然拒绝居住为他装修一新的府第，拒受礼品，谢绝接风洗尘之宴会，江宁为之震动。

于成龙就任两江总督，颁发《兴利除弊条约》，在条约中他郑重声明：“木部院下车清介自持，誓不受属员一毫馈送。”

于成龙总督江南，虽身为封疆大吏，但喜接民众，了解下情，绝少官僚习气。他平时生活俭朴，每天只食用粗米、青菜，江南人呼为“于青菜”。

遇灾荒之年，他“屑糠杂米为粥，举家食之”；还以此招待客人，并说：“如法行之，可留余米赈饥民也。”

康熙二十三年（1684年），成龙病逝于任上。将军、都院察看他的遗物，“见床头敝笥中，惟绨袍一袭，靴带二事，瓦瓮中粗米数斛，盐豉数器而已。”于成龙去世后，“民罢市聚哭，家绘像祀之”，廉名遂传天下。

丧亲章第十八

——葬祭父母，举哀服礼孝始终

【原文】

子曰："孝子之丧亲也，哭不偯[①]，礼无容[②]，言不文[③]，服美不安，闻乐不乐，食旨不甘[④]，此哀戚之情也。三日而食，教民无以死伤生。毁不灭性[⑤]，此圣人之政[⑥]也。丧不过三年，示民有终也。为之棺椁衣衾而举之[⑦]，陈其簠簋[⑧]而哀戚之；擗踊[⑨]哭泣，哀以送[⑩]之；卜其宅兆[⑪]，而安措之；为之宗庙，以鬼享[⑫]之；春秋祭祀，以时思之。生事爱敬，死事哀戚，生民之本尽矣，死生之义备矣，孝子之事亲终矣。"

【注释】

①哭：悲哀伤心地流泪。偯（yǐ）：痛哭时余音拉长。

②容：保指持容貌端正。

③文：文饰，修饰。

④旨：美味。甘：香甜，可口。

⑤毁：哀毁。性：生命。

⑥政：法则。指圣人制礼施教的法则。

⑦棺椁（guǒ）：古代的棺木有两重，盛放尸体的叫棺，套在棺外的叫椁。衾：死人盖的被子。举之，举行敛礼。

⑧簠簋（fǔ guǐ）：古代祭祀宴享时盛黍稷的器皿，用竹木或铜制成。簠多为方形，簋多为圆形。

⑨擗踊（pǐ yǒng）：捶胸顿足。

⑩送：送殡；送葬。

⑪卜：占卜。宅兆：坟墓的四周区域。

⑫鬼享：指古代在宗庙中的祭祀；以祭祀之礼，请鬼神来享用。

【译文】

孔子说："孝子丧失了父母亲，要哭得声嘶力竭至发不出悠长的余音，容貌举止失去了平时的端庄有礼，言辞无法加以修饰，穿上华美的衣服就心中不安，听到美妙的音乐也不觉得快乐，吃美味的食物也不觉得好吃，这是做子女的因失去亲人而哀伤忧戚的表现。父母去世三天之后就要吃东西，这是教导人民不要因失去亲人过度悲哀而损伤生者的身体，不要因过度的哀毁而

灭绝人的天性，这是圣人制礼施教的法则。为亲人守丧不超过三年，这是告诉人们哀伤是有其终止期限的。父母亲去世，要准备好棺材、外棺、穿戴的衣饰和铺盖的被子等，举行小敛和大敛的礼节，陈列簠簋等礼器，以寄托生者的哀痛和悲伤；要捶胸顿足，痛哭悲泣，极尽哀伤地送葬；占卜墓穴吉地，安葬灵柩；营建宗庙，以祭祀之礼，请鬼神来享用；在春秋两季举行祭祀，以表示生者无时不在思念亡故的亲人。父母亲在世时，以爱敬之心来奉事他们；在他们去世后，以悲哀忧痛之心料理丧事，如此人民尽到了应尽的本分，养生送死的大义也都完备了，孝子侍奉亲人的义务到此结束。”

【简析】

本章是介绍父母去世时孝子应尽的哀悼之法。为人子女，生事爱敬，死事哀戚，慎终追远，这是孝道的最后一步，也是《孝经》全书的结论。

父母在世之日，孝子尽其爱敬之心，父母可以亲眼看见，直接享受。一旦去世，孝子不能再见双亲，无法再尽其心。为孝子的那种心情，当是何等的哀痛。只是过去礼法烦琐，现代的丧礼已经大大简化，不变的是孝子的孝心。

综观全书，孔子所说的“孝”，原来不是仅仅只局限于赡养父母、养生送死这些内容，还包含着丰富的伦理内蕴与深刻的人性内涵。孝道，对于一个人、一个家庭、一个地区、一个国家都有着既普遍而又特殊的意义与价值。在现代社会，怎样继承、挖掘、发扬“孝”，发挥其教化之责与和谐之功，是一个值得探讨的课题。

【解读】

古代丧葬文化与“孝”文化

丧葬活动及丧葬文化均起源于人类早期的宗教思想和鬼神思想。早期人类信奉朴素的多神宗教，相信鬼神存在，灵魂不灭，他们希望通过这种带有神秘色彩的死亡祭祀活动即丧礼来达到使死者复生、灵魂转世的良好愿望，同时借此表达对亲人去世的悲哀和怀念之情。

在春秋战国时代，大多数学者都发表了自己自由的思想与言论，对古代思想加以价值的重估。孔子虽不愿否定神鬼，但也表示出他的怀疑。《说苑·辩物》祭祖中记载孔子回答子贡死人有知无知时，很明白地说：“吾欲言死者有知也，恐孝子顺孙妨生以送死也；欲言无知，恐不孝子孙弃不祭祀也；赐欲知死人有知无知，死徐自知之，未为晚也。”《论语·卷十一》：“季路问‘事鬼神’，子曰：‘未能事人焉能事鬼？’‘敢问死？’曰：‘未知生焉知死？’”可知孔子在态度上是存疑的不可知论者。在理念上他不信“死后有知”“人死为鬼”，但他觉得神鬼信仰对社会也确有实用，因此孔子注重祭祀，认为祭祀是维持伦理的一种教化方法。伦理的中心就是孝，对于孝道的培植，当然是教化上的重点，而培植的方法就是“生则养，死别敬享”。故孔子有“生事之以礼，死葬之以礼，祭之以礼”的教导，赋予祖先崇拜“报本、追远、崇德”的意义，期望民德因而归厚。所以儒家的祭祖观可从“祭如在，祭神如神在……广州陈家祠吾不与祭如不祭”（《论语·八佾》）所用的几个“如”字及“慎终追远，民德归厚矣!”与“祭者教之本也已”（《礼记·祭统》）的言论中明白其鬼神观完全是主观的，不是客观的，其所以制定的士丧礼、既夕礼（即丧葬祭祀礼仪）乃欲孝子履践之而能达成尽哀、报恩、不以死伤生、教孝四项目标。墨子曾批评孔子，说他是“无鬼而学祭礼”。但孔子也因此在原始信仰中添入了理性的成分，把祖先崇拜由亡灵崇拜的层次提升到伦理化的祭祀的层次，以孝德和祖先崇拜建立起关联性，希望借此活动而达伦理教化之目的。

史料记载，秦汉丧葬礼仪已相当复杂，共分三个部分：葬前之礼、葬礼、葬后丧服之礼。葬前之礼包括：招魂、沐浴、饭含、小殓、大殓、哭丧、停尸等。葬礼包括：告别祭奠、送葬、下棺等。葬后丧服之礼包括：丧服、丧制等。丧礼的每一个环节都包含有相应的寓意，必须严格遵守。

我国古代丧葬文化与“孝”文化密切相关。“孝”源于儒家的核心思想。“樊迟问仁，子曰：爱人。”仁即是爱。何为爱？孟子对爱作了精辟的论述：“亲亲而仁民，仁民而爱物。”首先爱自己的亲人，其次爱一切大众，最后爱自然万物。爱亲人首先是爱父母，爱父母则为孝。

“孝”作为儒家社会伦理思想的基础，对古代社会的行为规范和社会秩序的稳定起了重大作用。我国古代社会是以家族宗法制为基础而建立起来的。它的社会政治结构，从下至上依次为：家庭、家族、宗族、皇权即国家权力。因此家庭关系稳固则家族关系稳固，家族关系稳固则宗族关系稳固，进而皇权即国家权力就稳固。而“孝”文化则是处理和维系家庭成员之间，家庭之间，宗族关系之间的道德规范和社会政治要求。

孔子说：“孝悌也者，其为仁之本欤。”孝是处理和规范人际纵向关系的标准，悌是处理和规范人际横向关系的标准，一纵一横，纵横交错，维护和促进了社会政治基础的稳固。统治者还认为：“忠臣出孝门”，“人臣孝则事君忠。”孔子也说：“其为人也孝悌，而好犯上者，鲜矣。”封建统治者深知“孝”文化对于稳固社会统治基础的重要意义，都将孝作为治国的基本国策，体现在社会政治生活的各个方面。比如各朝文书中通常都有一句“圣朝惟以孝治天下”的套语。

孝包括两个方面的内容：养老和送终。养老是对父母生前的赡养，送终是对父母死后的埋葬。根据孝的本意，两方面都很重要，但实施的社会结果是出现了轻养厚葬的现象，这是由封建统治者自身的个人利益和社会统治需要而造成的。

封建统治者惯常的厚葬之风，对社会风气产生了极为恶劣的影响。在《皇家冢记》中记载了秦始皇的奢葬：“始皇冢在骊山之右。中以水银为百川，金银为鸟雁，机相轮，上具天文，下具地理。以人鱼膏为烛，度久不灭，其葬时，后宫无子者皆葬殉，从死者甚众。”后世皇帝，无一不搜刮民脂民膏为自己建墓筑陵，其规模之大，无以言表，而墓中殉葬物更是尽揽天下奇珍异宝。而平民百姓由于受地主阶级宣扬的封建迷信和封建道德观念的影响，也“重殓厚葬”，甚至负债厚葬。否则，儿孙们就要背上“不孝”的恶名。

据传汉武帝时的杨王孙反对厚葬之风，临终前他告诫儿子“布囊盛尸”，从俭“裸葬”。这使他的儿子陷入两难境地，“欲默而不从，重废父命；欲从之心又不忍”（见《汉书》卷六十七），遵从也不是，不遵从也不是，最后还是遵父命进行俭葬，“裸葬”其身。此举在当时，引起了巨大的轰动。如果不是杨王孙力主此事，其子必定要被世人责为“逆子”。

虽然在古代也不乏反对奢葬之人，但丧葬礼仪仍是日趋复杂，铺张浪费之风也是愈演愈烈。随着佛教的“生死轮回”、“因果报应”观念深入人心，封建丧葬礼俗也变得更加烦琐。

综上可知，在传统社会历史条件下，我国的丧葬礼仪及其文化的存在有它的客观合理性和必然性，它与“孝”文化紧密相关，反映了当时儒学的社会伦理与社会政治思想，适应了封建国家维系社会秩序与政治制度的要求。

孝的传承与延续——葬礼

葬礼，是人生礼仪中的最后一个。

人死称为丧，对死者遗体的处理称为葬。丧葬礼仪，是人结束一生后，由亲属、邻里、好友等进行哀悼、纪念、评价的仪式，同时也是殓殡祭奠的仪式。由于我国地域辽阔，民族众多，各个地区、各个民族产生了不同的治丧、送葬方式，形成了各具特色的丧葬礼俗，人们用不同的方式，表达对死者的哀悼和怀念之情。

统治者生前享尽荣华富贵，希望进入冥国仍能继续享有人世的尊贵。因此他们为父母，为自己建造起一座座豪华的坟墓。统治者的厚葬之风影响带动了民间的丧葬之风，民间纷纷仿效，互相攀比。统治者大力推行“孝”文化，直接的社会政治逻辑结果必然是大力提倡厚葬，并最终以国家法典形式颁布实施。

史料证明，我国最迟在西汉开始就颁布了较为完善的丧葬法规。同时我国古代社会长期处于农耕社会发展阶段，人们局限在相对狭小固定的地域，以家庭为单位共同从事农业生产活动，促使家庭成员之间、人与人之间的关系越来越紧密，不仅具有天然的血亲联系，更成为生存的相互依靠对象。这种重孝、厚葬观念越来越浓厚，礼仪越来越繁缛。

在中国儒家的观念中，“忠”“孝”是最重要的美德，即使对已经去世的先人，也要像他们依然活着时一样的尊敬，在节日中要供奉、祭祀。在中国，对祖先的崇拜并不是一种宗教信仰，而是日常要遵守的行为准则。中国人对祖先的崇拜表现在定时扫墓、祭拜；在逝者下葬时，随同准备许多日常生活应用物品纸样，一同烧毁，如同送先人到另一个世界生活一样；并定时烧纸（送钱），甚至在不同季节烧送不同的纸样给先人。

丧礼中的孝道有很多表现，比如在山东，民间丧礼中的“圆坟”习俗，在葬礼后三天时进行。民间把圆坟又叫“送衣坟”，就是死者家属把圆坟的

东西赠送给已出嫁的闺女。圆坟之后，娘家给闺女一个白柳条篓子，内装大麻、镜子、蜡烛和菜之类的物品。闺女带回婆家后，立即把早已准备好的供菜、包子和面鱼等五种东西送回娘家。据说，姐妹之间谁先送回娘家，谁就能过上好日子，这其中也体现了孝义必有好报的观念。

在汉文化葬礼的发展过程中，葬礼的内涵逐渐突出孝的主题。丧礼为孝子贤孙提供了表示孝敬之心的机会；活人可以表达对死者的尊敬，排场的仪式可以使家人脸上增光。同时，中国人贱野羞瘠、慎终追远的传统，也使丧礼更加庄严肃穆。民间的丧葬习俗同人们普遍的信仰与知识紧紧地联系在一起，丧葬仪式也体现了这种价值观。

纵观传统葬礼的全过程，我们可以看出，丧葬礼仪在理论上具备两方面的功能：一是割断死人与生者的联系，把死者的灵魂打发到另外一个世界去，免得亡灵回来作祟；二是设想一个美妙的灵魂世界，这种美妙的构想既可以把亡灵吸引过去，同时也给生人带来对未来彼岸世界的希望。这是就葬礼的普遍功能而言的。而具体到中国传统丧礼，更加突出对活人的作用。与其他文明形态的丧礼相比，中国以儒家为主导的死亡礼俗有着更为特殊的品性。

如何培养孩子的“孝”心

孝敬父母是中华民族的传统美德和道德准则，今天，我们应将这种美德发扬光大，世代延续下去。我国古代有着丰富的孝道文化，其中有值得继承和弘扬的东西，也有必须加以抛弃的糟粕部分。现在，我们从“孝”的最基本的意义上来吸收传统孝道文化中的精华，并加以继承和弘扬。

古语云：“羊有跪乳之恩，鸦有反哺之义。”连动物都知道报答父母伟大的养育之恩，更何况人呢？而一个人如果连父母都不敬爱、不孝顺，那他一定是不会懂得感恩的。所以，我们要从小培养孩子孝顺的美德。

1. “孝顺”教育不是可有可无

一个孩子是否孝顺，体现的是这个孩子是否具有高尚的人格，而不孝顺的孩子人格是不健全的。当下，很多家长对孩子的教育还停留在让孩子学习好、将来有本事、出人头地上，而忽略了人格培养。是否孝顺是一个孩子是否具有爱心的表现，而爱心是人格的核心内容。人格不健全，孩子的社会化程度就低，很难最大化地实现自己，也就是说，孩子到达不了自己生活和事业的顶峰。

所以，孝顺教育无论是从培养孩子成才来讲，还是从一个家庭的幸福与否来说，都是很重要的一个方面。

2. 年轻父母应以身作则

跟长辈说话或在一起时，你自己是否就不大尊重他们？或者，是否已经隔了很长一段时间没有回去看望父母？甚至于当着孩子的面时，说老人的坏话？如果你是这样的，就不要指望自己的孩子会尊重长辈，对长辈孝顺。更为危险与可悲的是，你现在对父母或长辈的态度，往往就是当你老时孩子对你的态度。

所以，让我们每个人从现在开始，孝敬我们的老人，和老人住一起的，能更加包容一些；和老人分开住的，即便工作忙也不能忘了问候老人，公休日尽量带孩子回去一起看望老人，帮老人做些家务，尽一份子女应尽的责任与义务。如此日长时久，孩子耳濡目染，潜移默化，也会逐渐养成尊敬长辈、孝敬父母的好习惯。

3. 把孝敬列进制度

俗话说，没有规矩不成方圆。无论孩子多大，制定适合孩子年龄的尊敬长辈的规定都是十分必要的。其实，家训族规是我国传统文化宝库中最有特色的内容之一，而大凡成功的伟人，大多都是在一个很好的家教氛围中成长起来的。毛泽东之所以能成为能力非凡、品格高尚的一代伟人，跟其毛家《规章制度》有很大关系：培植心田，戒赌博，孝养父母，友爱兄弟，和睦乡邻，教训子孙，矜怜孤寡，婚姻随宜，奋斗芸窗，勤劳本业。

我们并不是要求自己的孩

子都成为伟人，但起码的孝道孩子还是需要遵守的。好吃的首先给长辈拿，舒适的床铺让给老人睡，见了长辈要主动打招呼，当长辈牺牲自己的时间为孩子做了事情时，要让孩子的语言和行动对长辈表示感谢等等。长此以往，孩子定能把孝道内化成自己的一个优良美德，很自然地成为一个孝顺的好孩子。

4. 要从小事入手训练培养孩子孝敬父母的行为习惯

教育子女孝敬父母的一般要求是：听从父母教导，关心父母健康，分担父母忧愁，参与家务劳动，不给父母添乱。要把这些要求变为孩子的实际行动，就应当从日常小事抓起。如关心家长健康方面：要求孩子每天要问候下班回家的父母亲；当父母劳累时，孩子应主动帮助或请父母休息；当父母外出时，孩子应提醒父母是否遗忘东西或注意天气变化；当父母有病时，孩子应主动照护，多说宽慰话，替他们接待客人等。孩子应承担必须完成的家务劳动，哪怕是吃饭时摆筷子。根据孩子的年龄、能力、学习情况，合理分配，具体指导，耐心训练，热情鼓励。这样不但有利于孩子养成家务劳动的习惯，也有利于孩子不断增强孝敬父母的观念："父母养育了我，我应为他们多做事。"

5. 让孩子知道孝顺长辈的知识

孩子有如一张白纸，在上面画什么，收获的往往就是什么。所以，你一定要让他知道小的要孝敬老的这样的道理。如果父母本身不说，不去要求孩子对老人尽"孝"，孩子是不会知道的。家长一方面要了解孩子的成长特点，另一方面也要抓住机会丰富孩子有关孝敬长辈的知识，多给孩子讲述《孔融让梨》之类故事。并让孩子分析大家为什么表扬孔融，使孩子懂得分享和谦让是一种优良的品质，鼓励他们用自己的实际行动向孔融学习。

总之，孝心教育是全社会每个父母的共同责任。只有根据孩子的心理特点，把握个性，正确引导，就会帮助孩子树立正确的孝德观。

【典例】

孟升匿丧被赐死

一个普通小官员因为匿母丧而被皇帝赐死，这可能是中国历史上有记载的仅有一起案例。

此事发生在五代十国的后唐明宗天成三年（928 年）。当时滑州（今河南汲县一带）有个书记官孟升，因贪恋官位，匿母丧不报，此事被人揭露，先是经由大理寺审判，处以流刑。然而，让人想不到的是，当时的明宗皇帝竟然为了这个小官吏匿母丧的事特地下了个诏书。明宗皇帝在诏书中历数了孟升不孝的罪状，说孟升身穿儒家的官服，身处幕僚的位置，竟然为了贪图荣华富贵匿母丧不报，作为人子者，竟然败坏到了这一步，实在是伤风败俗，其罪恶重于“十恶”。这样的罪人，与其将他投到荒芜之地，不如让他死掉好了。于是，明宗皇帝就干脆赐孟升自尽。与孟升有关的官员——观察使、判官录事、参军等人，因纠察失职，都受到了处罚。

在此同时，还发生了一件事，有个襄邑县民叫闻威的，他的父亲被别人给杀了。他不但没有替父亲申冤，还私下里与杀人者和解，他也因此被明宗皇帝处死。

贾黯拒提不孝官

这是发生在北宋仁宗朝的一个著名的典故，常常被后世所提及，视为美谈。

北宋时有个人叫贾黯，邓州穰县（今天的河南邓州市）人，是仁宗时期的状元。

贾黯性格耿直，敢说敢做，一直负责地方官的铨选工作，也就是负责对地方官的年度考核。这个工作要是不认真做的话，就是流于形式。事实上也是这样的，在贾黯之前，这项工作一直都是走走过场的。

但是，贾黯是一个认真负责的人。他认为，北宋自建立已近百年，尤其是在仁宗统治期间，天下太平日久，官吏养成了懒惰的性格，应当在官吏的考核上严格把关，以起警示的作用。贾黯认真磨勘（唐宋官员考绩升迁的制度），结果查出了益州（今四川）推官桑泽在四川做官三年，竟然不知道自己的父亲已死。贾黯提出桑泽不应当在考查之列，也就是剥夺了桑泽的考察资格。桑泽赶紧请求回原籍替父亲补丧。

等到桑泽为父亲服完丧之后，就又回来找贾黯，要求再对自己进行磨勘，结果遭到了贾黯的反对。贾黯的意思是，桑泽虽然不是有意识地匿丧，但在外做官三年，竟然对家里的父母亲不闻不问，不通音讯，也是不孝，这样的人怎么可以让他继续做官呢。最后，桑泽只好断绝了做官的念头，回到了原籍，再也没有出来谋求官职。

乐文德赤足奔父丧

乐颐，字文德，南阳涅阳人。他少年的时候，无论是说话或做事都十分谨慎小心，待人接物也特别和蔼诚实。家人都为他感到自豪；邻里们见他如此，人人夸赞他一定是个有出息的好孩子。他读书十分勤奋，诸子百家，儒墨法杂，无不通晓。乐颐长大以后做了京府参军，由于他学识渊博，秉性忠厚，在任期间深得上司的赏识，也深得同僚们拥戴。后来，他父亲在郢州家里病故，乐颐得到噩耗以后，急急忙忙跑到上司那里请假回家奔丧。由于思亲情切，半路上他常常哭得晕厥。他想起父亲对他的养育和教诲，想起自己的成长过程，每一步都深深地印着父亲的苦心的痕迹。他嫌车子走得太慢，索性跳下车子，飞一样向家乡的方向跑去，可由于感情太悲伤，没跑多久，他就累得晕倒了，醒来以后，他才发现鞋子跑丢了，脚也磨破了，血糊糊的。一个商贩看他累得实在太可怜，问明原因以后，强拉着他坐上了拉货的大牛车。就这样，乐颐一路上忧心如焚，几经周折，终于回到了家里。乐颐年轻的时候得过一场重病，他被病痛折磨得白天坐不稳，黑夜睡不安。白天，他常常躲在院子的角落里装做干活的样子，为的是不让老母亲为他担心。夜里，因为他的卧室跟他老母亲的居室只是一墙之隔，为了不让老母亲发现他的病情，于是强忍住剧痛，绝不发出一声呻吟。有时他站起来走动，脚步也是十分轻盈小心；有时他咬住被子，握紧拳头，强制自己躺在床上，久而久之他盖的被子也被他咬碎了一大片。在他患病期间，他也跟平时一样，按时问候母亲的起居饮食，从来没有间断过。

附录

附录一：《二十四孝》

《孝经》作为经部之书，地位很高，历史上还有不少皇帝亲自为它作注解，但是其与一般老百姓的距离，还是很遥远。

老百姓更爱好以喜闻乐见的形式来了解孝子、孝女，以及孝的历史、道理、典型、故事，于是在历史上出现了许多的《孝子传》。除了正史以外，还有许多人热心于《孝子传》的编纂，汉代刘向的《孝子传》，大概是最早出现的。后来晋代有陶潜、萧广济、师觉授、徐广等分别著有《孝子传》。唐代又有武则天时的《孝女传》等。明成祖颁行的《孝顺事实》里还收录了二百多位有孝行的人。清代茆泮林编纂《古孝子传》，刘青莲撰《古今孝友录》，李文耕有《古今孝友录》，李元青有《诸史孝友录》等等。

元代出现了《二十四孝》，其实是对于此前历史上出现的《孝子传》、《孝女传》的继承与发展。《二十四孝》，确切的作者已经不太清楚，有三说：一是郭居敬；一是郭居业；一是郭居敬之弟弟郭守正。一般认为是元代郭居敬编纂。郭居敬，元代福建延平府尤溪县人。传说他是一个典型的孝子，双亲去世的时候，哀伤的程度甚至超过了礼制的规定。他曾选择历史上的二十四位孝子的故事，并且为每一则故事配上一首诗，便于作为儿童的启蒙教材。《二十四孝》编辑了由天子、诸侯、孔门弟子、官员、一般平民的孝行故事，回应了《孝经》中的“五等”人即是“天子章”、“诸侯章”、“卿大夫章”、“士章”、“庶人章”的孝的道理。在这样的坐标系统中，让每个人都找到了自己的定位，解读自己的孝心孝行。

由于明代清代的印本大都根据故事配以图画，故又称《二十四孝图》。《二十四孝》的故事大都取材于西汉经学家刘向编辑的《孝子传》，也有一些故事取材《艺文类聚》、《太平御览》等书籍。

《二十四孝》全名《全相二十四孝诗选》，作者是元代郭居敬，也有人说是其弟郭守正，第三种说法是郭居业。和《孝经》、《女孝经》对思想上进行教化不同，《二十四孝》是从历代孝子中选择二十四位行孝的故事集合而成。

二十四孝的版本也不尽相同，根据历史文献和近代发现的墓葬内装饰图，可以断定有十四位孝子是公认的孝子，他们是虞舜、曾参、闵损、董永、郯子、陆绩、王祥、郭巨、杨香、老莱子、蔡顺、姜诗、丁兰、孟宗。

通行版本的二十四孝子故事分别是：

一、孝感动天——队队春耕象，纷纷耘草禽。嗣尧登宝位，孝感动天心

舜，传说中的远古帝王，五帝之一，姓姚，名重华，号有虞氏，史称虞舜。相传他的父亲瞽叟及继母、异母弟象，多次想害死他：让舜修补谷仓仓顶时，在谷仓下纵火，舜手持两个斗笠跳下逃脱；让舜掘井时，瞽叟与象却下土填井，舜掘地道逃脱。事后舜毫不嫉恨，仍对父亲恭顺，对弟弟慈爱。他的孝行感动了天帝。舜在历山耕种，大象替他耕地，鸟代他锄草。帝尧听说舜非常孝顺，有处理政事的才干，把女儿娥皇和女英嫁给他；经过多年观察和考验，选定舜做他的继承人。舜登天子位后，去看望父亲，仍然恭恭敬敬，并封象为诸侯。

二、戏彩娱亲——戏舞学娇痴，春风动彩衣。双亲开口笑，喜色满庭闱

老莱子，春秋时期楚国隐士。为躲避世乱，自耕于蒙山南麓。他孝顺父母，尽拣美味供奉双亲，70 岁尚不言老，常穿着五色彩衣，手持拨浪鼓如小孩子般戏耍，以博父母开怀。一次为双亲送水，假装摔倒，躺在地上学小孩

子哭，二老大笑。

三、鹿乳奉亲——亲老思鹿乳，身挂褐毛衣。若不高声语，山中带箭归

郯子，春秋时期人。父母年老，患眼疾，需饮鹿乳疗治。他便披鹿皮进入深山，钻进鹿群中，挤取鹿乳，供奉双亲。一次取乳时，猎人看到了他以为是麋鹿，想射杀他，郯子急忙掀起鹿皮现身走出，将挤取鹿乳为双亲医病的实情告知猎人，免除了被误杀的危险。

四、百里负米——负米供旨甘，宁辞百里遥。身荣亲已殁，犹念旧劬劳

仲由，字子路、季潞，春秋时期鲁国人，孔子的得意弟子，性格直率勇敢，十分孝顺。早年家中贫穷，自己常常采野菜做饭食，却从百里之外负米回家侍奉双亲。父母死后，他做了大官，奉命到楚国去，随从的车马有百乘之众，所积的粮食有万钟之多。坐在垒叠的锦褥上，吃着丰盛的筵席，他常常怀念双亲，慨叹说："即使我想吃野菜，为父母亲去负米，哪里能够再得呢?"孔子赞扬说："你侍奉父母，可以说是生时尽力，死后思念哪!"（《孔子家语·致思》）

五、啮指痛心——母指才方啮，儿心痛不禁。负薪归未晚，骨肉至情深

曾参，字子舆，春秋时期鲁国人，孔子的得意弟子，世称"曾子"，以孝著称。少年时家贫，常入山打柴。一天，家里来了客人，母亲不知所措，就用牙咬自己的手指。曾参忽然觉得心疼，知道母亲在呼唤自己，便背着柴迅速返回家中，跪问缘故。母亲说："有客人忽然到来，我咬手指盼你回来。"曾参于是接见客人，以礼相待。曾参学识渊博，曾提出"吾日三省吾身"（《论语·学而》）的修养方法，相传他著有《大学》、《孝经》等儒家经典，后世儒家尊他为"宗圣"。

六、芦衣顺母——闵氏有贤郎，何曾怨晚娘？尊前贤母在，三子免风霜

闵损，字子骞，春秋时期鲁国人，孔子的弟子，在孔门中以德行与颜渊并称。孔子曾赞扬他说："孝哉，闵子骞!"（《论语·先进》）他生母早死，父亲娶了后妻，又生了两个儿子。继母经常虐待他，冬天，给两个弟弟穿用棉花做的冬衣，却给他穿用芦花做的"棉衣"。

一天，父亲出门，闵损牵车时因寒冷打颤，将绳子掉落地上，遭到父亲

的斥责和鞭打，芦花随着打破的衣缝飞了出来，父亲方知闵损受到虐待。父亲返回家，要休逐后妻。闵损跪求父亲饶恕继母，说："留下母亲只是我一个人受冷，休了母亲三个孩子都要挨冻。"父亲十分感动，就依了他。继母听说，悔恨知错，从此对待他如亲子。

七、亲尝汤药——仁孝临天下，巍巍冠百王。莫庭事贤母，汤药必亲尝

汉文帝刘恒，汉高祖第三子，为薄太后所生。高后八年（公元前180年）即帝位。他以仁孝之名，闻于天下，侍奉母亲从不懈怠。母亲卧病三年，他常常目不交睫，衣不解带；母亲所服的汤药，他亲口尝过后才放心让母亲服用。他在位24年，重德治，兴礼仪，注意发展农业，使西汉社会稳定，人丁兴旺，经济得到恢复和发展，他与汉景帝的统治时期被誉为"文景之治"。

八、拾葚异器——黑葚奉萱闱，啼饥泪满衣。赤眉知孝顺，牛米赠君归

蔡顺，汉代汝南（今属河南）人，少年丧父，事母甚孝。当时正值王莽之乱，又遇饥荒，柴米昂贵，只得拾桑葚母子充饥。一天，偶遇赤眉军，赤眉军士兵问道："为什么把红色的桑葚和黑色的桑葚分开装在两个篓子里？"蔡顺回答说："黑色的桑葚供老母食用，红色的桑葚留给自己吃。"赤眉军怜悯他的孝心，送给他二斗白米、牛蹄一个，以示敬意。

九、埋儿奉母——郭巨思供给，埋儿愿母存。黄金天所赐，光彩照寒门

郭巨，东汉隆虑（今河南安阳林州）人，一说河内温县（今河南温县西南）人，原本家道殷实。父亲死后，他把家产分为两份，给了两个弟弟，自己独取母亲供养，对母极孝。后家境逐渐贫困，妻子生一男孩，郭巨担心养这个孩子，必然影响供养母亲，遂和妻子商议："儿子可以再有，母亲死了不能复活，不如埋掉儿子，节省些粮食供养母亲。"当他们挖坑时，在地下二尺处忽见一坛黄金，上书"天赐郭巨，官不得取，民不得夺"。夫妻得到黄金，回家孝敬母亲，并得以兼养孩子。

十、卖身葬父——葬父贷孔兄，仙姬陌上逢。织缣偿债主，孝感动苍穹

董永，相传为东汉时期千乘（今山东高青县北）人，少年丧母，因避兵乱迁居安陆（今属湖北）。其后父亲亡故，董永卖身至一富家为奴，换取丧葬费用。上工路上，于槐荫树下遇一女子，自言无家可归，二人结为夫妇。

女子以一月时间织成三百匹锦缎，为董永抵债赎身，返家途中，行至槐荫树下，女子告诉董永：自己是天帝之女，奉命帮助董永还债。言毕凌空而去。因此，槐荫改名为孝感。

十一、刻木事亲——刻木为父母，形容在日时。寄言诸子侄，各要孝亲闱

丁兰，相传为东汉时期河内（今河南沁阳一带）人，幼年父母双亡，他经常思念父母的养育之恩，于是用木头刻成双亲的雕像，事之如生，凡事均和木像商议，每日三餐敬过双亲后自己方才食用，出门前一定禀告，回家后一定面见，从不懈怠。久之，其妻对木像便不太恭敬了，竟好奇地用针刺木像的手指，而木像的手指居然有血流出。丁兰回家见木像眼中垂泪，问知实情，遂将妻子休弃。

十二、涌泉跃鲤——舍侧甘泉出，一朝双鲤鱼。子能事其母，妇更孝于姑

姜诗，东汉四川广汉人，娶庞氏为妻。夫妻皆孝顺父母，其家距长江六七里之遥，庞氏常到江边取婆婆喜喝的长江水。婆婆爱吃鱼，

夫妻就常做鱼给她吃，婆婆不愿意独自吃，他们又请来邻居老婆婆一起吃。一次因风大，庞氏取水晚归，姜诗怀疑她怠慢母亲，将她逐出家门。庞氏寄居在邻居家中，昼夜辛勤纺纱织布，将积蓄所得托邻居送回家中孝敬婆婆。其后，婆婆知道了庞氏被逐之事，令姜诗将其请回。庞氏回家这天，院中忽然喷涌出泉水，口味与长江水相同，每天还有两条鲤鱼跃出。从此，庞氏便用这些供奉婆婆，不必远走江边了。

十三、怀橘遗亲——孝悌皆天性，人间六岁儿。袖中怀绿橘，遗母报乳哺

陆绩，三国时期吴国吴县华亭（今上海市松江）人，科学家。六岁时，随父亲陆康到九江谒见袁术，袁术拿出橘子招待，陆绩往怀里藏了两个橘子。临行时，橘子滚落地上，袁术嘲笑道："陆郎来我家做客，走的时候还要怀藏主人的橘子吗?"陆绩回答说："母亲喜欢吃橘子，我想拿回去送给母亲尝尝。"袁术见他小小年纪就懂得孝顺母亲，十分惊奇。陆绩成年后，博学多识，通晓天文、历算，曾作《浑天图》，注《易经》，撰写《太玄经注》。

十四、扇枕温衾——冬月温衾暖，炎天扇枕凉。儿童知子职，知古一黄香

黄香，东汉江夏安陆人，九岁丧母，事父极孝。酷夏时为父亲扇凉枕席；寒冬时用身体为父亲温暖被褥。少年时即博通经典，文采飞扬，京师广泛流传"天下无双，江夏黄香"。安帝时任魏郡（今属河北）太守，魏郡遭受水灾，黄香尽其所有赈济灾民。著有《九宫赋》《天子冠颂》等。

十五、行佣供母——负母逃危难。穷途贼犯频。哀求俱得免，佣力以供亲

江革，东汉时齐国临淄人，少年丧父，侍奉母亲极为孝顺。战乱中，江革背着母亲逃难，几次遇到匪盗，贼人欲杀死他，江革哭告：老母年迈，无人奉养，贼人见他孝顺，不忍杀他。后来，他迁居江苏下邳，做雇工供养母亲，自己贫穷赤脚，而母亲所需甚丰。明帝时被推举为孝廉，章帝时被推举为贤良方正，任五官中郎将。

十六、闻雷泣墓——慈母怕闻雷，冰魂宿夜台。阿香时一震。到墓

绕千回

王裒，魏晋时期营陵（今山东昌乐东南）人，博学多能。父亲王仪被司马昭杀害，他隐居以教书为业，终身不面向西坐，表示永不做晋臣。其母在世时怕雷声，死后埋葬在山林中。每当风雨天气，听到雷声，他就跑到母亲坟前，跪拜安慰母亲说："裒儿在这里，母亲不要害怕。"他教书时，每当读到《蓼莪》篇，常因思念父母而泪流满面。

十七、哭竹生笋——泪滴朔风寒，萧萧竹数竿。须臾冬笋出，天意报平安

孟宗，三国时江夏人，少年时父亡，母亲年老病重，医生嘱用鲜竹笋做汤。适值严冬，没有鲜笋，孟宗无计可施，独自一人跑到竹林里，扶竹哭泣。少顷，他忽然听到地裂声，只见地上长出数茎嫩笋。孟宗大喜，采回做汤，母亲喝了后果然病愈。后来他官至司空。

十八、卧冰求鲤——继母人间有，王祥天下无。至今河水上，一片卧冰模

王祥，琅琊人，生母早丧，继母朱氏多次在他父亲面前说他的坏话，使他失去父爱。父母患病，他衣不解带侍候，继母想吃活鲤鱼，适值天寒地冻，他解开衣服卧在冰上，冰忽然自行融化，跃出两条鲤鱼。继母食后，果然病愈。王祥隐居二十余年，后从温县县令做到大司农、司空、太尉。

十九、扼虎救父——深山逢白虎，努力搏腥风。父子俱无恙，脱离馋口中

杨香，晋朝人。十四岁时随父亲到田间割稻，忽然跑来一只猛虎，把父亲扑倒叼走，杨香手无寸铁，为救父亲，全然不顾自己的安危，急忙跳上前，用尽全身气力扼住猛虎的咽喉。猛虎终于放下父亲跑掉了。

二十、恣蚊饱血——夏夜无帷帐，蚊多不敢挥。恣渠膏血饱，免使入亲帏

吴猛，晋朝濮阳人，八岁时就懂得孝敬父母。家里贫穷，没有蚊帐，蚊虫叮咬使父亲不能安睡。每到夏夜，吴猛总是赤身坐在父亲床前，任蚊虫叮咬而不驱赶，担心蚊虫离开自己去叮咬父亲。

二十一、尝粪忧心——到县未旬日，椿庭遗疾深。愿将身代死，北望起忧心庾黔娄，南齐高士，任孱陵县令。赴任不满十天，忽觉心惊流汗，预感家中有事，当即辞官返乡。回到家中，知父亲已病重两日。医生嘱咐说："要知道病情吉凶，只要尝一尝病人粪便的味道，味苦就好。"庾黔娄于是就去尝父亲的粪便，发现昧甜，内心十分忧虑，夜里跪拜北斗星，乞求以身代父去死。几天后父亲死去，庾黔娄安葬了父亲，并守制三年。

二十二、乳姑不怠——孝敬崔家妇，乳姑晨盥洗。此恩无以报，愿得子孙如

崔山南，唐代博陵（今属河北）人，官至山南西道节度使，人称"山南"。当年，崔山南的曾祖母长孙夫人，年事已高，牙齿脱落，祖母唐夫人十分孝顺，每天盥洗后，都上堂用自己的乳汁喂养婆婆，如此数年，长孙夫人不再吃其他饭食，身体依然健康。长孙夫人病重时，将全家大小召集在一起，说："我无以报答新妇之恩，但愿新妇的子孙媳妇也像她孝敬我一样孝敬她。"后来崔山南做了高官。果然像长孙夫人所嘱，孝敬祖母唐夫人。

二十三、涤亲溺器——贵显闻天下，平生孝事亲。亲自涤溺器，不用婢妾人

黄庭坚，北宋分宁（今江西修水）人，著名诗人、书法家。虽身居高位，侍奉母亲却竭尽孝诚，每天晚上，都亲自为母亲洗涤马桶，没有一天忘记儿子应尽的职责。

二十四、弃官寻母——七岁生离母，参商五十年。一朝相见面，喜气动皇天

朱寿昌，宋代天长人，七岁时，生母刘氏被嫡母（父亲的正妻）嫉妒，不得不改嫁他人，五十年母子音信不通。神宗时，朱寿昌在朝做官，曾经刺血书写《金刚经》，行四方寻找生母，得到线索后，决心弃官到陕西寻找生母，发誓不见母亲永不返回。终于在陕州遇到生母和两个弟弟，母子欢聚，一起返回，这时母亲已经七十多岁了。

用今天的眼光来看二十四孝子，有很多都走向了礼教的极端，如郭巨埋儿、老莱娱亲，鲁迅先生曾专门就此讨论过他自己眼中的《二十四孝》，对

这种礼教持否定态度。但不可否认，这本书的出现和流传，体现了整个社会对孝子的认可，渴望为社会树立孝子的楷模，以使整个社会趋向和谐和团结。

附录二：《百孝图记》

《百孝图记》，作者是清代黄小坪，生平不详。该书记述了在中国历史发展的舞台上，以孝事亲而知名的一百个人物。

一、介子推负母归隐

介子推，春秋时晋国人，性至孝，父早亡，拜晋国大夫。时晋公子重耳遭家难出亡，介子推从之。历十九年，重耳返国超过封赏从亡，介推不言禄，偕母隐于绵山。文公至绵山寻访，介子推母子守志被焚。后人评推割股啖君，是其忠也；隐不违亲，是其孝也。

二、晋重耳侍疾尝药

晋文公，名重耳。事父至孝，其母卧病，公朝夕侍侧，目不交睫，衣不解带，汤药非亲尝弗进。母丧，公悲痛欲绝。当时国人称其仁孝，庶可称霸。

三、高康子舞彩娱亲

高康子，春秋时晋国绵上人也，性至孝，事父母先意承志，饮食极其甘旨，每日加意承欢，终年未曾远离膝下，年至七十，父母尚在，而康子亦终年不称老，尝以斑烂之衣，模仿稚童顽弄情状，跳舞于父母之侧，以娱双老之心，双亲皆相视而笑。

四、郭广孝母感盗

郭广，字荣宗，东汉介休人也。广以地方糜烂，家无余物，负母逃难。途中数次逢贼，欲掠之去。广辄哀告曰：我从公等去，得安乐处，岂有不愿。但老母无所依，万望见怜，感恩不浅。贼闻其语悲切，遂动怜惜之念，乃舍去。有他贼欲加刃者，众贼皆呵止，曰：奈何犯孝子。后乃佣工于人，得值以养其母。

五、王玉卿终身奉母

王玉卿，字闺臣，汉时介休人。父早亡，奉母以居。年已及笄，有求婚者，卿辄不愿出嫁。曰："吾适人，母将倚何人奉侍，况家贫。所以能维持生活者，全赖纺织缝纫而已。儿若出嫁，母老无依，将何生存。"及母卒。女哀痛不已，葬毕，抱石投河而死。

六、张义奉召喜慰亲

张义，字大仁，汉时介休人，家素俭。以孝行称颂闾里。幼时倾慕介子推风范。时举孝廉，委以安阳令。义当时喜形于色，遂捧诏入内，良久始出，笑容未收。后母以老逝，义遂隐居不仕。当道征辟，一概谢绝。人咸怪之。

七、潘天觉灌园奉母

潘德，字天觉，汉时介休人也，以推荐任汾阳县丞。赴任时奉母至官署。当春秋佳日，则偕母乘肩舆出游。德依于舆前瞻望，以示孝心。值母病毅然去官，于宅后辟园，种菜。长成出售得值悉供母甘旨。又圈养群羊，取乳作酪籍作承欢之品。

八、姜云孝感泉涌鲤

姜云，字飞龙，汉时介休人。娶邻女潘氏为妻。夫妇事亲。博萱堂欢心。云妻一日，归来稍晚，家中无水。云甚焦燥，及妻归怒加斥责，逐妻出门。由是暂住媪家，日夕纺织，即央媪购备甘旨，转之云母。久之，姑感其诚，偕媪还之。不日云门旁忽涌泉，双鲤跃出，供母甘味，时人无不称善。

九、五女上书翁免罪

女云风，姓文，西汉时介休人也。父宗因诬告，诏解并州治罪。云风五姐妹心甚伤感，乃齐请于父偕行至并州。上书阙下，其书曰：妾父为吏，中都人皆称其廉。今有怨家诬告坐法，妾甚痛父冤，妾等愿舍身为官婢，以赎父罪，书奏至郡守，特令人查，果属诬告，实乃陷害，后赦父宗无罪。

十、宋昌桑椹感强寇

宋昌，西汉时介休人也。父早亡，独与母居。菽水承欢，颇得顺亲之义。一日正采椹时，贼寇忽来将昌擒去，问其缘故。昌答曰：赤者味酸，取以自食，黑者味甜，取以供母。贼叹曰：真孝子也。不忍加害，并赠以小米三斗，小豆一斗。

十一、耿氏女驾舟救父

耿氏女，名梅，汉时介休县人也。父仁杰，受命即行，登舟，行至江中，狂风大作，白浪翻天，霎时间船覆。仁杰身陷滩中矣。梅自接父凶耗，乃自驾一舟抵父溺处，仰天长嚎，入水而死。托梦其弟曰：现不须救我尸，俟二十日，自同父尸俱出。届期果浮水面，颜色如生。观者感叹为孝女。

十二、任安庐墓虎助祭

任安，汉时介休人也。平日事亲，极尽孝养之道。父殁，执丧哀痛异常。乃筑屋以墓侧，朝夕哭祭。有一夜，绵山中忽发现一虎，乡人聚众噪而逐之。而后每月必送一鹿助祭。人以为孝心所感。

十三、王魁孝感鸟采药

王魁，汉时介休人也。当父病时，日侍医药，并寻良医治疗，可惜几味草药不全。魁为救父命，独上绵山采药，翻山越岭，不慎摔入崖下，起而继之。突来一群祥鸟，各衔其药，堆魁面前。魁回家给父煎药，父病渐愈，百岁而终。

十四、李坦哭母罢社戏

李坦，字昌治，东汉末年介休人也。年九岁，母死。死日适值里人闹社火节。至来年社火节，里中父老筹办社戏，坦因思及亡母哀哭不止。闻者皆心酸落泪。里中公议罢戏。

十五、董楷水陆运父棺

董楷，字生荣，东汉时介休人也。父董如锡客死于蜀，时楷年十四五，接父凶讯，悲哭不止，欲往蜀移棺归葬。楷辞母徒步而行，风餐露宿，日夜赶路。至蜀后，乃刻日起柩，突遇风暴，船破而覆。楷抱父柩俱溺入水中，经众水手急行捞救，始得无恙。

十六、兰香卖田寻父尸

任兰香，汉时介休人也。生性纯孝。父名任重，善周易巫祝之术。以五月五日湖边，迎神，醉后失足溺水死。兰香时年十四岁，得噩耗，乃驰往湖边，沿岸哭，日夜不绝声。后兰香变卖田地，打捞父尸，并厚葬之。

十七、宋娥痛父哭汾水

宋娥，汉时介休县人，小名美霞。娥父名青，素在汾河捕鱼为业。一日父因故，竟人船俱沉水中。娥时年十四岁，号哭而往，沿岸呼父，日夜不绝。三日不饮食，死之。忽大雷震电，过后河上浮虫尽死，父尸出焉。

十八、苏刚刻像供双亲

苏刚，汉时介休人也。年幼时父即去世，后母以忧伤成疾，刚四处求良医，药方中有绵黄芪，母服药后，始得好转，数年后而亡。刚双亲俱失，罔极莫报，追远永怀，终日思亲，一刻难忘。因思不如刻父母之像，虔诚供奉，虽色笑难亲，而精神如在也，遂刻而奉之。

十九、郭晖弃儿得金

郭晖，字光辉，东汉时介休人也，父亡后奉母承欢。其时晖子已届三岁，晖乃谓妻曰值年荒米贵，今儿分食，母不能饱腹。不如将儿活埋。儿死尚可再育，母死不能再生也，妻亦以为然。乃抱子外出，晖举锨掘地。忽于土内突现黄金一釜。盖为其孝感动天地也。

二十、董长禄杀鸡待母

董福，字长禄，汉末介休人，生而笃孝。福邀林宗赴其家，饭时福杀鸡作馔，林宗以为待客。孰料鸡熟后，福捧以供其母食之，而以粗食与林宗对食。林宗大服其贤。肃然起拜曰君真贤士，林宗自愧弗如也！

二一、郭林宗紫牡成白

郭泰，字林宗。汉末介休人。母丧，泰悌，哀痛不禁，终日哭泣思亲，茶饭不进，以至呕血发病，一年方愈。其母坟原有红紫牡丹数株，竟变成白牡丹，乡里议为郭泰孝心所感。

司徒黄琼辟太常赵典，竭力举荐郭泰入朝为官，然郭泰说："我夜观天象，且察人事，知汉家气数将尽，非人力可挽。"于是，设馆授徒，弟子逾千人，成为"虽墨孟之徒不如"的教育家。

二二、马云龙养亲负米

马羽，字云龙，晋时介休人，少而笃孝。家素寒，尝奉父命以家无存粮，本地粮贵。乃往百里之外购买负归。如是者不计其数也。及父母先继殁，哭葬尽礼。服满之后，上授以要职，由是悲从中来，泪如泉涌。人问其故，曰：吾今显贵，而双亲安在？虽负米百里之外，永不可复得。

二三、张中立九令温席

张横，字中立，晋时介休人。性大孝。九令失恃，因思念甚切，言必流涕。横虽稚年，不忍老父劳苦，故以身代役。每当夏日炎热，横必轻扇枕簟，以其父能安寝。严冬因被中寒冷，横必先入父被中温之，以期父无寒冷之苦。太守特予表彰以旌之。以为儿童事亲之楷也。

二四、刘标永织履奉母

刘标，字永誉，晋时介休人

也。幼而丧父，惟母在堂，家贫甚寒，以织芒鞋出售，供母甘旨。后官拜丹阳令，尝与同僚共讲礼记，僚曰时有入心处。咫尺便是玄门，标曰此未关至极，自是金华殿中人语也。及卒，其孙作辞以悼之。有句云：居官无居官之事，处事无处事之心。时以为名言。

二五、杨景升乞养双亲

杨亿，字景升，晋时介休人也。家贫如洗，专赖行乞，以养双亲。乞得饮食必携归奉亲，从不先尝。乞得美食必跪地以进，俟父母举杯，口唱山歌，使父母欢笑。时人叹为真子孙也。父母双亡，均由亿乞得棺木。脱己身上衣服殓之，復严冬冷风刺骨不顾也。

二六、郭啸林卧冰得鲤

郭彪，字啸林，晋代介休人。性至孝，母早亡，父继娶朱氏。时值寒冬，继母欲食生鱼而河冰封不可得。彪解衣卧冰上，冰解有双鲤跃出，持而奉母。母又思黄雀炙，突来黄雀数十只，彪捕而作羹奉母。

二七、郑兰救父搏猛虎

郑兰，晋时介休绵山脚下人，郑功亮之女也。年十四，随父刈麦，突从山上冲下一斑斓猛虎，咆哮而来。父不及逃避，竟被虎叨住。惜田中无人，呼救不应。兰此时只知有父，不知有身，勇猛直前，以左手扼虎项，右手奋拳连击虎乃释其父。

二八、子和抄经感逆子

连子和，字孝信，晋时介休人。子和幼年即颖悟。当五岁时，读孝经手不释卷。答曰：“孝者德之本，人生百行，以孝为首。孝道不明，其人即无足观。此书文句虽不多，而义德毕宣，虽终身体而行之。”及后，子和于家抄写孝经，闻不孝之事便寻上门，赠书一册，并开导之。

二九、石季龙为父吮痈

赵明帝，名勒，姓石氏，其先为羯人也。母梦日入怀而生帝，幼时，事父至孝。当其髫令时，父背得一痈，帝曰儿闻其疾，非口吮，不得愈，乃以口吮痈意痊愈，帝母冯氏死，哀痛过甚，及表请葬地，已而祭陵。恸哭昏厥者数次，如帝者可谓大孝。

三十、志通拜斗延母寿

文元，字介生，北朝太和年间介休县人也。平日孝母，能先意承欢。当母得疾时，日夜服侍。以至日见沉重，竟致不起。及母亡，元抚尸号哭，哀感邻里。其母徐徐坐起，竟复转生。元曰：“吾母复生，乃儿之大幸也。”益加孝顺，母享大寿，无疾而终。

三一、何子龙破屋行孝

何子龙，北朝时介休人也。文帝时，为汾州县令。母殁，子龙归里守制，哀毁过甚，几至灭形。其屋墙壁倾圮。其兄子路因屋已败，恐有覆压之危，请葺。子龙不许，哭而语之，曰：汝辈意固善，须知我事情未伸，是天地间一负罪之人也，居此屋，尚未过分。

三二、周斌忠孝感乡亲

周斌，南北朝时介休人也。朝廷闻其贤，聘为御史大夫。斌以父年已老迈，欲辞不受。其父见斌状态，已知其意，乃语之曰：我年虽老，精神矍铄，应诏赴京我亦随往，免汝心悬两地，岂非忠孝兼全。斌谨受父命，方拜受职，奉父一同进京。

三三、李宗可仙鸟吊孝

李宗可，字立业，南北朝时介休人也。能委曲承欢。父死庐墓，有三足雀连翼翔飞集于墓侧，人称为孝心所感召云。或有问事者即以手在地上写字以告，口不出言，后竟盘腿坐化于母坟侧。墓右有一祠，相传为之修。

三四、雷义叩阙免父罪

雷义，字孝德，北朝时介休人。年十五，痛父以非罪受诬，自叹曰：父有危难不能救，安用子否？乃诣阙，上言：愿代父死。孝文帝以其幼，使廷尉讯问。义曰：冒死为此者，不忍见吾父受刑，故请子代父命。孝文帝叹之，乃下诏赦其父罪。义遂同父返介休，乡里莫不敬而爱之。

三五、秦百恭痛母断绵

秦百恭，北魏时介休人也。恭家贫，母以冬月亡，殓衣无絮棉，百恭自此永不衣棉，以示思母之情。当严寒时，北风呼号，雪花飞舞。有友郭钰夜访，长谈入夜。饮酒醉卧。钰见其尚著夹衣，取被覆其身。百恭醒后，以手去被，语钰曰：棉果奇温，因流涕悲恸，钰亦为之伤感。

三六、石宝山尝粪心苦

石宝山，字林森，隋代介休人也。父名简，字昌义，不羡荣利。宝山至孝，咸以辱亲为惧，后入本邑流行虐疾父在家患病，宝山不晓。一日，忍心惊肉颤，坐立不宁。自忖：非父子关切，岂有此征兆？不日即抵故里，值父正泄痢，宝山辄取粪尝之，味苦质涩，遂告医生，答曰：虽可延命。不日父病果愈。

三七、郭衍孝义斗虎救师

郭衍，字彦文，介休人。幼有至性，衍少骁武，善骑射，戏以沙堆石子排布阵法，一日，塾师张仁策蹇于山经，与猛虎狭路相逢，老虎腾跳咆哮，师慌张逃命，窘迫间衍适至，摩拳擦掌，摆黑虎掏心势，取猛虎门面，复以泰山压顶立劈虎头，虎不敌而逃，衍英名大噪。

三八、李世民出征辞亲

唐太宗，姓李氏，名世民。陇西人，高祖次子也。母窦后，梦苍龙入怀而生帝，天姿英武。然笃于孝道，窦后死，高祖续弦，帝视继母如出其腹。然每有征伐，必先至母后寝宫辞行。战毕归来，再至寝宫请安，以解母后悬念。

三九、范若圣奉婶如母

范若圣，字简子，唐时汾州介休人也。平日侍奉叔婶与父母无异，及叔父去世，事婶如故，家事大小，必听命而后行，每获得之物，则皆奉叔母，以为四时分而用之。其婶爱若圣亦不啻亲生，廿余年毫无闲言。家庭之内熙熙燃，怡怡然，尽现一团祥和气象。

四十、吴光明代亲从噬

吴磊，字光明，唐时介休人。年六岁以孝行称颂乡里。家素贫寒。卧榻无帷帐，每值夏日磊即在父母身侧卧，夜间蚊虫乱飞，几满屋中，然磊终不挥扇驱逐。人怪而问之。磊曰我若挥扇驱蚊，蚊必趋父母之身，我若任其饱噬，则我父母免其苦也。

四一、郭氏斥贼救婆母

郭氏，唐时赵清润妻，汾州介休人也。一夜忽有贼数十人越墙入院，家人逃避。只赵母尚未出屋。郭氏唯恐贼伤婆母，乃举白刃入婆母室，侍立身傍。抗言拒贼，贼图例其正复去。贼去后，问郭氏何以不避。曰：人与禽兽异，仁义也，邻里有难尚相救，况婆母，若遭不测，为子妇者何颜独生人世。众皆叹服。

四二、郭子峤伤足念亲

郭嵩，字子峤，唐时介休人，事亲素有孝名。一日。因下堂失足，不能视学，众弟子以师病不出，乃相偕往探。既见师足伤愈，而面有忧伤，群以为怪，因问其故。曰：天之所生，地之所养，惟人为大，父母全而生之，子全而归之，方谓之孝。君子以跬步之间。不敢忘孝，举足之倾不敢忘亲，一言以蔽之曰：不敢忘父母。可谓孝矣。

四三、康深辞官养祖母

康深，字达仁，西河介休人。父母去世，祖母抚养成立。深好行武技击。贞观八年，太宗诏封殿前扶驾将军。值其时祖母年高多病。上表云：臣无祖母无以至今日，祖母无臣无以终余年，臣今年四十，祖母今岁九十，是臣尽忠于陛下日长，而尽孝于祖母日短也，愿乞终养，恕臣私情。

太宗嘉其孝悌忠诚，赐奴婢二人，命郡县供养其祖母食用。

四四、温大雅痛单感继母

温大雅，字尔雅，山西介休人。幼年丧母，父娶继室，雅视如亲母。继母生子，遂恶大雅，间其父子。届天寒作衣，已子以棉，大雅以芦花。大雅每觉寒不可耐，父怒以鞭笞之，衣破芦花出，父方悟，返家责妻欲逐之，大雅伏地。言曰母在一子寒，母去三人单，愿勿逐母，父怜其诚，乃止。

四五、孙思孝筒鱼奉母

孙思孝，字子敬，五代时介休人。父早丧，娶女王氏，亦善事其姑。母喜食鱼脍。孝每餐必备。孝曾因事赴湘，思母非鱼不饱。遂购。以竹筒盛之，投之江流寄回，其妻至江边取水，江上浮一竹筒漂至。遂取而破筒，得二鲤，有书一封，乃夫所寄也。

四六、马升至孝保父躯

马升，后汉时介休县人也。性至孝，父以病，展转床榻。衣不解带，目不交睫。父殁，呼呛悲号，痛不欲生。停柩未殡之际，邻家失火，倾刻间烧至马家。奈其父柩重难动，眼看尸棺即将燃烧，升伏于灵柩上面，抱与柩同殉之意。孰知孝心所感，彼苍见怜，风转火灭，父柩安然无恙。

四七、张景卖身葬父翁

张景，后汉时介休人也。避难，父卒于道路，无钱安葬。遂卖身为奴。一日外出，逢一少妇，景遂上前盘问，方知因战乱与夫失散，已三日无食。景怜之，乃与同返主家。翁为主婚令成夫妇，两月不到而所缴之布数已足矣。

四八、宋如隐痛母废蓼

宋如隐，介休张良村人。幼失怙，事母以孝。有爱妾偶忤母意，即休之。母病，服侍汤药，数月衣不解带。母去世，于坟地结庐三年守孝，早晚手攀墓柏俯仰哀号，涕泪挥溅，草木飞禽为之哀恸。

四九、梁佩兰终身奉亲

梁佩兰，字远香，宋时介休人，生而性孝。年八岁，父染恶疾，竟卒，女痛不欲生。自兹独与母居，及母遣人作媒择婆家。女曰：愿随母而终。母再四劝谕，急取剪刀在手，自将青丝铰断，并曰：发可断，身不可嫁。自此与母居，再未嫁人。

五十、侯天元怀梨奉亲

侯魁，字天元。本邑人。五岁时曾随父访友，主人见魁，以梨授之。思母喜梨，趁人不备将梨纳于怀中，及归谢主人时从怀中抛出。主人问何得私怀去，魁曰母素喜食梨，今见大人所赐较之常梨不同，故怀归以奉吾母。主人闻之，莫不赞叹。

五一、张介鼎像前省已

张芑，字介鼎，介休霍村人。鼎两岁时，父客死他乡，稍长远涉吴越，遍访先父商贾之地，觅父骸未果，母忧伤成疾，不久亦亡。鼎终日思亲不能释怀，心想不如刻父母像，供奉案间，视同如在。爰刻而供，饮食必荐，出入必面，贤孝之名传遍十里八乡。

五二、文彦博直谏慰亲

文彦博，字宽文，宋时介休人。既入仕，擢升监察御史，念此职惩治贪官，恐累老母，意欲请辞。遂向母曰："朝廷以儿居监察要职，惩治腐败。难免冒犯天颜，祸必连母，儿欲以母老请辞，当可避祸求福矣。"母叹曰："汝言大谬也，古人云：事君必忠，为人必孝，天下必安也。汝岂可以我误国，纵有祸至，我亦无怨。"彦博诺诺而退。后果遵母训秉公执法，冒死屡谏，政声隆望，官至平章军国重事。时人皆称彦博忠孝两全。

五三、郝质庐墓感仙鹤

郝质，字景纯，北宋介休人。早年丧父，与母曹氏相依为命，以军中之供食，鱼胙寄家奉母。母封还，以书切责，被世人叹为母贤子孝也。时郝质随文彦博讨贝州。质以母忧去职，结庐墓侧，朝夕哭祭。忽有二客来吊，衣冠奇古，形容怪异。礼毕，倏忽不见。质心惊异，使人纵之，惟见有双白鹤联翩冲空而去。

五四、赵万里孝父顺母

赵万里，字文远，宋时介休人，生而笃孝。万里父喜吃羊肉，每餐必备。

追父殁，万里不再食羊肉，意在不忘亲故。事母益孝。朝夕问安。母因染消渴，喜吃西瓜，遂后园植之，四时服用。盖其孝心可见一斑也。

五五、宋子玉执亲三年

宋钰，字子玉，宋时介休人。事亲至孝，执亲之丧，泣血三年，未尝颜笑。时人谓之难能。后朝廷重其贤，委为县令，迁司刑之官。

按钰幼时其父常携之上绵山礼佛，故仁慈之心常存。古云百善孝为先，钰事亲至孝，诚为可贵耶。

五六、窦星哭梨冬结果

窦星，字文章，宋代介休人也。星性至孝，是年冬季，母病内热，思食山梨，然其时山梨叶落枝枯。星为慰母心，踏雪入绵山深处，双手抱住一山梨树痛苦哀恸，且哭且祷。倾刻间忽见梨树开花并结果，星甚奇之，摘数颗，归家奉母，母病即告痊愈。

五七、赵兰娟姐妹祷天

赵兰娟，父名伯良，宋时介休人。父尝患病，延医不效。家人备后事。兰娟心中悲苦不堪，私念：吾父膝下无儿，不幸患此痼疾，恐无生望。惟乞祷苍天，以身代父，向妹说明此意，妹即赞同，忽见介公岭上众鹊衔灵芝与兰娟，归家煎汤奉于父亲，不日父病竟愈。

五八、琼英代父从戎

琼英，宋代介休人。生而英武，有丈夫气。时值朝廷昏暗，主上蒙尘。田虎起义军，劫富济贫。英父有令名，田虎征为参军，适以病不能从。英请代父易服替名以行，从军二十年，未有知其为女子者而有功不受赏。其孝为乡里称道。

五九、魏叔之推爱姨母

魏叔之，与众宾，金代介休人也。生性至孝。初，姨母在家，奉姨母一如事亲母，其后其姨以老病卒，每值朔望，必携鸡豚香褚之类，赴其姨墓前哭祭，时天叹其厚德。

六十、马天来弃官访母

马天来，字元章，南宋时介休人。生母刘氏，因嫡母无子兴妒，乃将天

来母逐出。时天来方七岁。不得已改嫁，聊图安身。由此母子不相闻。后弃官四处寻母，竟于无意中得遇母过。刘氏已近七旬，天来还就本职，接母供养。

六一、张廷藩疏财办学

张廷藩，字容轩，岁贡生，介休张良村人。父殁，临终时，属其为里办学，为民施善文殁，廷藩不饮酒，不茹荤，庐墓三年。

张廷藩于村东观音堂择舍开办义学，延请名师，并亲自授徒。教授学生异常热心，故义学成绩斐然，远近闻名。

六二、王烈孝义处家业兴

王烈，字瓒，先母李氏携丰厚妆奁，使王家广置田产。不久身亡，继母马氏生弟王然。王烈渐长，孝继母爱幼弟。父临终嘱：兄弟分产，王烈宜多。后王然成家，处处照顾小弟，绝口不提分家之事。兄弟和睦，家业日盛。

六三、张贤恭藤酒疗亲

张贤恭，字晋孝，宋代并州人也。事母素孝，母有疾，贤恭对天祈祷。恍惚间，闻空中有人言曰：汝母病勿忧，但能得介山藤制酒饮之，即可痊愈。贤恭望天谢拜。后果在绵山古藤谷中觅得古藤，便携藤归舍，依法渍酒，母饮之，其病果愈，足征诚孝之所感也。

六四、王仲文遭陷慰母

王仲文，字伯卿，元时介休人也。遭陷，上贬待罪。仲文念母年高，若知必惊成疾，因密饬家人勿令母知，且神色喜悦，后朝廷察仲文无罪，擢升光州府尹，始长跪母前，声明前此被诬坐贬经过；并请领隐情欺诈之罪，母方惊悟，不胜感动。

六五、范荣千里寻父还

范荣，明时介休县人也。永乐中，其父以罪谪戍河南。荣方六岁，痛父远谪，每日早晚向河南方向跪拜，如是者七八年。至十四岁时，潜行出门。经三月方抵河南。乃天鉴其诚，竟于旅店遇其父，荣泣以告。父子抱头号恸，父病疯痺，荣告官请代役。

六六、辛彦博孝悌为先

辛彦博，汾州介休人。初名彦德，洪武中贡入太学，高皇帝赐今名，盖以潞公相期也。父辛达官漕运使，迁中书舍人，晋国公。母梁氏晋国夫人。辛彦博尚学语时，始受礼教。家庙祭祖，礼仪极敬，祭品颇丰。每当祭献时他动辄太息流涕，尝对母言，祭品再丰盛佳美，怎此先祖在世供养稻菽之欢乐。

六七、王春娥手刃父仇

王春娥，明时汾州介休人，幼有至性。及笄后，嫁郭门为妇。夫郭宗，素以商贩为业，春娥父亦为商人。船至江心，歹徒张彪暗窥郭宗二人行囊沉重，欲谋其财。举刀就砍，一时毙命。

春娥自父郎去后，于襄阳，访得其人。求佣于张家，贼醉酒，持利刃断彪首，为父报仇雪恨。

六八、高云英孝烈兼全

高云英，明末高万晟之女也。幼时敏慧婉顺，知尽孝道。万晟晋武德大将军，值贼犯境，万晟率兵抵御，以贼众兵寡，战死沙场。云英起敢死队七十余人，突袭贼阵，杀贼无数，马革裹父骇而返。云英孝烈之名，传遍三关。

明帝诏袭父职，仍领本军。

六九、张翼泣耕伤父劬

张翼，字景纯，明时介休人也，一日翼正执卷朗诵间，其父在田耕作叱牛声，遂抛书案上，悲泣不止。师怪而问之，翼哽咽言曰：悲泣非他，学尚未成，名尚未立，致使老父衰迈之年，劳苦农事，心中愧极，故闻父叱牛之声而伤情也。

七十、许详夫妇笃孝思

许详，明时介休诸生也。父名光，曾任寿阳知县。老病归家，病势日重，医药无效，时许详十二岁，痛父病将不起，自忖春秋时介之推割股啖君，吾岂不能割股救父，乃暗用刀割臂上肉，一片投入药中以进父。父服之，病愈，后家人忽见其臂上刀痕，及衣袖血斑，怪问其故。详始以告，人叹其孝。

七一、段家林割股医母

段家林，字广禄，明时介休人也。十三岁时，其母有疾，医药不效。家林日夜守榻侍奉。母怜其幼，诈言已愈。然家林见母不思饮食，且面色亦现阴晦之状，虑非佳兆。乃于绵山虔诚祷神，求母病速痊，并以利刃自割其股上肉，煎汤以进母服之。次日病象大转，数日竟愈。

七二、宋琼哭瓜孝感天

宋琼，字普贤，西河介休人。父宋谟，卒于任。时琼七岁，哀毁骨立，三年不笑。母病，季秋之月，思食西瓜，琼方十岁，乃赴田泽中恸哭，忽闻有人在耳旁劝：勿哭，予汝瓜。琼视之无一人，及视地下，瓜秧变长蔓舒叶开花结瓜，琼抱奉母食。母神清气爽，病去大半。琼孝感动天，时人共异之。

七三、薛鸣凤上书代祖役

薛鸣凤，字乐天，汾州介休人。父母早亡，依祖父为生。祖父获罪谪戍延安，乃刺血上书曰："臣幼失父，赖祖父扶育，始克成人。祖孙二人生死共命，臣愿以身代我祖父之役，万死不辞。"天启帝见其措辞沉痛，谕刑部除其祖戍役名籍。

七四、董绍休孝悌惠民。

董承业，字绍休。少承庭训，万历癸丑进士，除中书舍人。以母忧归，杜门守孝，乡人称孝。后晋秩太常寺少卿，著有《礼记集抄》行世。生平坦易近人，其奉使云中，以本邑运粮，输边为民业，累言于张大中丞，得准改折，介民至今赖之。

七五、梁栋为母代兄赴难

梁栋，绵山下梁家村人，为永乐贡生。父早亡，事母极孝，事兄极恭，以高堂在不远行，绝意仕进。永乐八年，流贼犯境，其兄被贼掠去。栋乃拼死往见贼首，谓家有老母在堂，我兄极能奉养，小人原以身代兄，再三哭求，始将其兄释放。栋留贼巢，兄弟恸哭而别。

七六、罗氏孝姑全名节

文云龙，介休望族。妻罗氏，年十五适云龙，善事婆母，常以云龙不在母侧奉侍为欠。姑偶患病，衣不解带，媳曰：媳犹女也，夫犹天也，奴替天行孝道，是得其所也。

七七、张诰命孝姑续香火

乔信达之妻李氏，介休张家庄人。大贾乔信达侧室。乔中年得子，取名翼。旋前妻亡。后乔信达往汉口理生意，为歹人害命。张氏纺绩桑麻，竭力维持。抚孤成立，后翼官至都察院佥都御史，甘肃巡抚。上诰封张氏，续乔门香火，妇德昭彰于世。

七八、梁氏妇乳姑尽孝

梁文山，明时湖广布政使，为介休望族。平日事其曾祖母极尽孝道。乳其姑以为早餐。早、午、晚三拜三乳，不敢稍息。曾祖母不进五谷数年，而身体健壮精神充足，盖媳乳之功也。

七九、宋孝妇顺夫养姑

宋孝妇，明汾州介休人，年十六而嫁。至夫家，事姑尽妇职，其夫从军时指母语妇曰，我母老矣，汝能念夫妻情义，代我养母。我虽在九泉之下，亦当瞑目。妇泣而应之曰："妇犹女也，事姑奉养乃分内事，君请安心从戎，临阵千万小心，勿以老母为念，妾既许君，生死不二"。姑年八十终。妇将田宅出售，作葬费。贤孝之名遍播远近。

八十、宋邦和孝嫂如母

宋邦和，雍正丙午孝廉，介休大靳人。幼失怙恃，其嫂郭氏抚养之。生计窘乏，所能果腹，全仗嫂娘十指稍长，嫂娘送邦和南学读书，她纺织缝纫益勤。病时，邦和已会煎汤喂药，服侍维谨。终因积劳成疾，一病不起，不久身亡。邦和泣血尽哀，以来不及孝敬嫂娘而抱憾终身。

八一、刘洪泽思母不仕

刘洪泽，介休人。母少寡，含辛茹苦，维持家业。康熙六十二年，请命运军粮三百石，赴西陲军营。抵家时，母已前日归天，洪泽怜母薄命，未享孝敬，号痛不已。遂不再仕，请画匠将母促课读之情形，丹青描摹，悬于中堂，常对画痛哭不止。

八二、曹建经筑堤慰灵

曹建经，任县主薄，乾隆间介休北盐场村人。因村居汾河岸边，汾河经常改道，洪期泛滥，冲毁良田、房屋，毁灭人畜，水患不断。每到夏日汛期，他父亲忧患难眠。父亲去世后，建经聚里长议治河事。曹建经义举，由孝而为，一时名闻汾河两岸。

八三、张成文至孝感虎

张呈绣，字成文，国学生。七岁丧父，哀恸毁形过于常人，邻里父老皆叹其孝。

母病，水米不进。某日，思饮蜂房泉水，而泉在绵山中。少年成文不畏艰辛，翻山越岭，入绵山遇斑斓猛虎，成文毫无惧色，双手唱喏，对虎娓娓诉说汲取圣水治母病的原委。诉毕，猛虎深视成文一眼，竟转身而去。

八四、靳士龙刻器志父仇

靳士龙，字天元，康乾间绵山脚下大靳村人。生有至性，为人慷慨刚毅，喜闻忠孝节义之事，少承家学以武矫捷，人所不及。

其父将兵在别地与乱军战，堕贼伏中遇害。噩耗传来，折剑为誓："与贼不共戴天。"凡图书家俱，鞍马兵器，皆刻"父仇未报"四字，以志不忘。

八五、张冬麟夫妻孝养

张冬麟，字瑞祥，山西太原人，性至孝，喜读书，不乐仕进，其父客死他乡，对母孝顺有加，母患中风，常年卧床，饮食起居，悉心照顾，无微不至。及长，娶本村单氏为妻，单氏素有妇德，其母每饭必先食，每夜必先睡。夫妇方息，四邻有口皆碑。

八六、王质孝敬双亲

王质，字文彬，山西可岚人，性至孝，因父母年老，故不远游，母亡，几于殒命，复侍父，孝顺之极，其卧室有蚊虫，他先裸衣让蚊叮之，以免叮父，乃天生之孝心也。

八七、郭恒志尝粪疗母

郭恒志，字怀远，介休义安村人，生性至孝，父病，晨昏不离病榻，并尝粪验其甘苦，以便用药。既丧，哀毁骨立，每遇忌辰，缟素流涕，终日不言。后朝廷旌之，授以右玉县训导。

八八、范光炜奉母不仕

范光炜，字曜如，六岁失怙，数年母丧，哀号不已，见者几忘其童子，及葬庐墓三年，复事祖母，祖母年迈，卧病不起，因亲多疾，遂绝意仕进，往返数千里两延名医，药饵必亲尝而后进。

八九、郭淇注视继如亲

郭淇注，武举出身，童年丧母，哀毁如成人，叠事继母，备极色也，父久病，医药无效，闻江浙有名医，辄徒步往延，既殁，庐墓三年，哭泣之哀，感动里党，祖母年九十，左右侍奉，以承父志。

九十、冀士超讴歌承欢

冀士超，家贫，鳏居，打柴以奉养继母，母年迈有病，晨昏备极扶持，母或有不怿，士超则讴歌跳戏，以博其欢，及母丧，哀痛至切，涕泪俱尽，继之以血，乡人目为真孝子。

九一、张正焕衣不解带

张正焕，山西介休人，事亲极孝，其母卧病，衣不解带三年。两执亲丧，绝荤酒三年，未尝见齿，伯兄早卒，抚侄如子，以孝闻，享誉乡里。

九二、樊子安晨昏定省

樊子安，字太平，介邑人，家贫，少丧父，事母以孝，定省无间寒暑，事兄甚敬，不命之坐，从不敢坐，母亡，哀伤过度，竟至不起，乾隆时以孝子旌之。

九三、李光明扶柩归宗

李光明，字子亮，山西介休人，生而颖异，性至孝，幼失怙，国学生，母亡，徒步送柩归，奉养祖母，先承意志，三十余年如一日，晨昏定省，至祖母寿终正寝，居家俭约，举贤廉方正，予六品顶戴。

九四、张国璞抚孤成立

张国璞，国学生，兄染疾，亲调汤药，晨夕不倦，既殁。事嫂如母，嫂寻卒，抚其二子，如同己出，至于成立，居丧不茹荤，不饮酒，凡三年，为乡里所称。

九五、李浩画图承欢

李浩，字瀚之，邑痒生，幼失怙，事孀母惟谨，作娱母图十二幅，为色养之方，颜其居为“娱亲堂”。母丧食粥三年，邑贤有赠诗云：“看君新画图，又见老来心”之句。

九六、张圣瑞躬亲汤药

张圣瑞，邑贡生，孝行纯度，凡亲之所欲，无不竭尽全力而为之，父病躬亲汤药，二十年如一日，及临丧，哀毁极甚，复事继母，以孝尽得欢心，族中无间言，乾隆时以孝旌。

九七、张昶分乳啖母

张昶，字日永，山西灵石人，事亲有孝心，其母年迈齿落，不能食硬。与妻商之，分子乳一半茹母，后养羊数只专供母用，及丧，哀号不已，绝荤三年，乡里以孝称。

九八、温大海二度守墓

温大海，字有容，山西灵石人，善事继母，备极奉养，比殁守墓三年，哭泣之哀，感动乡邻，复事祖母，侍奉左右，以承父志，既殁又守墓三年，乾隆时以孝子旌。

九九、张孝妇鬻儿麦棺

张孝妇，介休刘让之妻。夫早亡，遗孤二均幼。妇事姑甚孝。将次子卖予富家，购得板料，造棺置柴草房。南邻因不慎起火。殃及唯所制棺木重不可移，仰天大哭曰，天乎！我为姑卖儿得棺，今竟付之一火，早知今日，何必当初。正悲切间，风势忽转为北风，火亦改向，所造木棺竟然无恙。

一百、张氏守节奉瞽（gǔ）姑

张氏，清朝郭天宜之妻。郭母年老，目瞽，需人扶持，汤羹饮食，务必惬意。张氏上有瞽姑，下有黄口小儿，全凭她照应。娘家怜她年少，欲令其改嫁，张氏以婆母年高，目目瞽，无人侍奉必死，张氏昼纺夜绩，广结善缘。至白首送终其姑。

附录三：《女孝经》

《女孝经》一书成于郑氏侄女侯莫陈氏册封永王妃之时，即开元二十六年（公元738年），但两《唐书》经籍艺文志却均未见著录。然《四库全书总目提要》既称《宣和画谱》中有孟昶时石恪所画《女孝经》像，则五代时此书已渐有流传，《宋史·艺文志》子部小说类著录了此书，《元史·后妃

传》又载元顺帝完者忽都皇后奇氏“无事，则取《女孝经》、史书，访问历代皇后之有贤行者为法”，可见此书在宋元两代应有流传，大约是因为南宋时仍未十分盛行于世，以致博学如陈振孙者亦只闻其名而未睹其貌，致以讹传讹而造成了对此书的误解。今日可见的《女孝经》文本多收录于明清丛书之中。可以说，《女孝经》成书以后于宋元之际并未广泛流传开来，一直到女教传统更为兴盛的明清两代，才得以普及起来。

在化用《孝经》文字的同时，《女孝经》还常常援引《诗经》《尚书》三礼以及《列女传》中的言论与事例。作者郑氏将这些材料混融地穿插在行文当中，来构成自己的阐述体系，如其诤谏章第十五：此章文字构建因袭了《孝经》诤谏章的结构模式，开篇的问答文字模仿《孝经》原文，阐述部分则引用刘向《列女传》周宣姜后永巷待罪与楚庄樊姬不食野味以及汉代班婕妤辞辇的故事作为立论依据，来说明贤妻谏夫的作用，然后又化用《孝经》该章的原文以说明贤妻谏夫的必要性，并再次以《列女传》所记齐桓卫姬矫齐桓公不听淫乐及晋文齐姜遣晋文公离齐的故事来告诫诸女“夫非道则谏之”，若不辨是非而只知“从夫之令”则不为贤，最后引《诗经·大雅·板》之文字收束全篇。

在训诫内容上，《女孝经》将“孝”设置为女子的最高品行、妇德的本质所在，全书十八章文字所阐释的内容概而言之便是女子如何尽“孝”以事于夫之家族，《女孝经》十八章文字的基本内容，大体上是化用与引用前代的经典文献而来，主要采用纲领性的语言配合具体的事例来立论说理，侧重的是对女教义理的诠释与生发。

进《女孝经》表

妾闻天地之性，贵刚柔焉；夫妇之道，重礼义焉。仁义礼智信者，是谓五常。五常之教，其来远矣。总而为主，实在孝乎！夫孝者，感鬼神，动天地，精神至贯，无所不达。盖以夫妇之道，人伦之始，考其得失，非细务也。《易》著乾坤，则阴阳之制有别；《礼》标羔雁，则伉俪之事实陈。妾每览先圣垂言，观前贤行事，未尝不抚躬三复，叹息久之，欲缅想余芳，遗踪可躅。妾侄女特蒙天恩，策为永王妃，以少长闺闱，未娴《诗》《礼》，至于经诰，触事面墙，夙夜忧惶，战惧交集，今戒以为妇之道，申以执巾之礼，并述经史正义，无复载于浮词，总一十八章，各为篇目，名曰《女孝经》。上自皇后，下及庶人，不行孝而成名者，未之闻也。妾不敢自专，因以曹大家为主，虽不足藏诸岩石，亦可以稍补闺庭。辄不揆量，敢兹闻达。轻触屏扆，伏待罪戾。妾郑氏诚惶诚恐，死罪死罪，谨言。

开宗明义第一章

曹大家闲居，诸女侍坐。大家曰："昔者圣帝二女有孝道，降于妫汭，卑让恭俭，思尽妇道，贤明多智，免人之难，汝闻之乎？"诸女退位而辞曰："女子愚昧，未尝接大人余论，曷得以闻之？"大家曰："夫学以聚之，问以辩之，多闻阙疑，可以为人之宗矣！汝能听其言，行其事，吾为汝陈之。夫孝者，广天地，厚人伦，动鬼神，感禽兽，恭近于礼，三思后行，无施其劳，不伐其善，和柔贞顺，仁明孝慈，德行有成，可以无咎。《书》云：'孝乎！惟孝友于兄弟。'此之谓也。"

后妃章第二

大家曰："关雎麟趾，后妃之德，忧在进贤，不淫其色，朝夕思念，至于忧勤。而德教加于百姓，刑于四海，盖后妃之孝也。《诗》云：'鼓钟于宫，声闻于外。'"

夫人章第三

居尊能约，守位无私，审其勤劳，明其视听，诗书之府可以习之，礼乐之道可以行之，故无贤而名昌，是谓积殃；德小而位大，是谓婴害。岂不诫欤！静专动直，不失其仪，然后能和。其子孙保其宗庙，盖夫人之孝也。

《易》曰："闲邪！存其诚，德博而化。"

邦君章第四

非礼教之法服，不敢服；非诗书之法言，不敢道；非信义之德行，不敢行。欲人不闻，勿若勿言；欲人不知，勿若勿为；欲人勿传，勿若勿行。三者备矣，然后能守其祭祀，盖邦君之孝也。《诗》云："于以采蘩（fán），于沼于沚。于以用之，公侯之事。"

庶人章第五

为妇之道，分义之利，先人后己，以事舅姑，纺绩裳衣，社赋蒸献，此庶人妻之孝也。《诗》云："妇无公事，休其蚕织。"

事舅姑章第六

女子之事舅姑也，敬与父同，爱与母同。守之者义也，执之者礼也。鸡初鸣，咸盥漱衣服以朝焉。冬温夏清，昏定晨省，敬以直内，义以方外，礼信立而后行。《诗》云："女子有行，远兄弟父母。"

三才章第七

诸女曰："甚哉！夫之大也。"大家曰："夫者天也，可不务乎！古者女子出嫁曰归，移天事夫，其义远矣。天之经也，地之义也，人之行也，天地之性而人是则之。则天之明，因地之利，防闲执礼，可以成家。然后先之以泛爱，君子不忘其孝慈；陈之以德义，君子兴行；先之以敬让，君子不争；道之以礼乐，君子和睦；示之以好恶，君子知禁。《诗》云：'既明且哲，以保其身。"

孝治章第八

大家曰："古者淑女之以孝治九族也，不敢遗卑幼之妾，而况于娣侄乎！故得六亲之欢心以事其舅姑。治家者不敢侮于鸡犬，而况于小人乎！故得上下之欢心以事其夫。理闺者，不敢失于左右，而况于君子乎！故得人之欢心以事其亲。夫然，故生则亲安之，祭则鬼享之，是以九族和平，萋菲不生，祸乱不作。故淑女之以孝治上下也如此。《诗》云：'不愆不忘，率由旧章。"

贤明章第九

诸女曰："敢问妇人之德，无以加于智乎？"大家曰："人肖天地，负阴抱阳，有聪明贤哲之性，习之无不利，而况于用心乎！昔楚庄王晏朝，樊女进曰：‘何罢朝之晚也，得无倦乎？’王曰：‘今与贤者言乐，不觉日之晚也。’樊女曰：‘敢问贤者谁欤？’曰：‘虞丘子。’樊女掩口而笑。王怪问之。对曰：‘虞丘子贤则贤矣，然未忠也。妾幸得充后宫，尚汤沐，执巾栉，备扫除，十有一年矣。妾乃进九女，今贤于妾者二人，与妾同列者七人。妾知妨妾之爱，夺妾之宠，然不敢以私蔽公，欲王多见博闻也。今虞丘子居相十年，所荐者非其子孙，则宗族昆弟，未尝闻进贤而退不肖，可谓贤哉？’王以告之，虞丘子不知所为，乃避舍露寝，使人迎孙叔敖而进之，遂立为相。夫以一言之智，诸侯不敢窥兵，终霸其国，樊女之力也。《诗》云：‘得人者昌，失人者亡。’又曰：‘辞之辑矣，人之洽矣。’”

纪德行章第十

大家曰：“女子之事夫也，缅笄而朝，则有君臣之严；沃盥馈食，则有父子之敬；报反而行，则有兄弟之道；受朝必诚，则有朋友之信；言行无玷，则有理家之度。五者备矣，然后能事夫。居上不骄，为下不乱，在丑不争。居上而骄则殆，为下而乱则辱，在丑而争则乖。三者不除，虽和如琴瑟，犹为不妇也。”

五刑章第十一

大家曰：“五刑之属三千，而罪莫大于妒忌，故七出之状标其首焉。贞顺正直，和柔无妒，理于幽闺，不通于外，目不徇色，耳不留声，耳目之欲，不越其事，盖圣人之教也，汝其行之。《诗》云：“令仪令声，小心翼翼。占训是式，威仪是力。”

广要道章第十二

大家曰：“女子之事舅姑也，竭力而尽礼，奉娣姒也，倾心而罄义。抚诸孤以仁，佐君子以智，与娣姒之言信，对宾侣之容敬，临财廉取与让，不为苟得。动必有方，贞顺勤劳，勉其荒怠。然后慎言语，省嗜欲。出门必掩蔽其面，夜行以烛，无烛则止。送兄弟不逾于阈。此妇人之要道，汝其念之。”

广守信章第十三

立天之道，曰阴与阳；立地之道，曰柔与刚。阴阳刚柔，天地之始；男

女夫妇，人伦之始。故乾坤交泰，谁能间之。妇地夫天，废一不可。然则丈夫百行，妇人一志。男有重婚之义，女无再醮之文，是以芣苡兴歌，蔡人作诫。匪石为叹，卫主知惭。昔楚昭王出游，留姜氏于渐台，江水暴至，王约迎夫人必以符合，使者仓促，遂不请行。姜氏曰："妾闻贞女义不犯约，勇士不畏其死，妾知不去必死，然无符，不敢犯约；虽行之必生，无信而生，不如守义而死。"会使者还取符，则水高台没矣！其守信也如此，汝其勉之。《易》曰："鹤鸣在阴，其子和之。"

广扬名章第十四

大家曰："女子之事父母也孝，故忠可移于舅姑；事姊妹也义，故顺可移于娣姒；居家理，故理可闻于六亲。是以行成于内，而名立于后世矣。"

谏诤章第十五

诸女曰："若夫廉贞孝义，事姑敬夫，扬名则闻命矣！敢问妇从夫之令，可谓贤乎？"大家曰："是何言欤？昔者周宣王晚朝，姜后脱簪珥待罪于永巷，宣王为之夙兴。汉成帝命班婕妤同辇，婕妤辞曰：

‘妾闻三代明王，皆有贤臣在侧，不闻与嬖女同乘。’成帝为之改容。楚庄王耽于游畋，樊女乃不食野味，庄王感焉，为之罢猎。由是观之，天子有诤臣，虽无道，不失其天下；诸侯有诤臣，虽无道，不失其国；大夫有净臣，虽无道，不失其家。士有诤友，则不离于令名；父有诤子，则不陷于不义；夫有诤妻，则不入于非道。是以卫女矫齐桓公不听淫乐，齐姜遣晋文公而成霸业。故夫非道则谏之，从夫之令，又焉得为贤乎！《诗》云：‘猷之未远，是用大谏。’”

胎教章第十六

大家曰：“人受五常之理，生而有性习也，感善则善，感恶则恶，虽在胎养，岂无教乎！古者妇人妊子也，寝不侧，坐不边，立不跛；不食邪味，不履左道，割不正不食，席不正不坐，目不视恶色，耳不听靡声，口不出傲言，手不执邪器；夜则诵经书，朝则讲礼乐。其生子也，形容端正，才德过人，其胎教如此。”

母仪章第十七

大家曰：“夫为人母者，明其礼也。和之以恩爱，示之以严毅，动而合礼，言必有经。男子六岁教之数与方名，七岁男女不同席，不共食，八岁习之以小学，十岁以从师焉。出必告，反必面，所游必有常，所习必有业。居不主奥，坐不中席，行不中道，立不中门。不登高，不临深，不苟訾，不苟笑。不有私财，立必正方；耳不倾听，使男女有别；远嫌避疑，不同巾栉。女子七岁教之以四德，其母仪之道如此。皇甫士安叔母有言曰：孟母三徙，以教成人，买肉以教存信，居不卜邻，令汝鲁钝之甚。《诗》云：‘教诲尔子，式似之。’”

举恶章第十八

诸女曰：“妇道之善，敬闻命矣！小子不敏，愿终身以行之。敢问古者亦有不令之妇乎？”大家曰：“夏之兴也以涂山，其灭也以妹喜；殷之兴也以有莘氏，其灭也以妲己；周之兴也以太任，其灭也以褒姒。此三代之王，皆以妇人失天下，身死国亡，而况于诸侯乎！况于卿大夫乎！况于庶人乎！故申生之亡，祸由骊女，愍怀之废，戮起南风。由是观之，妇人起家者有之，祸于家者亦有之。至于陈御叔之妻夏氏，杀三夫，戮一子，弑一君，走两卿，丧一国，盖恶之极也。夫以一女子之身，破六家之产，吁可畏哉！若行善道，则不及于此矣！”

附录四：《女论语》

《女论语》又名《宋若昭女论语》，唐代宋若莘所著，宋若昭作解。与《女诫》《内训》《女范捷录》合称《女四书》。《女四书》与《列女传》等均为中国古代女性德育教材。宋若莘，唐贝州（今河北清河）人，出身儒学世家，擅诗文，志高远，一生未嫁。唐德宗贞元中期，被召入宫，封为“学士”。贞元七年（791 年），诏宋若莘总领秘阁图籍。著有《女论语》十章。宋若昭，若莘之妹，若莘著《女论语》，若昭释之。若莘死后，唐穆宗召若昭入宫，掌管六宫文学，封为“外尚书”。同时，还教导诸皇子公主，被称为“先生”。经历唐德宗、顺宗、宪宗、穆宗、敬宗五朝，唐宝历中期去世，封为“梁国夫人”。一生著有诗文若干卷，现存仅有诗一首和传奇体裁的《牛应贞传》。

《女论语》作为一部规范具体的女训著述，其训诫形式和体例非常清晰。每一章里无不包含着三个方面的内容：①直接陈述正面规范，告诉人们应该做什么，什么行为才是符合礼教要求的；②明确禁止的规范，告戒人们不应该做什么；③列出违背规范的后果及惩罚。后果与惩罚体现为责骂、谴告、报应等。三方面内容逐次递进，清晰明了。作为礼教训典，其较之前代女训更加清晰、具体、完备，它的指导性和可操作性更强。

《女论语》在中国传统女训中占有重要地位。其从内容到形式，均受到佛教较大影响，带有较浓厚的佛教色彩。由此，不仅促进了女训思想的拓展和实用，而且使以儒家女性道德观为核心的女训在唐代及以后的中国社会中下层中得以广泛普及。

立身第一

凡为女子，先学立身。立身之法，惟务清贞。
清则身洁，贞则身荣。行莫回头，语莫掀唇。
坐莫动膝，立莫摇裙。喜莫大笑，怒莫高声。
内外各处，男女异群。莫窥外壁，莫出外庭。
男非眷属，莫与通名。女非善淑，莫与相亲。
立身端正，方可为人。

学作第二

凡为女子，须学女工。纫麻缉苎，粗细不同。
车机纺织，切勿匆匆。看蚕煮茧，晓夜相从。
采桑摘拓，看雨占风。滓湿即替，寒冷须烘。
取叶饲食，必得其中。取丝经纬，丈疋成工。
轻纱下轴，细布人筒。绸绢苎葛，织造重重。
亦可货卖，亦可自缝。刺鞋作袜，引线绣绒。
缝联补缀，百事皆通。能依此语，寒冷从容。
衣不愁破，家不愁穷。莫学懒妇，积小痴慵。
不贪女务，不计春秋。针线粗率，为人所攻。
嫁为人妇，耻辱门庭。衣裳破损，牵西遮东。
遭人指点，耻笑乡中。奉劝女子，听取言中。

学礼第三

凡为女子，当知礼数。女客相过，安排坐具。
整顿衣裳，轻行缓步。敛手低声，请过庭户。
问候通时，从头称叙。答问殷勤，轻言细语。
备办茶汤，迎来递去。莫学他人，抬身不顾。
接见依稀，有相欺侮。如到人家，当知女务。
相见传茶，即通事故。说罢起身，再三辞去。
主人相留，相筵待遇。酒略沾唇，食无义箸。
退盏辞壶，过承推拒。莫学他人，呼汤呷醋。

醉后颠狂，招人怨恶。当在家庭，少游道路。

生面相逢，低头看顾。莫学他人，不知朝暮。

走遍乡村，说三道四。引惹恶声，多招骂怒。

辱贱门风，连累父母。损破自身，供他笑具。如此之人，有如犬鼠。

早起第四

凡为女子，习以为常。五更鸡唱，起着衣裳。盥漱已了，随意梳妆。拣柴烧火，早下厨房。

摩锅洗镬，煮水煎汤。随家丰俭，蒸煮食尝。安排蔬菜，炮豉舂姜。随时下料，甜淡馨香。

整齐碗碟，铺设分张。三餐饱食，朝暮相当。莫学懒妇，不解思量。日高三丈，犹未离床。

起来已宴，却是惭惶。未曾梳洗，突入厨房。容颜龌龊，手脚慌忙。煎茶煮饭，不及时常。

又有一等，哺缀争尝，未曾炮馔，先已偷藏。丑呈乡里，辱及爷娘。被人传说，岂不羞惶。

事父母第五

女子在堂，敬重爹娘。每朝早起，先问安康。

寒则烘火，热则扇凉。饥则进食，渴则进汤。
父母检责，不得慌忙。近前听取，早夜思量。
若有不是，改过从长。父母言语，莫作寻常。
遵依教训，不可强梁。若有不谙，细问无妨。
父母年老，朝夕忧惶，补联鞋袜，做造衣裳。
四时八节，孝养相当。父母有疾，身莫离床。
衣不解带，汤药亲尝。祷告神祇，保佑安康。
设有不幸，大数身亡，痛入骨髓，哭断肝肠。
劬劳罔极，恩德难忘。衣裳装殓，持服居丧。
安理设祭，礼拜家堂。逢周遇忌，血泪汪汪。
莫学忤道，不敬爹娘。绝出一语，使气昂昂。
需索陪送，争竞衣装。父母不幸，说短论长。
搜求财帛，不顾哀丧。如此妇人，狗彘豺狼。

事舅姑第六

阿翁阿姑，夫家之主。既入他门，合称新妇。
供承看养，如同父母。敬事阿翁，形容不睹。
不敢随行，不敢对语。如有使令，听其嘱咐。
姑坐则立，使令便去。早起开门，莫令惊忤。
洒扫庭堂，洗濯巾布。齿药肥皂，温凉得所。
退步阶前，待其浣洗。万福一声，即时退步。
整办茶盘，安排匙箸。香洁茶汤，小心敬递。
饭则软蒸，肉则熟煮。自古老人，齿牙疏蛀。
茶水羹汤，莫教虚度。夜晚更深，将归睡处。
安置相辞，方回房户，日日一般，朝朝相似。
传教庭帏。人称贤妇，莫学他人，跳梁可恶。
咆哮尊长，说辛道苦，呼唤不来，饥寒不顾。
如此之人，号为恶妇。天地不容，雷霆震怒。
责罚加身，悔之无路。

事夫第七

女子出嫁，夫主为亲。前生缘分，今世婚姻。
将夫比天，其义匪轻，夫刚妻柔，恩爱相因。
居家相待，敬重如宾。夫有言语，侧耳详听。
夫有恶事，劝谏谆谆。莫学愚妇，惹祸临身。
夫若外出，须记途程。黄昏未返，瞻望相寻。
停灯温饭，等候敲门，莫学懒妇，先自安身。
夫如有病，终日劳心。多方问药，遍处求神。
百般治疗，愿得长生。莫学蠢妇，全不忧心。
夫若发怒，不可生嗔。退身相让，忍气低声。
莫学泼妇，斗闹频频。粗线细葛，熨帖缝纫。
莫教寒冷，冻损夫身。家常茶饭，供待殷勤。
莫教饥渴，瘦瘠苦辛，同甘同苦，同富同贫。
死同葬穴，生共衣衾。能依此语，和乐琴瑟。
如此之女，贤德声闻。

训男女第八

大抵人家，皆有男女。年已长成，教之有序。
训诲之权，亦在于母。男人书堂，请延师傅。
习学礼义，吟诗作赋，尊敬师儒，束修酒脯。
女处闺门，少令出户。唤来便来，唤去便去。
稍有不从，当加叱怒。朝暮训诲，各勤事务。
扫地烧香，纫麻缉苎。若在人前，教他礼数。
莫纵娇痴，恐他啼怒。莫从跳梁，恐他轻侮。
莫纵歌词，恐他淫污，莫纵游行，恐他恶事。
堪笑今人，不能为主。男不知书，听其弄齿。
斗闹贪杯，讴歌习舞。官府不忧，家乡不顾。
女不知礼，强梁言语。不识尊卑，不能针指。
辱及尊亲，有沾父母，如此之人，养猪养鼠。

营家第九

营家之女，惟俭惟勤。勤则家起，懒则家倾。

俭则家富，奢则家贫。凡为女子，不可因循。

一生之计，惟在于勤。一年之计，惟在于春。

一日之计，惟在于寅。奉箕拥帚，洒扫秽尘。

撮除邋遢，洁静幽清。眼前爽利，家宅光明。

莫教秽污，有玷门庭。耕田下种，莫怨辛勤。

炊羹造饭，馈送频频。莫教迟慢，有误工程。

积糠聚屑，喂养孳牲。呼归放去，检点搜寻。

莫教失落，扰乱四邻。夫有钱米，收拾经营。

夫有酒物，存积留停。迎宾待客，不可偷侵。

大富由命，小富由勤。禾麻菽麦，成栈成囷。

油盐椒豉，盎瓮装盛。猪鸡鹅鸭，成队成群。

四时八节，免得营营。酒浆食撰，各有余盈。

夫妇享福，欢笑欣欣。

待客第十

大抵人家，皆有宾主。滚涤壶瓶，抹光橐子。
准备人来，点汤递水。退立堂后，听夫言语。
细语商量，杀鸡为黍。五味调和，菜蔬齐楚。
茶酒清香，有光门户。红日含山，晚留居住。
点烛擎灯，安排卧具。钦敬相承，温凉得理。
次晓相看，客如辞去。酒饭殷勤，一切周至。
夫喜能家，客称晓事，莫学他人，不持家务。
客来无汤，慌忙失措。夫若留人，妻怀嗔怒。
有箸无匙，有盐无醋。打男骂女，争啜争哺。
夫受惭惶，客怀羞惧。有客到门，无人在户。
须遣家童，问其来处。当见则见，不见则避。
敬待茶汤。莫缺礼数。记其姓名，询其事务。
等到夫归。即当说诉。奉劝后人，切依规度。

和柔第十一

处家之法，妇女须能，以和为贵。孝顺为尊。
翁姑嗔责，曾如不曾。上房下户。子侄宜亲。
是非休习，长短休争。从来家丑，不可外闻。
东邻西舍，礼数周全。往来动问，款曲盘旋。
一茶一水，笑语忻然。当说则说，当行则行。
闲是闲非。不入我门。莫学愚妇，不问根源。
秽言污语，触突尊贤。奉劝女子，量后思前。

守节第十二

古来贤妇，九烈三贞。名标青史，传到如今。
后生宜学，勿曰难行。第一贞节。神鬼皆钦。
有女在室，莫出闲庭。有客在户，莫露声音。
不谈私语，不听淫音。黄昏来往，秉烛掌灯。
暗中出入，非女之经。一行有失，百行无成。

夫妻结发，义重千金。若有不幸，中路先倾。
三年重服。守志坚心。保持家业，整顿坟茔。
殷勤训子，存殁光荣。

附录五：《百孝篇》与《百笑篇》

百孝篇

《百孝篇》，又称《百孝经》是白水老人所作，全篇分为七个小章，共八十四句。

一

天地重孝孝当先，一个孝字全家安。
孝顺能生孝顺子，孝顺子弟必明贤。
孝是人道第一步，孝子谢世即为仙。
自古忠臣多孝子，君选贤臣举孝廉。
尽心竭力孝父母，孝道不独讲吃穿。
孝道贵在心中孝，孝亲亲责莫回言。

二

惜乎人间不识孝，回心复孝天理还。
诸事不顺因不孝，怎知孝能感动天。
孝道贵顺无他妙，孝顺不分女共男。
福禄皆由孝字得，天将孝子另眼观。
人人都可孝父母，孝敬父母如敬天。
孝子口里有孝语，孝妇面上带孝颜。

三

公婆上边能尽孝，又落孝来又落贤。
女得淑名先学孝，三从四德孝在前。

孝在乡党人钦敬，孝在家中大小欢。

孝子逢人就劝孝，孝化风俗人品端。

生前孝子声价贵，死后孝子万古传。

处世惟有孝力大，孝能感动地合天。

四

孝经孝文把孝劝，孝父孝母孝祖先。

父母生子原为孝，能孝就是好男儿。

为人能把父母孝，下辈孝子照样还。

堂上父母不知孝，不孝受穷莫怨天。

孝子面带太和相，入孝出悌自然安。

亲在应孝不知孝，亲死知孝后悔难。

五

孝在心孝不在貌，孝贵实行不在言。

孝子齐家全家乐，孝子治国万民安

五谷丰登皆因孝，一孝即是太平年。

能孝不在贫和富，善体亲心是孝男。

兄弟和睦即为孝，忍让二字把孝全。

孝从难处见真孝，孝容满面承亲颜。

六

父母双全正宜孝，孝思鳏寡亲影单。

赶紧孝来光阴快，亲由我孝寿由天。

生前能孝方为孝，死后尽孝枉徒然。

孝顺传家孝是宝，孝性温和孝味甘。

羊羔跪乳尚知孝，乌鸦反哺孝亲颜。

为人若是不知孝，不如禽兽实可怜。

七

百行万善孝为首，当知孝字是根源。

念佛行善也是孝，孝仗佛力超九天。

大哉孝乎大哉孝，孝矣无穷孝无边。

此篇句句不离孝，离孝人伦颠倒颠。

念得十遍千个孝，念得百遍万孝全。

千遍万遍常常念，消灾免难百孝篇。

《百笑篇》

《百笑篇》是月牙山人根据《百孝篇》改编，文字通俗易解，老少皆喜。全篇虽无一个孝字，但满文皆是孝之大道。

一

天地在笑笑当先，一个笑字全家安；

微笑能解千般愁，微笑儿郎必近贤。

笑是人生第一关，一笑而过即为仙；

自古之人笑过直，君欢臣笑上下安。

尽心尽力父母笑，笑道不在吃和穿；

微笑贵在心安笑，亲笑友笑见真言。

二

可笑人间不知笑，慧心一笑天理还；诸事不顺因不笑，怎知笑能感动天。笑道贵顺无他妙，不顶不撞笑声欢；福禄皆由笑字得，天将笑郎另眼观。人人能笑父母笑，父母一笑如敬天；鼎立男儿有笑语，温良儿媳带笑颜。

三

公婆面前常常笑，欢欢笑笑人称贤；女儿贤淑开口笑，相逢一笑在面前。笑在四邻人人爱，笑在家中大小欢；好儿逢人赠一笑，知笑严谨人品端。生来会笑天地笑，死时大笑万古传；处世皆笑众人喜，微笑感动地和天。

四

常笑会笑微微笑，父母一笑祖上安；

父母生子愿子笑，谈笑风生好儿男。

为人能让父母笑，下辈儿女笑常还；

堂上父母若不笑，不笑受穷莫怨天。

面带微笑平和笑，出入微笑保平安；
亲在如若不能笑，亲死难笑后悔难。

五

笑在心笑不在貌，微笑常保不在言；
欢笑齐家全家乐，微笑治国万民安。
五谷丰登万物笑，一笑即是太平年；
能笑不在贫和富，善体亲心微笑男。
兄弟和睦开心笑，谦让二字笑脸还；
笑从难处见笑功，笑容满面承亲颜。

六

父母尚在双双笑，孤寡难笑亲影单；
常令父母开心笑，亲在我笑寿由天。
生前能让父母笑，死后一笑心安然；
微笑传家笑是宝，温和一笑百味甘。
羔羊跪乳慧心笑，乌鸦反哺笑亲颜；
人笑面亲不知笑，不如羔羊笑可怜。

七

百行万善开心笑，当知笑字是真源；
戒恶行善笑一生，微笑自然超九天。
大哉笑乎大哉笑，笑啊无穷笑无边；
篇篇句句不离笑，离笑人伦颠倒颠。
念得十遍千般笑，念得百遍笑万年；
千遍万遍常常笑，养生去病百笑篇。

附录六：《孝父母三十二章》与《孝悌歌》

《孝父母三十二章》

邵雍（1011—1077 年），字尧夫，又称安乐先生、百源先生，谥康节，后世称邵康节，与周敦颐、程颢、程颐、张载并称北宋五子，是北宋理学家。著有《皇极经世》《伊川击壤集》《观物内外篇》《渔樵问对》等。邵雍的《孝父母三十二章》和《孝悌歌》就是专门讨论孝的。《孝父母三十二章》是按照时间顺序来写的，从小孩出生一直写到父母去世，把每个阶段孩子的成长、父母的付出都表述得非常清楚。

一、父母之恩实大哉，天高地厚总难猜。我能数尽青丝发，只有亲恩数不来。

二、唯有怀胎受折磨，百般痛苦好难过。莫言生产寻常事，古往今来凶险多。

三、生下儿来便发昏，牙关禁闭眼难睁。直从剪下胎衣后，血定心安始算人。

四、梦里听儿哭一声，翻身便把手来擎。要知两岁三周内，一觉何曾睡得成。

五、偶逢孩儿夜哭啼，爹娘心内各忧疑。不知何处惊儿胆，问卜求神又请医。

六、富贵生儿胜宝珍，丫环乳母共看承。爹娘犹恐难安稳，一日心焦望儿巡。

七、贫穷哪得米和柴，儿女啼饥心痛哀。乞得饭来儿尽饱，自身甘把饿肠挨。

八、幸得儿今两岁令，扶墙摸壁自能行。只愁跌着头和面，挂肚牵肠不放心。

九、世事心焦儿万般，终朝终日皱眉端。不知这是为何说，望见娇儿就喜欢。

十、如何容易得三年，受怕担惊有万千。儿要病时心更病，何曾一刻得安然？

十一、学生不管不成人，因为要管请先生。谁言一付真心肺，不忍先生骂一声。

十二、而今头发已披肩，转瞬成人在眼前。痛杀娘心难割舍，不能常在膝头边。

十三、娘看爷来爷看娘，为何终日面皮黄。只因儿女将婚嫁，相对愁眉坐一房。

十四、远离含泪依门庭，暮宿朝餐总挂心。唯恐风霜儿受苦，平安书到值千金。

十五、谁道形容似去年？今年亲发白如棉。却愁前面无多路，及早承欢在眼前。

十六、亲老如何不健餐，多因心血已枯干。劝君好顺爹娘意，天大恩情仔细看。

十七、可叹爹娘手内贫，要穿要用懒求人。劝君六饭三茶外，还要供亲几许钱。

十八、要一分时讨一分，谁人常有许多心？莫谓亲未分明说，装聋作哑不作声。

十九、亲老龙钟甚不宜，要人陪伴要人依。身边今有何人在，孝顺儿孙可得知。

二十、父母而今病可怜，愿儿常在卧床边。总然暂出房门外，还要亲人在眼前。

二一、亲病汤药要亲煎，昼夜辞劳夜莫眠。须记儿时有点病，爹娘日夜意悬悬。

二二、儿在他乡要早归，莫贪花酒别亲帏。须知终日门闾内，想望孩儿好几回。

二三、休要推贫只爱钱，事亲件件要争先。当年教汝成人日，父母何曾也惜钱？

二四、父母年衰疾病多，怕因忧闷损天和。晨昏定省须调护，莫只丝毫怕老婆。

二五、爹娘养子爱如金，少有差池痛入心。到得老来依靠汝，何堪少有恶言侵？

二六、岂不明知父母恩，世间哪有铁心人？只因看得妻儿重，没得功夫到老亲。

二七、妻带金银女带香，满头珠翠响琳琅。如何只到爹娘上，不与绸罗帕一方。

二八、妻儿团圆坐一房，煎鱼烧肉满盘香。如何只到爹娘上，不与些些滋味尝？

二九、不问爹娘安不安，任他饥饿任他寒。汝今也有儿孙在，只怕儿孙照样看。

三十、痛亲未养命先倾，棺椁衣裳要尽心。泣血三年遵古训，慎终追远祭须诚。

三一、父母儿孙本一源，一团精血递相连。如何只把儿孙重，父母恩情丢一边。

三二、老来大事在山邱，送死从今是尽头。莫与兄弟分汝我，百年便把两人丢。

《孝悌歌》

子养亲兮弟敬哥，休残骨肉起风波。

劬劳恩重须当报，手足情深最要和。

公艺同居今古罕，田真共处子孙多。

如斯遐迩皆称美，子养亲兮弟敬哥。
子养亲兮弟敬哥，怡声下气要谦和。
难兄难弟名偏重，贤子贤孙贵自多。
负米尚能为薄养，读书宁不擢高科。
仲由陈纪皆如此，子养亲兮弟敬哥。
子养亲兮弟敬哥，训贤妯娌事翁婆。
好遵孟母三迁教，须读张公百忍歌。
孝友睦姻兼任恤，智仁圣义与中和。
当时曾子同杨博，子养亲兮弟敬哥。
子养亲兮弟敬哥，天时地利与人和。
莫言世事常如此，堪叹人生有几何。
满眼繁华何足贵，一家安乐值钱多。
奇哉让果与怀橘，子养亲兮弟敬哥。
子养亲兮弟敬哥，光阴过去疾如梭。
庭闱乐处儿孙乐，兄弟和时妯娌和。
孝弟传家名不朽，金银满柜富如何。
要知美誉传今古，子养亲兮弟敬哥。
子养亲兮弟敬哥，晨昏定省莫蹉跎。
一门孝友真难得，百岁光阴最易过。
和乐且耽宜自翕，彝伦攸叙在谦和。
斑衣舞罢埙篪奏，子养亲兮弟敬哥。
子养亲兮弟敬哥，丈夫休听室人唆。
眼前金帛无嫌少，膝下儿孙不厌多。
但得家和贫也好，若教不义富如何。
王韩孝友垂青史，子养亲兮弟敬哥。
子养亲兮弟敬哥，休伤和气忿争多。
偏生嫉妒偏艰窘，暗积私房暗折磨。
不孝自然生忤逆，无行定是出妖魔。

但闻孝弟传千古，子养亲兮弟敬哥。
子养亲兮弟敬哥，莫因微物遽伤和。
黄金柜内休嫌少，阴骘冥中要积多。
私曲岂如公道好，刚强无奈善柔何。
古今简策多名誉，子养亲兮弟敬哥。
子养亲兮弟敬哥，吁嗟分析听搬唆。
囊中财物他嫌少，祖上田园你要多。
夫妇眼前虽快乐，儿孙日后恐消磨。
何如孝弟亲乡党，子养亲兮弟敬哥。

附录七：《妇女之孝二十首》

作者林同（？—1276年），字子真，号空斋处士，福清（今福建省福清市）人。有《孝诗》一卷，刘克庄为之序，包括《圣人之孝》十首，《贤者之孝》二百四十首，《仙佛之孝》十首，《异域之孝》十首，《物类之孝》十首，《二十四孝诗》二十四首。

之一·北宫女

妾身期不嫁，至老养双亲。
何意赵威后，殷勤问使人。

之二·辟司徒妻

君父今安在，谆谆免矣乎。
可怜齐女子，不问辟司徒。

之三·曹娥

上虞一巫女，名乃至今垂。
端的由纯孝，非专在好辞。

之四·陈孝妇

妾昔与夫另，夫曾共妾言。

忍能幸夫死，不复顾姑存。

之五·东海孝妇

如何杀一妇，能致旱三年。

妇孝无知者，知之惟老夫。

之六·孔融女

不忧身即死，惟恐死无知。

倘得从父母，宁非我所期。

之七·李孝女

奔丧脱贼手，庐墓至终身。

此大丈夫事，谁云一妇人。

之八·梁夫人嫕

能返母万里，还荣父九原。

可怜帝有母，亦自待人言。

之九·卢元礼妻

贞孝谥已美，何堪复女宗。

一朝下明诏，千载被流风。

之十·木兰

谨勿悲生女，均之有至情。

萦能赎父罪，兰亦替爷征。

之十一·秋胡子妻

妾面羞君面，君心异妾心。

那能不念母，却遗别人金。

之十二·如姬

底事能令妾，为君死不辞。

不思君遣客，报妾父雠时。

之十三·唐氏妇

姑今病且死，颇愧妇恩深。

但愿妇有子，皆如妇用心。

之十四·缇萦

仁矣文皇诏，悲哉少女书。

至今民受赐，非但活淳于。

之十五·宛陵女子

异哉一女子，独抱母啼号。

非但脱虎口，还能落兽毛。

之十六·卫女

归宁不可得，何以写吾忧。

不似肥泉水，悠悠淇上流。

之十七·宣文君

难把父书读，只因手泽存。

遗方汝可受，忍使世无闻。

之十八·雍姬

可怜姬告母，父孰与夫亲。

能置此一问，未为愚妇人。

之十九·赵津吏女

傥得代父死，诚非爱妾身。

不图君聘妾，向道有严亲。

之二十·郑义宗妻

抵死侍姑侧，宁知有妾身。

若怀白刃顾，尚得谓之人。

附录八：《劝孝歌》三首

其一

《劝孝歌》是清末徐熙创作的一篇诗歌。徐熙，字远洲，清朝光绪年间的贡生，乡人号称徐贡爷，威信县麟凤乡五谷村人，二十世纪三十年代病逝。

孔子著孝经，孝乃德之属。
父母皆艰辛，尤以母为笃。
胎婴未成人，十月怀母腹。
渴饮母之血，饥食母之肉。
儿身将欲生，母身如在狱。
惟恐生产时，身为鬼眷属。
一旦儿见面，母命喜再续。
爱之若珍宝，日夜勤抚鞠。
母卧湿簟席，儿眠干被褥。
儿睡正安稳，母不敢伸缩。
儿秽不嫌臭，儿病身甘赎。
儿要能步履，举止虑颠状。
哺乳经三年，汗血耗千斛。
儿要能饮食，省口恣所欲。
劬劳辛苦尽，儿年十五六。
慧敏恐疲劳，愚怠忧碌碌。
有善先表扬，有过则教育。
儿出未归来，倚门继以烛。
儿行千里路，亲心千里逐。
孝顺理当然，不孝不如禽。

其二

清代王中书诗歌。王中书，生平不详。

孝为百行首，诗书不胜录。富贵与贫贱，俱可追芳躅。
若不尽孝道，何以分人畜？我今述俚言，为汝效忠告。
百骸未成人，十月怀母腹。渴饮母之血，饥食母之肉。
儿身将欲生，母身如在狱。惟恐生产时，身为鬼眷属。
一旦见儿面，母喜命再续。一种诚求心，日夜勤抚鞠。
母卧湿簟席，儿眠干裀褥。儿睡正安稳，母不敢伸缩。

儿秽不嫌臭，儿病甘身赎。横簪与倒冠，不暇思沐浴。
儿若能步履，举步虑颠覆。儿若能饮食，省口恣所欲。
乳哺经三年，汗血耗千斛。劬劳辛苦尽，儿至十五六。
性气渐刚强，行止难拘束。衣食父经营，礼义父教育。
专望子成人，延师课诵读。慧敏恐疲劳，愚台忧碌碌。
有过常掩护，有善先表暴。子出未归来，倚门继以烛。
儿行十里程，亲心千里逐。儿长欲成婚，为访闺门淑。
媒妁费金钱，钗钏捐布粟。一旦媳入门，孝思遂衰薄。
父母面如土，妻子颜如玉。亲责反睁眸，妻詈不为辱。
人不孝其亲，不如禽与畜。慈鸟尚反哺，羔羊犹跪足。
人不孝其亲，不如草与木。孝竹体寒暑，慈枝顾本末。
劝尔为人子，孝经须勤读。王祥卧寒冰，孟宗哭枯竹。
蔡顺拾桑椹，贼为奉母粟。杨香搤父危，虎不敢肆毒。
如何今世人，不效古风俗？何不思此身，形体谁养育？
何不思此身，德性谁式谷？何不思此身，家业谁给足？
父母即天地，罔极难报复。天地虽广大，难容忤逆族。
及早悔前非，莫待天诛戮。万善孝为先，信奉添福禄。

其三

明末清初朱用纯创作的诗歌。朱用纯（1627—1698 年），字致一，号柏庐，明末清初江苏昆山县人。著名理学家、教育家。明诸生，入清隐居教读，居乡教授学生，潜心治学，以程、朱理学为本，提倡知行并进，躬行实践。他深感当时的教育方法，使学生难以学到真实的学问，故写了《辍讲语》，反躬自责，语颇痛切。曾用精楷手写数十本教材用于教学。生平精神宁谧，严以律己，对当时愿和他交往的官吏、豪绅，以礼自持。著有《治家格言》、《愧讷集》、《大学中庸讲义》。

一

自古圣贤把道传　孝道成为百行源　奉劝世人多行孝　先将亲恩表一番
十月怀胎娘遭难　坐不稳来睡不安　儿在娘腹未分娩　肚内疼痛实可怜

一时临盆将儿产　娘命如到鬼门关　儿落地时娘落胆　好似钢刀刺心肝
赤身无有一条线　问爹问娘要吃穿　娘坐一月罪受满　如同罪人坐牢监
把屎把尿勤洗换　脚不停来手不闲　白昼为儿受苦难　夜晚怕儿受风寒
枕头就是娘手腕　抱儿难以把身翻　半夜睡醒儿哭唤　打火点灯娘耐烦
或屎或尿把身染　屎污被褥尿湿毯　每夜五更难合眼　娘睡湿处儿睡干
倘若疾病请医看　情愿替儿把病担　对天祷告先许愿　烧香抽签求仙丹
煎汤调理时挂念　受尽苦愁对谁言　每日娘要做茶饭　儿啼哭来娘心酸
饭熟娘吃儿又喊　丢碗把儿抱胸前　待儿吃饱娘端碗　娘吃冷饭心也安
倘若无乳儿啼唤　寻觅乳母不惜钱　或喂米羹或嚼饭　或求邻舍讨乳餐

二

白昼儿睡把事办　或织布来或缝衫　儿醒连忙丢针线　解衣喂乳哄儿眠
晚间儿睡把灯点　或做鞋袜或纺棉　出入常把娘来唤　呼爹叫娘亲喜欢
学走恐怕跌岩坎　常防水边与火边　时时刻刻心操烂　行走步步用手牵
会说会走三岁满　学人说话父母欢　三岁乳哺苦受满　又愁疾病痘麻关
或稀或稠一大难　儿出痘花胆更寒　一见痘花有凶险　请医求神把心担
幸蒙神圣开恩点　过了此关先谢天　八岁九岁送学馆　教儿发愤读圣贤
学课书籍钱不算　纸笔墨砚又要钱　放学归家要吃饭　缝衣做饭娘耐烦
衣袜鞋帽父母办　冬穿棉衣夏穿单　倘若逃学不发奋　先生打儿娘心酸
十七八岁订亲眷　四处挑选结姻缘　央媒定亲要物件　件件礼物要周全
备办迎亲设酒筵　夫妻团圆望生男　花钱多少难算尽　还要与儿置妆田
养儿养女一样看　女儿出嫁要庄奁　为儿为女把账欠　力出尽来汗流干

三

倘若出门娘挂念　梦魂都在儿身边　常思常念常许愿　望儿在外多平安
倘若音信全不见　烧香问神求灵签　捎书带信把卦算　盼望我儿早回还
千辛万苦都受遍　你看养儿难不难　父母恩情有千万　万分难报一二三
青发难数恩难算　杀身割肉报不完　倘若生儿娘不管　饿死焉能有今天
为子先将孝道看　人老靠儿养百年　小靠父母老靠子　老而无子命难全
父母吃穿靠子办　切记莫惜银和钱　父母在世休游远　游必有方对亲言

出必告来返必面　爹娘见子心放宽　出门年久速回转　免得爹娘夜不眠
在世孝敬胜祭奠　二老能活几多年　孝顺父母天看见　兄弟妻子要团圆
莫听妻言家分散　兄要忍来弟要宽　娶妻丑陋夫莫怨　五行八字命由天
为妻莫嫌夫贫贱　百世修来共枕眠　三从四德守闺范　学个温良女中贤
夫若与子争长短　莫在后面添孬言　夫若做恶不向善　劝夫行善孝椿萱

四

一家大小能向善　能体亲心是圣贤　子孝媳贤同奉养　夫妻同孝赵居先
公婆面前莫变面　晨昏二时常问安　居家过日要勤俭　尽心竭力孝堂前
董永尽孝将身典　仙女成婚中状元　郭巨埋儿妻情愿　天赐黄金孝感夫
曹庄杀狗把妻劝　孟宗哭竹身受寒　莫说后娘心不善　且看古贤闵子骞
王祥卧冰鱼出现　寿昌寻母去了官　杨辅访道老僧点　披衣倒屣活神仙
杨辅回家见母面　竭力尽孝脱了凡　孝顺父母看上面　祖父祖母在堂前
爷爷婆婆要知感　恩养亦是一层天　你孝父母看下面　姑娘姨娘心勿偏
父母有过务苦谏　好言相劝心喜欢　打你骂你莫强辩　子孝自然父心宽
倘若父母有病患　请医调治把药煎　倘若一时钱不便　或借或当莫怨言
父母百年闭了眼　衣衾棺廓要周全　守丧行孝连葬掩　常言亡人入土安
有钱无钱量力办　富贵贫贱不一般　儿有果供灵前献　清明佳节烧纸钱

五

坟茔修好时常看　莫教风水有伤残　假若坟墓有缺陷　破甲伤丁不产男
丁兰刻木真有显　王裒行孝跪坟前　人有诚心天有感　善事父母能格天
羊羔跪乳将恩感　禽兽还知孝为先　子尽孝道头一件　为媳尽孝贤名传
贤孝二字说不尽　再劝不孝忤逆男　世上有等忤逆汉　忘了根本欺了天
养育之恩不思念　吃烟赌博懒耕田　不孝父母有偏见　重爱妻子伦长短
对待父母如奴汉　交朋接友如祖先　父母吃穿不备办　照看儿女心太偏
父母有病不挂念　反说老病难保全　父母故后不伤惨　还说年老理当然
妻子有病请医看　抓药调治不惜钱　妻子儿女有命险　拍手跺脚咒皇天
逆子逆妇狼心胆　天地不容人憎嫌　法律定得甚明显　若犯王法不容宽
骂母拟绞殴者斩　杀者凌耻九族怜　王法逃脱天地显　雷击煎熬下刀山

割心抽肠剜双眼　罪满转生六畜变　不信专把天雷看　单击奸妇忤逆男
孝顺不难有两件　我劝男女记心间　一要为亲行孝念　每日早晚问安然
二要奉亲恳喜欢　或农或商或贵贱　莫嫖莫赌莫吃烟　如戒艳妆勤织纺

附录九：《劝报亲恩篇》

作者无可考。文中大力宣传孝敬父母、友爱兄弟的文明美德，曾广泛流传，影响极大。

一

天地重孝孝当先，一个孝字全家安。
为人须当孝父母，孝顺父母如敬天。
孝子能把父母孝，下辈孝儿照样还。
自古贤臣多孝子，君选贤臣举孝廉。
要问如何把亲孝，孝亲不只在吃穿。
孝亲不教亲生气，爱亲敬亲孝乃全。
可惜人多不知孝，怎知孝能感动天。
福禄皆因孝字得，天将孝子另眼观。
孝子贫穷终能好，不孝虽富难平安。
诸事不顺因不孝，回心复孝天理还。
孝贵心诚无它妙，孝字不分女共男。
男儿尽孝须和悦，妇女尽孝多耐烦。
爹娘面前能尽孝，一孝就是好男儿。
翁婆身上能尽孝，又落孝来又落贤。
和睦兄弟就为孝，这孝叫做顺气丸。
和睦妯娌就是孝，这孝家中大小欢。
男有百行首重孝，孝字本是百行原。
女的淑名先学孝，三从四德孝为先。

孝字传家孝是宝，孝字门高孝路宽。
能孝何在贫和富，量力尽心孝不难。
富孝鼎烹能致孝，贫孝菽水可承欢。
富孝孝中有乐趣，贫孝孝中有吉缘。
富孝瑞气满潭府，贫孝祥光透青天。
孝从难处见真孝，孝心不容一时宽。
赶紧孝来孝孝孝，亲由我孝寿由天。
亲在当孝不知孝，孝殁知孝孝难全。
生前尽孝亲心悦，死后尽孝子心酸。
孝经孝文把孝劝，孝父孝母孝祖先。
为人能把祖先孝，这孝能使子孙贤。
贤孝子孙钱难买，这孝买来不用钱。
孝字正心心能正，孝字修身身能端。
孝字齐家家能好，孝字治国国能安。
天下儿孙尽学孝，一孝就是太平年。
戒淫戒赌都是孝，孝子成才亲心欢。
戒杀放生都是孝，能积亲寿孝通天。
惜谷惜字都是孝，能积亲福孝非凡。
真心为善是真孝，万善都在孝里边。
孝子行孝吉福护，为人不孝祸无边。
孝子在世声价重，孝子去世万古传。
此篇句句不离孝，离孝人伦难周全。
念的十遍千个孝，消灾免难百孝篇。

二

人生五伦孝当先，自古孝为百行原。
世上惟有孝字大，孝顺父母为一端。
欲知孝道有何尽，听我仔细对你言。
好饭先尽爹娘用，好衣先尽爹娘穿。

穷苦莫教爹娘受，忧愁莫教爹娘耽。
出入扶持须谨慎，朝夕伺候莫厌烦。
爹娘都调勿违阻，吩咐言语记心间。
呼唤应声不敢慢，诚心敬意面带欢。
大小事情须禀命，禀命再行莫自专。
时时体贴爹娘意，莫教爹娘心挂牵。
宝局钱场休我往，花街柳巷莫游玩。
保身惜命防灾病，酒色财气不可贪。
为非作歹投阴德，惹骂爹娘心怎安。
是耕是读是买卖，安分守己就是贤。
每日清晨来相问，冷热好歹问一番。
到晚莫往旁处去，奉侍爹娘好安眠。
夏天爹娘要凉快，冬天宜暖不宜寒。
爹娘一日三顿饭，三顿茶饭留心观。
恐怕饮食失调养，有了灾病后悔难。
老人食物宜软烂，冷硬切莫往上端。
富家酒肉常不断，贫家量力进肥甘。
但愿自己受委屈，莫教爹娘受艰难。
莫重财帛轻父母，莫受挑唆听妻言。
为人诚心把孝尽，才算世间好儿男。
万一爹娘有了过，恐怕别人笑嗤咱。
委曲婉转来相劝，比东说西莫直言。
爹娘若是顾闺女，莫与姊妹结仇冤。
爹娘若是偏兄弟，想是咱身有不贤。
双全父母容易孝，孤寡父母孝难全。
白日冷清常沉闷，黑夜凄凉形影单。
亲儿亲娘容易孝，唯有继母孝更难。
继母若是性子暴，柔声下气多耐烦。

对人总说爹娘好，受屈头上有青天。
有时爹娘身得病，谨慎调养莫等闲。
煎汤熬药须亲手，不可一日离床前。
病重神前去祷告，许愿唯有善书篇。
尽心竭力来侍奉，日莫辞劳夜莫眠。
休说自己劳苦大，爹娘劳苦更在先。
人子一日长一日，爹娘一年老一年。
劝人及时把孝尽，兄弟虽多不可扳。
若待父母去世后，想着尽孝难上难。
总有猪羊灵前供，爹娘何曾到嘴边。
不如活着吃一口，粗茶淡饭也香甜。
即遭不幸出丧事，不可鼓乐闹喧天。
不尚虚文只哀恸，要紧预备好衣棺。
丧葬之后孝再行，按节祭扫把坟添。
兄弟姊妹要亲爱，亲爱兄妹九泉安。
生前死后孝尽到，为人一生大事完。
试看古来行孝者，荣华富贵福绵绵。
你看忤逆不孝顺，送到大堂板子扇。
此篇劝孝逢知己，趁早行孝莫迟延。

三

从来亲恩报当先，说起亲恩大如天。
要知父母恩情大，听我从头说一番。
十月怀胎耽惊怕，临产就是生死关。
一生九死脱过去，三年乳哺受熬煎。
生来不能吃东西，食娘血脉光饭餐。
白天揣着把活做，到晚怀里揽着眠。
左边尿湿放右边，右边尿湿放左边。
左右两边全湿净，将儿放在胸膛间。

偎干就湿身受苦，抓屎抓尿也不嫌。
孩子醒了她不睡，敞着被窝任意玩。
总然自己有点病，怕冷也难避风寒。
孩子睡着怕他醒，不敢翻身常露肩。
夏天结计蚊子咬，白天又怕蝇子餐。
又怕有人来惊动，惊得强醒不耐烦。
孩子欢喜娘也喜，儿子啼哭娘不安。
这么拍来那么哄，亲亲吻吻蜜还甜。
斗里攀着怀中抱，掌上明珠是一般。
娘给梳头娘洗脸，穿表曲顺小时弯。
小裤小袄忙里做，冬日棉来夏日单。
不会吃饭使嘴喂，惟恐女儿受饥寒。
结计冷来结计热，结计吃来结计穿。
娘疼孩儿心使碎，孩儿不觉只贪玩。
长大成人往回想，恩情难报这三年。
富家养儿还容易，贫家养儿更是难。
无有烧烟无有米，儿女啼饥娘心酸。
万般出于无其奈，寻茶讨饭到街前。
要下饭来儿先饱，娘就忍饥也心甘。
冬天做件破棉袄，自己冻着尽儿穿。
娘为孩儿受冻饿，孩子小时不知难。
长大成人往回想，无有爹娘谁可怜。
有时发热出痘疹，吓得爹娘心胆寒。
寻找医生求人看，煎汤熬药祷告天。
恨不能够替儿病，吃饭不饱睡不眠。
多咎孩子好伶俐，这才昼夜能安然。
三岁两岁才学走，恐有跌磕落伤残。
五岁六岁离怀抱，任意在外跑着玩。

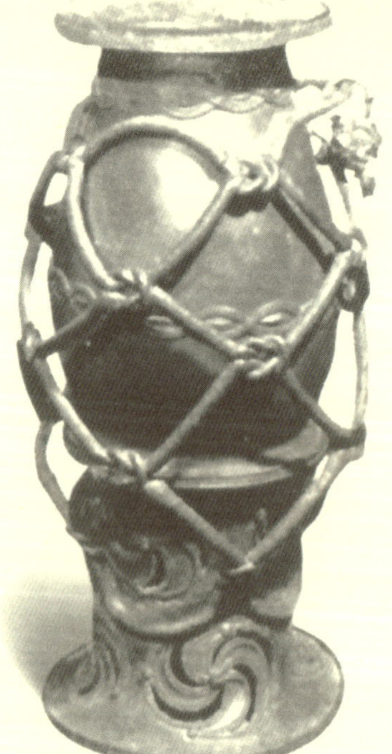

一时不见儿的面，眼跳心慌坐不安。
东家寻来西家找，怕是有人欺负咱。
结计狗咬并车轧，只怕寻河到井边。
父母爱儿无有了，想想爹娘那一番。
小篇不过说大意，千言万语说不全。
十岁八岁快成人，送到南学读书文。
笔墨纸张不惜费，束修摊派不辞贫。
三顿饱饭供给你，衣裳穿个干净新。
家中有活不教做，给奖为儿自辛勤。
结计学生合格气，又怕先生怒气嗔。
结计孩子身受苦，又恰到大不如人。
儿在南学把书念，那知爹娘常挂心。
十四五六成大人，便要与儿结婚姻。
托个媒人当月老，访求淑女配成婚。
纳采行聘都情愿，钗环首饰费金银。
择个吉日将过事，逐日忙忙操碎心。
油门油窗顶棚绑，洞房裱糊一色新。
时样缨帽买一顶，可体袍褂做一身。
鼓乐喧天门前闹，摆席候客忙煞人。
说的本是富家主，再说贫家父母心。
少吃缺穿难度日，一心给儿把妻寻。
借钱使礼也愿娶，千方百计娶进门。
娶个好的是福利，若是不贤是祸根。
枕边挑唆儿句话，当下儿子变了心。
媳妇好比珠宝玉，父母如同陌路人。
待上二年生下子，更忘爹娘把儿亲。
何人与你把妻娶，何人与你过的门。
花费银钱是那个，操心劳力是何人。

拍拍胸膛仔细想，孰轻孰重孰为尊。
养儿准备防备老，养儿不知报娘恩。
没有爹娘生下你，世上怎有你这身。
没有爹娘养你大，怎在世间成个人。
为儿若把爹娘忘，好比花木烂了根。
如果不把亲恩报，扬头竖脑为何人。
不孝之人世上有，天打雷劈也是真。
为儿若有别的意，指望劝人动动心。
如若你把亲恩报，下边定出好儿孙。

四

奉劝世人你是听，五伦之内有弟兄。
为人在世兄爱弟，在世为人弟敬兄。
三人哭活紫荆树，于今成神在天宫。
桃园结义是异姓，何况同父同母生。
同母固然是兄弟，两母兄弟一般同。
莫因嫡庶分彼此，弄得兄弟犯制争。
莫因前事生疑忌，闹得兄弟伤真情。
莫因妯娌不和气，兄弟参商各西东。
莫因奴仆传架话，兄弟界墙把气生。
倘若哥哥性子暴，不过忍些肚里疼。
为弟若是不说理，宽宏大量把他容。
牛宏待着他弟好，身居相位显大功。
彦霄待着他哥好，父子同榜把官封。
兄好弟好有好报，许多古人难说清。
沈仁沈义兄弟俩，二人俱是翰林公。
因为家产犯争执，不念兄弟手足情。
一齐上控到抚宪，抚宪广劝不动刑。
五伦五常对他讲，飞禽走兽比给听。

比东说西劝一遍，兄弟二人放悲声。
大堂以上哭一抱，越思越想越伤情。
翰林院里为学士，反把手足情看轻。
兄弟回家成义气，后来俱齐把官升。
兄弟和好能得好，老天最重这一宗。
兄弟和睦爹娘悦，就是外人也敬奉。
兄弟和睦是榜样，眼看儿孙又弟兄。
兄宽弟忍听我劝，和气致祥福禄增。

五

父母恩情似海深，人生莫忘父母恩。
生儿育女循环理，世代相传自古今。
为人子女要孝顺，不孝之人罪逆天。
家贫才能出孝子，鸟兽尚知哺育恩。
父子原是骨肉亲，爹娘不敬敬何人。
养育之恩不图报，望子成龙白费心。

附录十：论孝名言50句

1. 孝子不谀其亲，忠臣不谄其君，臣子之盛也。——庄子

2. 事其亲者，不择地而安之，孝之至也。——庄子

3. 父母之年，不可不知也。一则以喜，一则以惧。——《论语》

4. 父母惟其疾之忧。——《论语》

5. 父母之所爱亦爱之，父母之所敬亦敬之。——《论语》

6. 孝子之养也，乐其心，不违其志。——《礼记》

7. 孝有三：大尊尊亲，其次弗辱，其下能养。——《礼记》

8. 礼者，断长续短，损有余，益不足，达爱敬之文，而滋成行义之美也。——荀子

9．孝子之至，莫大乎尊亲。

——孟子

10．不得乎亲，不可以为人；不顺乎亲，不可以为子。——孟子

11．惟孝顺父母，可以解忧。

——孟子

12．大孝终身慕父母。

——孟子

13．老吾老，以及人之老；幼吾幼，以及人之幼。——孟子

14．父子有亲，君臣有义，夫妇有别，长幼有叙，朋友有信。

——孟子

15．永言孝思，思孝惟则。

——《孟子》

16．父子有亲，君臣有义，夫妇有别，长幼有叙，朋友有信。

——孟子

17．仁之实，事亲是也；义之实，从兄是也。——孟子

18．无父无君，是禽兽也。

——孟子

19．世俗所谓不孝者五，惰其四支，不顾父母之养，一不孝也；博奕好饮酒，不顾父母之养，二不孝也；好货财，私妻子，不顾父母之养，三不孝也；从耳目之欲，以为父母戮，四不孝也；好勇斗狠，以危父母，五不孝也。——孟子

20．贤不肖不可以不相分，若命之不可易，若美恶之不可移。

——《吕氏春秋》

21. 夫孝者，百行之冠，众善之始也。——《后汉书》

22. 父母者，人之本也。——司马迁

23. 子孝父心宽。——陈元靓

24. 父子不信，则家道不睦。——武则天

25. 谁言寸草心，报得三春晖。——孟郊

26. 慈孝之心，人皆有之。——苏辙

27. 尧舜之道，孝悌而已。——李纲

28. 家贫出孝子，国乱识忠臣。——《名贤集》

29. 诗书立业，孝悌做人。——王永彬

30. 百善孝为先，万恶淫为首。——王永彬

31. 子孝父心宽。——陈元靓

32. 重资财，薄父母，不成人子。——朱柏庐

33. 凡为父母的，莫不爱其子。——陈宏谋

34. 长者立，幼勿坐，长者坐，命乃坐。尊长前，声要低，低不闻，却非宜。进必趋，退必迟，问起对，视勿移。——李毓秀

35. 孝子事亲，不可使其亲有冷淡心，烦恼心，惊怖心，愁闷心，难言心，愧恨心。——袁采

36. 动天之德莫大于孝，感物之道莫过于诚。——何铸

37. 侍于亲长，声容易肃，勿因琐事，大声呼叱。——周秉清

38. 长者问，对勿欺；长者令，行勿迟；长者赐，不敢辞。——周秉清

39. 深恩未报惭为子，浅薄不消羞作人。——《格言集锦》

40. 生前厚养实为孝道；归后薄葬真乃贤儿。——《格言集锦》

41. 祭而丰不如养之厚；悔之晚何若谨于前。——《格言联璧》

42. 首孝弟，次谨信。——《弟子规》

43. 孝顺还生孝顺子，忤逆还生忤逆儿。——《增广贤文》

44. 羊有跪乳之恩，鸦有反哺之义。——《增广贤文》

45. 勿以不孝口，枉食人间谷。天地虽广大，难容忤逆族。

——《劝孝歌》

46. 父虑后母虐，鸾胶不再续。母虑孤儿苦，孀帏忍寂寞。

——《劝孝歌》

47. 十月胎恩重，三生报答轻。——《劝孝歌》

48. 勿以不孝身，枉着人子皮。——《劝孝歌》

49. 忤逆不孝矣，三世果报然。——《劝孝歌》

50. 慈乌尚反哺，羔羊犹跪足。人不孝其亲，不如草与木。

——《劝孝歌》